数学分析研学

张福保　薛星美　主编

科 学 出 版 社

北 京

内 容 简 介

本书是在东南大学数学分析研讨课的基础上完成的,主要按照研学的要求来设计,形式非常新颖.每章、每节均以思考题开始.章的思考题更宏观一些,节的思考题更具体一些.这些思考题多围绕知识背景与历史渊源、核心思想、基本概念与主要方法来提出,并在接下来的正文中都给出了简要的回答或提示.之后是概念辨析与强化训练.概念辨析,是上述思考题的进一步细化,针对每节具体的、容易混淆的概念、主要定理、主要方法与结论来提问,而强化训练题是按系列或专题来编写.很多题目之间有某种关联性,或可以相互启发,同时这些题目也为前面的思考题提供素材.

本书可以作为数学分析课外研学和论文写作训练的参考用书,也可以作为研究生入学考试的复习参考书.从事数学分析课程教学的老师也可以从中找到有启发性的材料.

图书在版编目(CIP)数据

数学分析研学/张福保,薛星美主编.—北京:科学出版社,2020.3
ISBN 978-7-03-064468-8

Ⅰ.①数… Ⅱ.①张… ②薛… Ⅲ.①数学分析–教材 Ⅳ.①O17

中国版本图书馆 CIP 数据核字(2020) 第 028681 号

责任编辑:许 蕾 曾佳佳/责任校对:杨聪敏
责任印制:赵 博/封面设计:许 瑞

科学出版社 出版
北京东黄城根北街 16 号
邮政编码:100717
http://www.sciencep.com

北京凌奇印刷有限责任公司印刷
科学出版社发行 各地新华书店经销
*
2020 年 3 月第 一 版 开本:787×1092 1/16
2025 年 1 月第四次印刷 印张:11 1/2
字数:268 000
定价:59.00 元
(如有印装质量问题,我社负责调换)

前　　言

　　开设研讨课, 特别是新生研讨课, 是近几年很多高校教学改革的一项新尝试, 其目的是鼓励学生主动学习, 积极参与教学过程, 通过对某些专题或问题的深入研讨, 培养学生的创新精神. 从 2014 级开始, 东南大学数学与统计学专业新的教学计划中增加了研讨类课程 "数学分析研读". 数学分析是数学与统计学专业学生最重要的基础课程, 是新生入学后最先要学习的一门课, 内容多、进度快、解题难. 对于这样的课程要想做有质量的研讨, 要想有所创新, 学生必须先要具备扎实的基础, 并对所学知识有深刻的理解. 综合这些情况, 本研讨课主要围绕一年级数学分析课程已经学过的内容, 包括极限、连续和微积分学等, 遵循以下理念, 助力学生高质量研学: 通过讨论, 加深对核心思想与基本概念的理解; 通过训练, 强化对主要方法的掌握; 通过探究, 提升数学修养与创新能力.

　　本课程的具体做法主要有四条: 一是分组学习与研讨, 按照 5 人一组自愿组合, 完成布置的思考与训练题; 二是每次课上小组汇报思考情况, 特别是新的想法和遇到的困难, 老师及时组织讨论, 帮助他们纠偏与答疑, 并就某些专题进行梳理, 逐步形成小组报告与论文的选题; 三是组织演讲报告会, 每个小组要通过全体组员的共同努力, 完成一份学术报告, 并进行演讲报告; 四是在此基础上每个学生完成一篇论文. 论文要求围绕小组演讲报告的共同主题进行深入探讨与研究, 或深化、推广, 或系统总结, 或学习精要与体会. 对论文考核的标准是看有没有新意、是否规范及工作量大小. 每篇论文原则上不少于 2000字. 课程的最终成绩由下面三部分构成: 参与讨论、作业与平时表现 30%, 综合测试 30%, 论文 40%.

　　本书就是在此实践的过程中完成的, 并针对整个数学分析的内容来展开.

　　本书共分 6 章, 分别是极限、连续、微分学、积分学、反常积分与级数, 不再按原先的一元微积分后再接多元微积分的做法.

　　每章、每节均以思考题开始. 章的思考题更宏观一些, 节的思考题更具体一些. 这些思考题多围绕背景与历史渊源、核心思想、基本概念与主要方法来提出. 对这类问题, 一般教材中着墨不多, 或比较零散, 学生也不重视, 自然掌握得不好, 他们更注重解题方法, 而不是思想与创新. 事实上, 初学者往往是只见树木, 不见森林. 本书对所提的问题在接下来的正文中都给出了简要的回答或提示. 希望读者在看完问题后先自己思考, 而不是急于看正文. 在学完数学分析之后再来研读本书, 不仅要理解, 还要深入思考, 学会提问题; 不仅要做到心中有数, 还要学会用数学语言进行交流和表达, 离开课本和笔的口头交流和表达. 这对于学生数学修养和综合能力的提高是极其重要的. 本书很多问题都可以作为数学分析课外研学和论文写作的参考选题, 也可为以后参加硕士研究生入学面试提供素材.

　　在每节思考题简答之后是概念辨析与强化训练. 概念辨析, 就是针对该节具体的概念、容易混淆的概念、主要定理、主要方法与结论来提问, 改变通常平铺直叙地罗列一番的做法. 而强化训练题既有经典题, 也有最新的各类考题. 在题目的编排上也尽量注意按系列或专题编写. 如关于一致连续性的专题、关于二元函数连续与分别连续的关系的专题、积分不等式等. 你会发现很多题目之间有某种关联性, 或可以相互启发, 同时这些题目也为前面的思考题提供素材. 这对于学生提高解题能力, 备考研究生入学考试等也有直接的帮助. 因此这部分内容既是复习, 更是提高.

　　本书的编写是一项新的尝试, 不足之处敬请专家与读者提出宝贵意见!

张福保

2019 年 9 月 30 日

目　　录

第 1 章　分析学的基础——极限

> **思考题 1.1**　极限思想提出的背景是什么?
>
> **思考题 1.2**　为什么要建立严格的极限概念? 历史上人们为建立严格的极限概念曾做过哪些努力?
>
> **思考题 1.3**　数列极限的 $\varepsilon\text{-}N$ 定义和函数极限的 $\varepsilon\text{-}\delta$ 定义的逻辑基础是什么?
>
> **思考题 1.4**　极限在数学分析中的地位如何?

● 极限思想的背景

极限思想是近现代数学的一个关键思想, 是从常量数学迈向变量数学的标志. 苏联数学家拉夫连季耶夫 (Lavrentyev, 1900~1980) 说: "数学极限法的创造, 是对那些不能用算术、代数和初等几何的简单方法来求解的问题进行了许多世纪顽强探索的结果." 极限思想起源很早, 例如, 三国时期的刘徽的割圆术就是运用了朴素的极限思想 (《数学分析讲义 (第一册)》, 张福保等, 2019). 他为了求圆的面积, 而用圆的内接多边形的面积来逼近. 显然, 边数越多, 越接近圆的面积, 但边数再多, 正多边形的面积也只是圆面积的近似. 于是他想象到把这个过程无限进行下去所得的结果就是圆的面积. 这正是极限思想.

随着生产力水平的提高和科学技术的发展, 人们需要研究变速运动, 需要刻画某个时刻的速度, 即瞬时速度. 这就需要突破原来只使用平均速度这个概念的局限, 即把平均速度的极限作为瞬时速度 (的定义); 而切线的斜率则也类似地定义为割线斜率的极限. 这都是后来出现的导数概念的背景.

由此也可以发现, 极限思想的关键一步是将变量和无限或无穷引入数学中, 并逐步发展出处理无限的方法. 但是, 处理无限的问题是非常棘手的. 人们熟知的有限情形的一些结论对无限未必成立, 如果贸然信手拈来, 就会犯错误, 或产生悖论. 例如, 著名的伽利略 (Galileo, 1564~1642) 悖论. 大物理学家 Galileo 认为发现了正整数与正偶数的悖论, 在他看来, 部分等于全体是不可接受的. 大数学家希尔伯特 (Hilbert, 1862~1943) 说过: "无穷大! 任何一个其他问题都不曾如此深刻地影响人类的精神; 任何一个其他观点都不曾如此有效地激励人类的智力; 然而, 没有任何概念比无穷大更需要澄清……" 古希腊人出于对无限的恐惧, 竭力避免明显地取极限, 而采用间接法——归谬法. 但是当时间到了 16 世纪, 荷兰数学家斯蒂文 (Stevin, 1548~1620) 在考察三角形重心的过程中, 改进了古希腊人的穷竭法, 借助几何直观, 引入了极限思想来处理问题. 由此可以说, 他在无意中指出了把极限方法发展成为一个实用概念的方向.

● 极限概念形成的历史注记

到了 17 世纪, 牛顿 (Newton, 1643~1727)、莱布尼茨 (Leibniz, 1646~1716) 等创立的微积分在应用中已经取得了极大的成功, 但是微积分的基础主要是极限概念, 没有建立起严格的逻辑基础, 因此出现了不少悖论, 微积分受到了极大的挑战与批评. 比较著名的就是英国大主教贝克莱 (Berkeley, 1685~1753) 对微积分的责难. 他在 1734 年出版了一本书《分析学家: 或一篇致一位不信神数学家的论文. 其中审查一下近代分析学的对象、原则及论断是否比宗教的神秘、教旨有更清晰的陈述, 或更明显的推理》(*The Analyst; Or, a Discourse Addressed to an Infidel Mathematician. Wherein It Is Examined Whether the Object, Principles, and Inferences of the Modern Analysis Are More Distinctly Conceived or More Evidently Deduced, Than Religious Mysteries and Points of Faith*), 书中他嘲笑的 "已死的幽灵", 即无穷小量究竟是不是零的悖论引起了极大的争论, 并引发了第二次数学危机. 数学家在后来将近 200 年的时间里, 不能彻底驳斥 Berkeley 的责难, 根本原因是没有建立严格的极限概念. 而且, 随着时间的推移和研究范围的扩大, 类似的悖论日益增多. 数学家在研究无穷级数的时候, 做出许多错误的证明, 并由此得到许多错误的结论. 由于没有严格的极限理论作为基础, 数学家们在有限与无限之间任意通行. 极限概念严格化之所以困难重重, 是因为数学的研究对象已从常量扩展到变量, 而人们习惯于用不变化的常量去思考、分析问题. 对 "变量" 特有的概念理解还不十分清楚; 对 "变量数学" 和 "常量数学" 的区别和联系还缺乏了解; 对 "有限" 和 "无限" 的对立统一关系还不明确. 这样, 人们使用习惯的处理常量数学的传统思想方法, 就不能适应 "变量数学" 的新发展. 例如, 人们习惯用的旧概念常量就说明不了这种 "零" 与 "无限小量" 之间的辩证关系.

到了 18 世纪, 达朗贝尔 (d'Alembert, 1717~1783) 等对极限给出过定义. d'Alembert 的定义是: "一个量是另一个量的极限, 假如第二个量比任意给定的值更为接近第一个量", 其描述的内涵接近于 "极限的正确定义". 到了 19 世纪, 法国数学家柯西 (Cauchy, 1789~1857) 在前人工作的基础上, 比较完整地阐述了 "极限概念" 及其理论, 并引入记号 "lim" 表示极限. 他在《分析教程》中指出: "当一个变量逐次所取的值无限趋近于一个定值, 最终使变量的值和该定值之差要多小就多小, 这个定值就叫做所有其他值的极限值,特别地, 当一个变量的数值 (绝对值) 无限地减小使之收敛到极限 0, 就说这个变量成为无穷小."

　　Cauchy 明确地把无穷小视为 "以 0 为极限的变量", 使 "无穷小" 概念严格化, 为 "似零不是零却可以人为用等于 0 处理" 的办法的合理性提供了依据. 这就是说, 在变量的变化过程中, 它的值不等于零, 但它变化的趋势是零, 即可以无限地接近于零. 这就是无穷小量概念的逻辑基础. Cauchy 还给出了数学分析中其他一系列的基本概念. Cauchy 的最大贡献是将分析学建立在极限概念之上, 但直至德国数学家魏尔斯特拉斯 (Weierstrass, 1815~1897) 创立 " ε-δ " 语言, 才在形式逻辑上彻底地反驳了 Berkeley 的责难. 因为 Cauchy 的说法过分依赖几何直观, 描述性语言多了些, 如 "无限趋近" "要多小就多小" 等比较通俗易懂的描述. 为了排除这些直观痕迹, Weierstrass 提出了极限的静态的抽象定义, 即所谓 ε-N 定义 (与 ε-δ 定义), 用静态的方法 (不等式) 刻画变化过程, 实现了分析的算术化. 例如, 数列 $\{a_n\}$ 以 a 为极限的 ε-N 定义如下: "如果对任何 $\varepsilon > 0$, 总存在正整数 N, 使得当 $n > N$ 时, 不等式 $|a_n - a| < \varepsilon$ 恒成立." 这个定义借助不等式, 通过 ε 和 N 之间的关系, 定量地、具体地刻画了两个 "无限过程" 之间的联系. 因此, 这样的定义应该是目前最严格的定义, 可作为科学论证的基础, 至今仍在数学分析书籍中使用. 在该定义中, 涉及的仅仅是 "数及其大小关系", 此外只是用 "给定"、"存在"、"任何" 等词语, 已经摆脱了 "趋近" 一词, 不再求助于运动的直观.

―――― ● 极限是数学分析的核心思想和研究工具

　　前面已经说到, 极限思想是我们处理变量数学的核心思想, 没有它, 就没有现代分析数学. 有了严格的极限概念之后, 连续、可微、可积以及级数理论等都有了坚实的基础. 简单地说:

　　连续: 极限值等于函数值.

　　可导: 差商的极限存在.

　　可微: 函数的增量与自变量增量的一个线性函数之间只相差高阶无穷小.

　　可积: 积分和的极限存在.

　　此外, 级数、反常积分等都是用极限来定义的.

　　因此可以说, 数学分析是以极限为工具研究函数的连续、可微、可积等分析性质的一门学科.

―――― ● 实数系与实数连续性是极限与微积分的基石

　　对分析基础做更深一步的理解的要求发生在 1874 年. Weierstrass 构造了一个处处连续但处处不可导的函数, 这与直观概念是矛盾的. 它使人们认识到极限、连续、可微等对实数系的依赖比人们想象的要深奥得多. 这些事实使我们明白, 在为分析建立一个完善的基础方面, 还需要再深挖一步: 理解实数系更深刻的性质, 即实数连续性. 这项工作最终由 Weierstrass 完成, 他使得数学分析完全由实数系导出, 脱离了直觉理解和几何直观. 这样一来, 数学分析所有的基本概念都可以通过实数和它们的基本运算表述出来. 所以, 下面先来研究数系.

§1.1   数系的扩张

思考题 1.1.1   数系为什么要不断扩张数? 又是如何逐步扩张的?

思考题 1.1.2   什么是实数?

思考题 1.1.3   实数有哪些性质? 它们是否相互等价? 如果等价, 是否重复? 是否有必要——单列?

思考题 1.1.4   常见的教材是如何在实数集上讨论极限乃至整个微积分的?

I   为什么要扩张数系

前面已经说到, 要想真正搞清楚极限概念, 必须建立严格的实数体系与实数理论. 如果把微积分比作大树, 那么, 实数集就是大树赖以生存与发展的土壤. 就像培育植物之前必须研究土壤一样, 我们必须研究实数集.

我们已经多次学习过数的理论. 数, 是人类文明的重要组成部分. 数的概念的每一次扩充都标志着数学的巨大飞跃. 从最早的自然数到有理数系的扩充是自然且令人信服的, 毕达哥拉斯 (Pythagoras, 580BC~500BC) 学派的万物皆数论, 一方面肯定了有理数的极端重要与基本的地位, 另一方面也遇到了令其恐惧的挑战. 无理数的发现, 击碎了 Pythagoras 学派 "万物皆数" 的美梦, 暴露出有理数系的缺陷: 一条直线上的有理数尽管 "稠密", 但是它还有许多 "孔隙", 而且这种 "孔隙" 多得 "不可胜数". 之后人们关于数的研究一直没有停止过.

中国古代传统数学关注的更多是数量的计算, 对数的本质并没有太大的兴趣. 《九章算术》里在处理开方问题时对于这种 "开之不尽" 的数, 直截了当地 "以面命之" 予以接受. 刘徽注释中的 "求其微数", 实际上是用十进小数来无限逼近无理数, 这本是一个建立实数系统的正确方向, 但未能引起那个时代的重视. 善于理性思维的古希腊人一直在思考这个数系问题, 却无法迈过这道坎. 一批数学家另辟蹊径设法回避它. 如欧多克斯 (Eudoxus, 408BC~355BC)、欧几里得 (Euclid, 330BC~275BC), 在他们的几何学里, 都严格避免把数与几何量等同起来. Eudoxus 的比例论 (见《几何原本》第 5 卷), 使几何学在逻辑上绕过了不可公度 (无理数) 的障碍. 但就在这以后的漫长时期中形成了几何与算术的分家.

如果说在微积分发明的初期, 人们还试图回避实数的问题的话, 那么到了 17~18 世纪, 当微积分必须寻求坚实的基础的时候, 数学家才感到, 为实数系建立可靠的逻辑基础已经是不可回避了. 因为微积分是建立在极限运算基础上的变量数学, 因此需要一个对极限运算封闭的数系. 无理数正是实数域连续性的关键. 但直到 Newton、Leibniz 之后的 200 多年, 才由一批德国数学家 Weierstrass、戴德金 (Dedekind, 1831~1916)、康托尔 (Cantor, 1845~1918) 等加以完成. 而这种艰苦努力所产生的丰富的结果, 却又以出人意料的方式推动了整个数学学科的进步.

II 无理数的扩充

发现了 $\sqrt{2}$ 是无理数之后, 又发现, 对任何大于 2 的自然数 n, 以及非完全平方数 k, $\sqrt[n]{2}$、$\sqrt{k}$ 等都不是有理数. 除了开方可以得到无理数外, 还有哪些方法可以产生新的类型的无理数? 显然, $1+\sqrt{2}$ 也是无理数, 但它不是通过有理数开方而来. 那它可以如何得到? 注意到 $\sqrt{2}$ 是方程 $x^2 = 2$ 的根, 那么容易验证, $1+\sqrt{2}$ 是方程 $x^2 - 2x - 1 = 0$ 的根, 于是人们找到了扩充无理数的新方法, 即找有理系数多项式的根, 毕竟扩张数系的动力之一是使代数方程有解. 这样产生的数称为代数数. 然而, 新的问题又产生了. 挪威数学家阿贝尔 (Abel, 1802~1829) 于 1825 年证明 "一般五次方程不能只用根式求解", 紧接着法国数学家伽罗瓦 (Galois, 1811~1832) 解决了 "方程须有何种性质才可求根式解" 的问题. 当代数数不能用根式表示时, 这些代数数到底是什么样的? 这时候数的概念又开始变得抽象, 并且代数数的确定必须通过方程来确定, 而方程的根一般不唯一. 所以通过这样的方式来扩充无理数是比较麻烦的.

然而, Liouville 数这一发现使此定义方式遭遇了致命一击. 1844 年, 法国数学家刘维尔 (Liouville, 1809~1882) 证明了 $a = \sum_{n=1}^{\infty} 10^{-n!} = 0.11000100000000000000001000\cdots$, 不是一个代数数, 而是一个超越数. 这是被发现的第一个超越数, 后来称之为 Liouville 数. 而早在 19 世纪 30 年代, 人们已经能证明 $e = 1 + \dfrac{1}{1!} + \dfrac{1}{2!} + \cdots + \dfrac{1}{n!} + \cdots$, 与圆周率 π 都是无理数, 在 Liouville 的结论宣布后不久, 1873 年和 1883 年, 数学家埃尔米特 (Hermite, 1822~1901) 与林德曼 (Lindemann, 1852~1939) 先后证明 e, π 都不是代数数.

到这时, 人们又开始考虑如何认识所有无理数, 到底什么是无理数. 由于有理数是有限小数, 或无限循环小数, 于是看上去很自然地, 人们把无限不循环小数定义为无理数. 这种定义方式看起来很通俗易懂, 然而这样做带来的困难是, 你无法判断一个数是不是无限不循环的, 其四则运算也不易说清楚 (《微积分》, 斯皮瓦克, 1980). 无限再一次挑战人类的智慧. 于是就有了下面全新的实数定义方式, 它从理论上与逻辑上彻底解决了实数的定义问题.

───── III **实数的定义**

严格而系统地建立实数的目的, 是为了给出一个形式化的逻辑定义, 它既不依赖几何 (数轴) 的含义, 又避免用极限来定义无理数的逻辑循环.

1. 公理化方法定义实数

Hilbert 于 1899 年, 塔尔斯基 (Tarski, 1902~1983) 于 1936 年分别提出不同的实数公理化系统, 两者相距近 40 年, 后者要简洁得多.

符合以下四组公理的任何一个集合 $\mathbb{R}$ 都叫做实数集, 实数集的元素称为实数.

(1) 加法公理 ($\mathbb{R}$ 关于加法构成 "交换群")

• 对于任意属于集合 $\mathbb{R}$ 的元素 a, b, 可以定义它们的加法 $a + b$, 且 $a + b$ 属于 $\mathbb{R}$;

• 加法有零元 0, 且 $a + 0 = 0 + a = a$(从而存在相反数);

• 加法有交换律, $a + b = b + a$;

• 加法有结合律, $(a + b) + c = a + (b + c)$.

(2) 乘法公理 ($\mathbb{R}\backslash\{0\}$ 关于乘法构成 "交换群")

• 对于任意属于集合 $\mathbb{R}$ 的元素 a, b, 可以定义它们的乘法 $a \cdot b = ab$, 且 $a \cdot b$ 属于 $\mathbb{R}$;

• 乘法有恒元 1, 且 $a \cdot 1 = 1 \cdot a = a$ (从而除 0 外存在倒数);

• 乘法有交换律, $a \cdot b = b \cdot a$;

• 乘法有结合律, $(a \cdot b) \cdot c = a \cdot (b \cdot c)$;

• 乘法对加法有分配率, 即 $a \cdot (b + c) = (b + c) \cdot a = a \cdot b + a \cdot c$.

(满足加法公理与乘法公理的集合都称为域, 所以 $\mathbb{R}, \mathbb{Q}$ 是域.)

(3) 序公理

• 任何 x, y 属于 $\mathbb{R}, x < y, x = y, x > y$ 中有且只有一个成立;

• 若 $x < y$, 则对任意 $z \in \mathbb{R}$, 都有 $x + z < y + z$;

• 若 $x < y, z > 0$, 则 $x \cdot z < y \cdot z$;

• 传递性, 若 $x < y, y < z$, 则 $x < z$.

(满足序公理的域称为全序域, 所以 $\mathbb{R}, \mathbb{Q}$ 是全序域.)

容易证明: 对每个全序域中的 $x < y$, 存在该域中的 z, 使得 $x < z < y$.

(4) 完备公理

• 任何一个非空有上界的集合 (包含于 $\mathbb{R}$) 必有上确界;

• 设 A、B 是两个包含于 $\mathbb{R}$ 的集合, 且对任何 $x \in A, y \in B$ 都有 $x < y$, 那么必存在 $c \in \mathbb{R}$, 使得对任何 $x \in A, y \in B$, 都有 $x < c < y$.

2. 有理数的 Cauchy 列方法定义实数

第二种方式是由 Cantor 借助 Cauchy 列来定义实数: 将每个有理数的 Cauchy 列对

应于一个实数. 两个有理数的 Cauchy 列 $\{x_n\}$ 和 $\{y_n\}$ 称为是等价的, 如果 $x_n - y_n \to 0,\ n \to \infty$.

我们将等价的 Cauchy 列定义为同一个实数.

3. 区间套方法定义实数

如果承认区间套定理, 那么每个以有理数为端点的区间套有且仅有一个公共点, 于是我们可以把实数与所有这样的区间套等同起来, 这就是柯朗 (Courant, 1888~1972) 引入实数集的办法 (柯朗等, 2005). 由此可以解释无理数——无限不循环小数: 用不足近似值和过剩近似值作为端点的区间套.

4. Dedekind 分割方法定义实数

第四种方式是 Dedekind 分割: 以有理数集合 $\mathbb{Q}$ 的分割 (切割、分化) 为基础定义无理数, 进而导出所有实数. 直观思想是: 有理数集在实数轴上稠密但还不能布满. 数轴上任意一点将数轴分为左、右两段, 全体有理数便被分为左、右两个子集 A, B. 凡是左边有理数集无最大者、右边有理数集无最小者时, 就称分割 A, B 确定了一个无理数. 下面稍微展开一下.

一般地, 我们令全集为 U (你可以认为 U 就是 $\mathbb{Q}$), 把待分割的集合 U 分成两个交集为空且自身不为空的集合 A 和 B, 而且 A 中的任何元素都比 B 中的元素小, 即

$$A \cup B = U;\quad A \cap B = \varnothing;\quad \forall x \in A, y \in B, 必有 x < y.$$

则称 A 或 B 构成 U 的一个分割.

对于 U 的任一分割, 共有四种可能, 其中必有且只有一种成立:

(1) A 有一个最大元素 a, B 没有最小元素. 例如, $U = \mathbb{Q}$ 是有理数集, A 是所有 $\leqslant 1$ 的有理数, B 是所有 > 1 的有理数.

(2) B 有一个最小元素 b, A 没有最大元素. 例如, $U = \mathbb{Q}$, A 是所有 < 1 的有理数, B 是所有 $\geqslant 1$ 的有理数.

(3) A 没有最大元素, B 也没有最小元素. 例如, $U = \mathbb{Q}$, A 是所有负的有理数、零和平方小于 2 的正有理数, B 是所有平方大于 2 的正有理数. 显然 A 和 B 的并集是所有的有理数, 因为平方等于 2 的数不是有理数.

(4) A 有最大元素 a, 且 B 有最小元素 b. 例如, $U = \mathbb{N}$ 是自然数集, A 是 0 与负整数集, B 是正整数集.

我们把相应的最值称为边界数, 或界限.

首先, 整数集、有理数集都是存在 Dedekind 分割的. 对于整数集来说, 由于没有稠密性, 分割中 A 必定存在最大值, B 必定存在最小值, 即第四种情况. 但对有理数集 $\mathbb{Q}$, 第四种情况是不可能发生的, 否则就有一个有理数既不属于 A, 也不属于 B.

　　而第三种情况, 即没有有理数的边界数, Dedekind 称这个分割为定义了一个无理数, 或者简单的说, 这个分割是一个无理数, 即将第三种分割与无理数建立起一一对应, 同时把前两种分割对应有理数. 这样, 所有可能的分割构成了数轴上的所有点, 既有有理数, 又有无理数, 统称实数. 实数的全体记为 $\mathbb{R}$.

　　实数是由有理数的分割产生的, 但实数的分割却不能产生新数.

　　可以证明: 有理数域上的四则运算可推广到由刚才 Dedekind 分割方法定义的实数集 $\mathbb{R}$, 进而满足 Cantor 公理化方法中的所有条款, 因此如此定义的实数集 $\mathbb{R}$ 构成全序域.

　　例如, 对任意实数 α, β, 对应的分割是 A 和 A', 则定义实数的序为: $\alpha \leqslant \beta$ 当且仅当 $A \subset A'$; 而 $\alpha + \beta$ 为分割 A'' 所对应的实数, 其中, $A'' = \{a + a', a \in A, a' \in A'\}$. 此时可以验证确界原理成立. 事实上, 设 $S \subset \mathbb{R}$ 有上界, 对每个 $x \in S$, 对应的分割是 A_x, 令

$$A = \bigcup_{x \in S} A_x,$$

则分割 A 所对应的实数即为 S 的上确界.

── Ⅳ　实数连续性

　　在《数学分析讲义 (第一册)》(张福保等, 2019) 第 1.3 节, 我们初步讨论了实数系的连续性. 我们从确界原理出发, 证明了单调有界原理、致密性定理与 Cauchy 收敛准则. 因此, 确界原理在我们的讨论中处于基础性的地位. 但事实上, 我们也证明这些定理是相互等价的, 见《数学分析讲义 (第二册)》(张福保等, 2019) 第 7.1 节. 不过, 虽然这些定理等价, 但是, 它们还是各自反映了实数系性质的不同层面. 例如, 确界原理反映的是实数的连续性, Cauchy 收敛准则反映的是实数的完备性.

　　但由于之前我们只是采用循环论证的方法证明这些定理的相互等价性, 因此, 实数理论的基础还需要再往前追溯. 刚刚我们在 Dedekind 分割方法下已经证明了确界原理, 因此我们的实数理论的系统就具有了坚实的基础.

　　我们也可以从 Dedekind 分割方法出发, 直接验证单调有界原理. 其余问题的严格论证留给大家思考、研讨.

　　不妨设 $\{a_n\}$ 单调递增, 且 $|a_n| \leqslant c, \forall n \geqslant 1$. 把 $\mathbb{R}$ 分为两个集合 A 和 B, 使得大于所有 a_n 的任何实数放入 B, 而其余的实数放入 A. 很显然这构成了 $\mathbb{R}$ 的一个分割. 设 a 是该分割的界限, 下面可以证明 $\lim\limits_{n \to \infty} a_n = a$.

　　首先可知, $\forall n \in \mathbb{N}_+, a_n \leqslant a$. 若不然, 存在 $n \in \mathbb{N}_+$, 使得 $a_n > a$, 则据界限的定义, $a_n \in B$, 但这与 B 的定义矛盾.

　　其次, 反设命题不真, 即 a 不是 $\{a_n\}$ 的极限, 则存在正数 $\varepsilon_0 > 0$, 使得有无穷多个 $n \in \mathbb{N}_+$, 成立 $a_n < a - \varepsilon_0$.

但由该数列的单调递增性知, 该不等式对所有自然数 n 成立, 因此 $a - \varepsilon_0 \in B$, 矛盾, 因此命题获证.

今后, 我们即认定, 实数满足相互等价的五条或七条连续性定理, 在此基础上展开数学分析的所有讨论.

§1.1.1　实数系概念辨析

1. 给出区间的定义. 区间有哪几种类型? 如何判断一个数集为区间?
2. 素数集, 即所有素数构成的集合, 有上界吗?
3. 给出有理数集 $\mathbb{Q}$ 的一个排列, 由此说明 $\mathbb{Q}$ 是可数集.
4. 给出几类无理数.
5. 有理数集与无理数集都是无穷数集. 谁更多些? 事实上, 有理数相对于无理数是很少的. 可以证明: 对任何正数 ε, 存在一列开区间, 它们的并覆盖了所有有理数, 但这一列开区间的长度之和小于 ε.
6. 设 E 是有界非空数集, $\max E$ 或 $\min E$ 一定存在吗?
7. 设 $E \subset \mathbb{Q}$ 是有理数集的一个有界子集, 它在 $\mathbb{Q}$ 内一定有上确界或下确界吗?
8. 设函数 $f(x)$ 和 $g(x)$ 都是区间 I 的有界函数,

$$\sup\{f(x) + g(x), x \in I\} = \sup\{f(x), x \in I\} + \sup\{g(x), x \in I\}$$

总成立吗?

§1.1.2　实数系强化训练

1. 若 k 不是完全平方数, 证明 $\sqrt{k}$ 是无理数.
2. 证明 $\sqrt[3]{2}$, $\sqrt{2} + \sqrt{3}$ 都是无理数.
3. 证明每个区间内都有无穷多的无理数.
4. 证明无理数 $1 + \sqrt{2}$ 不能通过有理数开方而来, 即对任何有理数 r 和正整数 n, 都有 $r \neq (1 + \sqrt{2})^n$.
5. 证明圆周 $(x - \sqrt{2})^2 + y^2 = 2$ 上有唯一的有理点 (x, y), 即 x, y 都是有理数.
6. 若正有理数 $p^2 < 2$, 则正有理数 r 使得 $(p + r)^2 < 2$ 的充分必要条件是 $r(2p + r) < 2 - p^2$. 例如, 取 $r = \dfrac{2 - p^2}{5}$ 或 $r = \dfrac{2 - p^2}{p + 2}$.
7. 证明有理数和无理数的稠密性, 即对任何实数 $\alpha < \beta$, 存在有理数 x 和无理数 y, 使得 $\alpha < x, y < \beta$.
8. 设 $a > 1$. 对任何实数 x, 定义 $a^x = \sup\{a^y : y \in \mathbb{Q}, y < x\}$. 证明:
(1) 当 $x \in \mathbb{Q}$ 时, 此定义与有理指数幂的定义一致; (2) 验证幂的性质仍然成立.

9. 叙述实数集的确界原理、单调有界原理、致密性定理、Cauchy 收敛准则、闭区间套定理, 并验证其相互等价性.

10. 称函数 $f(x)$ 在数集 E 上局部有界, 如果对任何 $x_0 \in E$, 存在 x_0 的邻域 U, 使得 $f(x)$ 在 $E \cap U$ 上有界. 证明: $\mathbb{R}$ 上的函数 $f(x)$ 局部有界当且仅当 $f(x)$ 在任何有界集上有界.

11. 用数学归纳法证明:

(1) $1^3 + 2^3 + \cdots + n^3 = \dfrac{n^2(n+1)^2}{4}$;

(2) $1^4 + 2^4 + \cdots + n^4 = \dfrac{1}{30}n(n+1)(2n+1)(3n^2+3n-1)$;

(3) $1^2 + 3^2 + \cdots + (2n-1)^2 = \dfrac{n(2n-1)(2n+1)}{3}$;

(4) $1^3 + 3^3 + \cdots + (2n-1)^3 = n^2(2n^2-1)$;

(5) $1 - \dfrac{1}{2} + \dfrac{1}{3} - \dfrac{1}{4} + \cdots + \dfrac{1}{2n-1} - \dfrac{1}{2n} = \dfrac{1}{n+1} + \dfrac{1}{n+2} + \cdots + \dfrac{1}{2n}$.

§1.2 数 列 极 限

思考题 1.2.1　研究数列极限的主要任务是计算极限与判断极限的存在性. 哪一个任务更重些?

思考题 1.2.2　什么情况下用定义证明数列极限的存在性? 什么情况下用存在性判别法?

思考题 1.2.3　极限存在性判别法有哪些?

思考题 1.2.4　请整理计算数列极限的各种方法.

思考题 1.2.5　数列极限的概念是如何推广的? 推广后原来数列极限的性质是否仍然成立?

思考题 1.2.6　我们已经讨论过一些特殊的数列收敛问题, 例如 $\left(1 + \dfrac{1}{n}\right)^n \to$ $\mathrm{e}(n \to \infty), 1 + \dfrac{1}{2} + \cdots + \dfrac{1}{n} - \ln n \to \gamma(n \to \infty)$, 也讨论过由迭代公式给出的数列的收敛问题, 如斐波那契 (Fibonacci, 1175~1250) 数列等. 这些数列的收敛等问题被很多人讨论过, 相关结果有很多, 是否可以进行系统总结? 给出你的新证明, 或其他有关结果 (推论), 或研究其他一些新的有趣的数列收敛问题.

I　如何求极限

关于求数列的极限, 方法很多, 这些方法中有不少涉及微积分的其他知识, 综合性强,

参考资料很多, 如《数学分析中的典型问题与方法》(裴礼文, 2006). 下面我们简单罗列一下:

(1) 有些简单的数列极限可以直接通过观察或利用已知极限、四则运算法则、夹逼法则、斯托尔茨 (Stolz) 定理等得到, 这时候你需要掌握一些常见的基本极限, 如 $\lim\limits_{n\to\infty}\sqrt[n]{n}=1$ 等.

(2) 对有些数列, 你需要先应用单调有界原理、Cauchy 收敛准则等方法证明极限的存在性, 然后再设法求出极限值.

(3) 有时候需要按照数列极限的 ε-N 定义来证明, 此时是已经观察出或估计出数列的极限, 需要加以验证.

(4) 利用 Stolz 公式求极限. Stolz 定理是处理 $\dfrac{\infty}{\infty}$ 型与 $\dfrac{0}{0}$ 型不定式极限的重要工具之一.

(5) 利用函数极限求数列极限是学完函数极限后求数列极限的一个常用方法. 此时两个重要极限 $\lim\limits_{x\to\infty}\left(1+\dfrac{1}{x}\right)^x=\mathrm{e},\ \lim\limits_{x\to0}\dfrac{\sin x}{x}=1$, 函数连续性, 迭代法与压缩映像不动点法可以考虑采用. 求函数极限的洛必达 (L'Hospital, 1661~1704) 法则、泰勒 (Taylor, 1685~1731) 公式等也是很有效的工具.

(6) 此外, 针对和式的极限可以考虑用定积分来求. 例如极限 $\lim\limits_{n\to\infty}\dfrac{1}{n^2}\sum\limits_{k=1}^{n}k\sin\dfrac{k\pi}{n}$.

(7) 还可以利用级数 $\sum\limits_{n=1}^{\infty}a_n$ 收敛的必要条件得 $\lim\limits_{n\to\infty}a_n=0$ 等.

II 如何判断极限的存在性

数列极限的存在性判别是极限理论的重要内容之一. 给你一个数列, 特别是稍微复杂一点的数列, 有时候极限是存在的, 但我们可能并不知道极限值是什么, 这时一般无法按极限定义验证极限的存在性. 当然, 有时候极限也可能是不存在的, 因此研究极限的首要任务就是判断其极限是否存在, 不能想当然地认为极限总是存在的, 也不能因为 "看" 不出来就束手无策. 极限存在的判别法就是不依赖于先求出或 "看" 出极限值, 而是根据判别法肯定极限的存在. 当肯定了极限的存在后, 再设法计算其极限, 或通过近似计算来估计其值. 因此 Cauchy 收敛准则的重要性不言而喻. 事实上, 通过判别法得到的数列极限值可能是我们迄今为止不曾认识的新数! 例如, 通过数列 $\left\{\left(1+\dfrac{1}{n}\right)^n\right\}$ 我们认识了数学中的重要常数 e, 后来 e 被选作自然对数的底, 在数学中发挥重要作用.

数列极限的存在性判别法主要指单调有界原理和 Cauchy 收敛准则.

1. 单调有界原理

从字面即可明白它的意思, 即单调有界的数列必定是收敛的. 这是数列极限存在的简单明了的判别法, 是数列收敛的充分而非必要的条件. 在使用单调有界原理时, 既要证明数列有界, 又要证明数列单调. 是先证明有界, 还是先证明单调, 要视具体情况而定; 无论是证明有界, 还是证明单调, 必要时都可以借助数学归纳法; 使用单调有界原理时, 有时候可能要分别对奇子列与偶子列应用单调有界原理, 因为有可能数列本身不具有单调性, 而子列是单调的.

例如, 设 $x_1 = 4, x_{n+1} = \sqrt{6 - x_n}, n = 1, 2, \cdots,$ 则 $0 \leqslant x_n \leqslant 4$, 且奇子列递减, 偶子列递增, 故都是收敛的, 且它们的极限相同, 从而数列 $\{x_n\}$ 收敛.

2. Cauchy 收敛准则

数列 $\{a_n\}$ 收敛的充分必要条件是: 对于任意给定的 $\varepsilon > 0$, 存在正整数 N, 使得

$$|a_n - a_m| < \varepsilon, \quad \forall m, n > N.$$

Cauchy 收敛准则是判断数列收敛的充要条件, 因此既可以用来证明数列收敛, 也可以用来证明数列发散. Cauchy 收敛准则是实数连续性等价命题之一, 是对实数所谓完备性的刻画, 这一法则在有理数域内是不成立的, 即 Cauchy 数列 (满足 Cauchy 收敛准则条件的数列) 在有理数域内未必总是收敛的, 说明有理数域是不完备的, 而实数域是完备的. 这一完备性不仅体现在数列极限收敛性, 对于其后学习的函数极限、反常积分、数项级数、函数项级数等都有深刻的反映. 这一点值得大家在数学分析的整个学习过程中注意体会.

——— III　上极限与下极限

收敛数列必有界, 但反之未必. 根据致密性定理, 我们只能保证有收敛子列的存在. 在这些收敛子列中是否存在极限值最大与最小的子列? 这就是提出数列的上极限与下极限概念的背景, 它们是极限概念的推广, 将为我们研究有界数列的收敛性带来方便. 但要注意, 极限的性质对上、下极限未必成立, 请注意对比.

1. 上极限与下极限定义

给定有界数列 $\{x_n\}$, 若存在实数 ξ 和 $\{x_n\}$ 的一个子列 $\{x_{n_k}\}$, 使得

$$\lim_{k \to \infty} x_{n_k} = \xi,$$

则称 ξ 是数列 $\{x_n\}$ 的一个**极限点**.

记 E 是有界数列 $\{x_n\}$ 的极限点的集合, 则 E 中有最大值和最小值, 记

$$H = \max E = H = \varlimsup_{n \to \infty} x_n, \quad \text{或} \quad H = \limsup_{n \to \infty} x_n,$$

$$h = \min E = h = \varliminf_{n \to \infty} x_n, \quad \text{或} \quad h = \liminf_{n \to \infty} x_n,$$

分别称为数列 $\{x_n\}$ 的上极限与下极限, 并且有:

$\lim\limits_{n \to \infty} x_n$ 存在 (且为有限) 当且仅当 $\varlimsup\limits_{n \to \infty} x_n = \varliminf\limits_{n \to \infty} x_n$.

2. ε-N 刻画

设 $\{x_n\}$ 是有界数列, 则

(1) $H = \overline{\lim\limits_{n\to\infty}} x_n$ 的充要条件是对任何 $\varepsilon > 0$, 存在 $N > 0$, 当 $n > N$ 时, $x_n < H + \varepsilon$, 并且 $\{x_n\}$ 中有无穷多项 $x_n > H - \varepsilon$.

(2) $h = \underline{\lim\limits_{n\to\infty}} x_n$ 的充要条件是对任何 $\varepsilon > 0$, 存在 $N > 0$, 当 $n > N$ 时, $x_n > h - \varepsilon$, 并且 $\{x_n\}$ 中有无穷多项 $x_n < h + \varepsilon$.

3. 上极限与下极限的等价定义

设 $\{x_n\}$ 是有界数列, 令

$$a_n = \inf\{x_{n+1}, x_{n+2}, \cdots\} = \inf_{k>n}\{x_k\}, \quad b_n = \sup\{x_{n+1}, x_{n+2}, \cdots\} = \sup_{k>n}\{x_k\},$$

则

$$H = \overline{\lim_{n\to\infty}} x_n = \lim_{n\to\infty} b_n = \lim_{n\to\infty} \sup_{k>n}\{x_k\},$$

$$h = \underline{\lim_{n\to\infty}} x_n = \lim_{n\to\infty} a_n = \lim_{n\to\infty} \inf_{k>n}\{x_k\}.$$

§1.2.1　数列极限概念辨析

1. 下列条件是否与 $\lim\limits_{n\to\infty} x_n = a$ 的 ε-N 定义等价? 为什么?

(1) 对无穷多个 $\varepsilon > 0$, 总存在自然数 N, 当 $n > N$ 时, 有 $|x_n - a| < \varepsilon$;

(2) 对任意的 $\varepsilon > 0$, 总存在无穷多个 x_n, 使 $|x_n - a| < \varepsilon$;

(3) 对任意的 $\varepsilon > 0$, 总存在自然数 N, 当 $n \geqslant N$ 时, 有 $|x_n - a| \leqslant \varepsilon$;

(4) 对任意自然数 k, 总存在自然数 N_k, 当 $n > N_k$ 时, 有 $|x_n - a| < \dfrac{1}{k}$;

(5) 对任意自然数 k, 只有有限个 x_n 位于区间 $\left(a - \dfrac{1}{k}, a + \dfrac{1}{k}\right)$ 之外.

还能给出类似的一些条件吗?

2. 收敛数列的重要性质有哪些? 你能具体一一叙述出来吗?

3. 判断下列结论是否正确:

(1) 若数列 $\{a_n\}$ 收敛, 则 $\lim\limits_{n\to\infty} (a_{n+1} - a_n) = 0$;

(2) 若数列 $\{a_n\}$ 收敛, 则 $\lim\limits_{n\to\infty} \dfrac{a_{n+1}}{a_n} = 1$;

(3) 若 $\lim\limits_{n\to\infty} x_n y_n = 0$, 则 $\lim\limits_{n\to\infty} x_n = 0$ 和 $\lim\limits_{n\to\infty} y_n = 0$ 至少有一个成立;

(4) 若数列 $\{a_n\}$ 收敛于 0, 则存在正数 α, 使 n 充分大时 $|a_n| \leqslant \dfrac{1}{n^\alpha}$.

4. 请分别写出下列否定概念的正面陈述:

(1) 数列 $\{x_n\}$ 不以数 a 为极限;

(2) 数列 $\{x_n\}$ 没有极限;

(3) 数列 $\{x_n\}$ 不是基本数列.

5. 知道下面有关数列极限的常见的事实吗? 会证明吗?

(1) $\lim\limits_{n\to\infty} \sqrt[n]{a} = 1\,(a>0)$;

(2) $\lim\limits_{n\to\infty} \sqrt[n]{n} = 1$;

(3) 如果 $0 < a \leqslant x_n \leqslant b < +\infty$, 则 $\lim\limits_{n\to\infty} \sqrt[n]{x_n} = 1$;

(4) 设 $a_1, a_2, \cdots, a_k$ 为正常数, 则 $\lim\limits_{n\to\infty} \sqrt[n]{a_1^n + a_2^n + \cdots + a_k^n} = \max\{a_1, a_2, \cdots, a_k\}$;

(5) 若 $\lim\limits_{n\to\infty} x_n = a$, 则 $\lim\limits_{n\to\infty} \dfrac{x_1 + x_2 + \cdots + x_n}{n} = a$;

(6) 若 $x_n > 0$, $\lim\limits_{n\to\infty} x_n = a$, 则 $\lim\limits_{n\to\infty} \sqrt[n]{x_1 x_2 \cdots x_n} = a$;

(7) $\lim\limits_{n\to\infty} \left(1 + \dfrac{1}{n}\right)^n = e$;

(8) $\lim\limits_{n\to\infty} \left(1 - \dfrac{1}{n}\right)^n = e^{-1}$;

(9) $\lim\limits_{n\to\infty} \left(1 + \dfrac{1}{2} + \dfrac{1}{3} + \cdots + \dfrac{1}{n}\right) = +\infty$;

(10) $\lim\limits_{n\to\infty} \left(1 + \dfrac{1}{2} + \dfrac{1}{3} + \cdots + \dfrac{1}{n} - \ln n\right) = \gamma(\text{Euler 常数})$;

(11) $\lim\limits_{n\to\infty} \left(\dfrac{1}{n+1} + \dfrac{1}{n+2} + \cdots + \dfrac{1}{2n}\right) = \ln 2$;

(12) $\lim\limits_{n\to\infty} \left(1 - \dfrac{1}{2} + \dfrac{1}{3} + \cdots + (-1)^{n+1}\dfrac{1}{n}\right) = \ln 2$.

6. (1) 请写出 $\dfrac{\infty}{\infty}$ 型与 $\dfrac{0}{0}$ 型不定式的 Stolz 定理的内容.

(2) 对非负数 k, $\lim\limits_{n\to\infty} \dfrac{1^k + 2^k + \cdots + n^k}{n^{k+1}} = ?$

(3) Stolz 定理中, $\lim\limits_{n\to\infty} \dfrac{x_n - x_{n-1}}{y_n - y_{n-1}} = a = \infty$ 时, 结论是否成立?

(4) Stolz 定理的逆命题是否成立?

7. 记号 $a_n \ll b_n$ 表示 $\{b_n\}$ 是比 $\{a_n\}$ 高阶的无穷大量, 即 $\lim\limits_{n\to\infty} \dfrac{a_n}{b_n} = 0$. 试用记号 $\ll$ 把下面几个无穷大量连接起来: $a^n, \log_a n, n^k$, 其中 $a > 1, k$ 为正数.

8. 讨论下列带有参数的数列的收敛问题:

(1) 设 $x_1 = b$, $x_{n+1} = \dfrac{1}{2}(x_n^2 + 1)$, $n \in \mathbb{N}_+$. 问 b 取何值时数列 $\{x_n\}$ 收敛? 并求其极限.

(2) 设 $x_0 = a$, $x_n = 1 + bx_{n-1}$, $n \in \mathbb{N}_+$, 试确定 a, b 的值, 使该数列收敛.

(3) 数列 $\{u_n\}$ 定义如下:

$$u_1 = b, \quad u_{n+1} = u_n^2 + (1-2a)u_n + a^2, \quad n = 1, 2, \cdots,$$

问 a, b 取什么值时, $\{u_n\}$ 收敛? 极限值是什么?

§1.2.2 数列极限强化训练

1. 用 $\varepsilon\text{-}N$ 定义证明下列各题:

(1) $\lim\limits_{n\to\infty} \dfrac{n^2+1}{2n^2-7n} = \dfrac{1}{2}$;

(2) $\lim\limits_{n\to\infty} \dfrac{n^2-1}{2n^2-5n} = \dfrac{1}{2}$;

(3) $\lim\limits_{n\to\infty} x_n = 1$, 其中, $x_n = \begin{cases} \dfrac{n-2}{n}, & n\text{为奇数}, \\[2mm] \dfrac{n+1}{n}, & n\text{为偶数}; \end{cases}$

(4) 设 $\lim\limits_{n\to\infty} a_n = a$, 则 $\lim\limits_{n\to\infty} \dfrac{a_1+2a_2+\cdots+na_n}{n^2} = \dfrac{a}{2}$;

(5) 设 $\lim\limits_{n\to\infty} a_n = a$, 若 $\lambda_n > 0, n = 1, 2, \cdots$, 且 $\lim\limits_{n\to\infty} \dfrac{\lambda_n}{\lambda_1+\lambda_2+\cdots+\lambda_n} = 0$, 则

$$\lim\limits_{n\to\infty} \dfrac{\lambda_1 a_n + \lambda_2 a_{n-1} + \cdots + \lambda_n a_1}{\lambda_1+\lambda_2+\cdots+\lambda_n} = a.$$

2. 求下列数列极限:

(1) $\lim\limits_{n\to\infty} \left(1 - \dfrac{1}{2^2}\right)\left(1 - \dfrac{1}{3^2}\right)\cdots\left(1 - \dfrac{1}{n^2}\right)$;

(2) $\lim\limits_{n\to\infty} \left(\dfrac{1}{\sqrt{n^2+1}} + \dfrac{1}{\sqrt{n^2+2}} + \cdots + \dfrac{1}{\sqrt{n^2+n}}\right)$;

(3) $\lim\limits_{n\to\infty} \dfrac{1}{2}\cdot\dfrac{3}{4}\cdot\dfrac{5}{6}\cdots\dfrac{2n-1}{2n}$;

(4) $\lim\limits_{n\to\infty} (2\sin^2 n + \cos^2 n)^{\frac{1}{n}}$.

3. 证明下列数列收敛并求极限:

(1) 令 $x_0 = 1, x_n = \dfrac{3+2x_{n-1}}{3+x_{n-1}}, n = 1, 2, \cdots$.

(2) 设 $0 < a < 1, x_1 = \dfrac{a}{2}, x_{n+1} = \dfrac{a+x_n^2}{2}, n = 1, 2, \cdots$.

(3) 设 $x_1 > 0, x_{n+1} = \dfrac{1}{3}\left(2x_n + \dfrac{a}{x_n^2}\right) (a > 0)$.

(4) 令 $a_1 = \dfrac{1}{2}\left(a + \dfrac{\sigma}{a}\right), a_{n+1} = \dfrac{1}{2}\left(a_n + \dfrac{\sigma}{a_n}\right), n = 1, 2, 3, \cdots$, 证明: 对任何正数 a, σ, 数列 $\{a_n\}$ 都收敛, 且极限都等于 $\sqrt{\sigma}$.

注: 这是求平方根的快速算法, 收敛速度估计为 $|a_{n+1} - \sqrt{\sigma}| \leqslant \dfrac{1}{\sqrt{\sigma}}(a_n - \sqrt{\sigma})^2$.

(5) 设 $A > 0, 0 < y_0 < A^{-1}, y_{n+1} = y_n(2 - Ay_n), n = 0, 1, \cdots$.

(6) 任意给定 $x \in \mathbb{R}$, 令 $x_1 = \sin x$, $x_{n+1} = \sin x_n$.

(7) 设 $x_1 = 4$, $x_{n+1} = \sqrt{6 - x_n}$, $n = 1, 2, \cdots$.

(8) 由

$$x_0 = 1, \ x_{n+1} = \frac{1}{2 + x_n}, \text{当} n \geqslant 0,$$

定义一个实数列 $\{x_n\}$. 证明 $\{x_n\}$ 收敛, 并求出它的极限.

(9) 令 α 为 $(0, 1)$ 间的一个数. 证明满足递推关系 $x_{n+1} = \alpha x_n + (1 - \alpha) x_{n-1}$ 的任何实数序列 (x_n) 有一个极限, 并求出以 α, x_0 及 x_1 表示的极限.

(10) 设 $0 < r < 1, x_0, x_1 \in \mathbb{R}$, $x_{n+1} = x_n + r^n x_{n-1}$, $n = 1, 2, \cdots$, 证明数列 $\{x_n\}$ 收敛.

(11) $\forall x_0 \in \mathbb{R}$, 令 $x_n = a + \varepsilon \sin x_{n-1}$, $n = 1, 2, \cdots$, 其中 $0 < \varepsilon < 1$, 证明:

(a) $\lim\limits_{n \to \infty} x_n = \xi$ 存在;

(b) ξ 是开普勒 (Kepler) 方程 $x = a + \varepsilon \sin x$ 的唯一解.

(12) 设 $x_n > 0$, 且 $x_n + \dfrac{4}{x_{n+1}^2} < 3$, $n = 1, 2, \cdots$, 证明数列 $\{x_n\}$ 收敛并求其极限.

4. 证明下列数列收敛:

(1) $x_n = \dfrac{1}{3 + 1} + \dfrac{1}{3^2 + 1} + \cdots + \dfrac{1}{3^n + 1}$;

(2) $x_n = \left(1 + \dfrac{1}{2}\right) \left(1 + \dfrac{1}{2^2}\right) \left(1 + \dfrac{1}{2^3}\right) \cdots \left(1 + \dfrac{1}{2^n}\right)$;

(3) $x_n = \cos \dfrac{x}{2} \cos \dfrac{x}{2^2} \cos \dfrac{x}{2^3} \cdots \cos \dfrac{x}{2^n}$;

(4) $x_n = 1 + \dfrac{1}{\sqrt{2}} + \dfrac{1}{\sqrt{3}} + \cdots + \dfrac{1}{\sqrt{n}} - 2\sqrt{n}$, $n = 1, 2, \cdots$;

(5) $x_n = \sin 1 + \dfrac{\sin 2}{2!} + \cdots + \dfrac{\sin n}{n!}$;

(6) 设数列 $\{b_n\}$ 有界, 令 $a_n = \dfrac{b_1}{1 \cdot 2} + \dfrac{b_2}{2 \cdot 3} + \cdots + \dfrac{b_n}{n(n+1)}$, $n \in \mathbb{N}_+$, 则数列 $\{a_n\}$ 收敛.

5. (1) 求证

$$e = 1 + \frac{1}{1!} + \frac{1}{2!} + \cdots + \frac{1}{n!} + \frac{\theta_n}{n!n},$$

其中, $\dfrac{n}{n+1} < \theta_n < 1$;

(2) 求极限 $\lim\limits_{n \to \infty} (n!e - [n!e])$.

6. 数列 $\{x_n\}, \{y_n\}$ 满足 $x_{n+1} = 2y_n - 1, y_n = -\dfrac{1}{5} x_n + 1$, $n = 1, 2, \cdots$, 证明数列 $\{x_n\}, \{y_n\}$ 均收敛, 并求出它们的极限.

7. (1) 设 $c > 0, a_1 = \dfrac{c}{2}, a_{n+1} = a_1 + \dfrac{a_n^2}{2}, n = 1, 2, \cdots$, 证明

$$\lim_{n\to\infty} a_n = \begin{cases} 1 - \sqrt{1-c}, & 0 < c \leqslant 1, \\ +\infty, & c > 1; \end{cases}$$

(2) 设 $0 < c < 1, a_1 = \dfrac{c}{2}, a_{n+1} = a_1 - \dfrac{a_n^2}{2}, n = 1, 2, \cdots$, 证明数列收敛并求极限;

(3) 设 $\{x_n\}$ 是有界的正数数列, 证明极限 $\lim\limits_{n\to\infty} \dfrac{x_n}{x_1 + x_2 + \cdots + x_n}$ 存在.

8. 求下列极限:

(1) $\lim\limits_{n\to\infty} \dfrac{\sum\limits_{p=1}^{n} p!}{n!}$;

(2) 设 $\lim\limits_{n\to\infty} (a_n - a_{n-1}) = b$, 求 $\lim\limits_{n\to\infty} \dfrac{a_n}{n}$;

(3) 设 $a_1 > 0, a_{n+1} = a_n + \dfrac{1}{a_n}, n = 1, 2, \cdots$, 求 $\lim\limits_{n\to\infty} \dfrac{a_n}{\sqrt{2n}}$.

9. 对映射 $f : [a, b] \to \mathbb{R}$, 若存在常数 $k \in (0, 1)$, 使

$$|f(x) - f(y)| \leqslant k|x - y|, \forall x \in [a, b],$$

则称函数 f 为压缩映射, k 称为压缩常数.

若 $f : [a, b] \to [a, b]$, 是压缩映射, 对任意给定的 $x_0 \in [a, b]$, 定义序列

$$x_{n+1} = f(x_n), \ n = 0, 1, 2, \cdots,$$

证明: $f(x)$ 存在唯一的不动点 x, 即 $f(x) = x$, 并且 $\lim\limits_{n\to\infty} x_n = x$.

若压缩常数 $k = 1$, 上述结论是否成立?

10. 设数列 $\{x_n\}$ 满足 $\lim\limits_{n\to\infty} (x_n - x_{n-2}) = 0$, 证明 $\lim\limits_{n\to\infty} \dfrac{x_n - x_{n-1}}{n} = 0$.

11. 设数列 $\left\{ \dfrac{A_1 + A_2 + \cdots + A_n}{n} \right\}$ 收敛, 且 $\lim\limits_{n\to\infty} n(A_n - A_{n-1}) = 0$, 证明数列 $\{A_n\}$ 也收敛.

12. 设 a, b, c 是三个给定的实数, 令 $a_0 = a, b_0 = b, c_0 = c$, 并归纳地定义

$$\begin{cases} a_n = \dfrac{b_{n-1} + c_{n-1}}{2}, \\ b_n = \dfrac{c_{n-1} + a_{n-1}}{2}, \ n = 1, 2, \cdots, \\ c_n = \dfrac{a_{n-1} + b_{n-1}}{2}, \end{cases}$$

证明: $\lim\limits_{n\to\infty} a_n = \lim\limits_{n\to\infty} b_n = \lim\limits_{n\to\infty} c_n = \dfrac{a+b+c}{3}$.

13. 设 $a_1 > b_1 > 0$, 记

$$a_n = \frac{a_{n-1} + b_{n-1}}{2}, \ b_n = \sqrt{a_{n-1}b_{n-1}}, \ n = 2, 3, \cdots,$$

证明: 数列 $\{a_n\}, \{b_n\}$ 都收敛, 且极限都相等.

14. 设 $a_1 > b_1 > 0$, 记

$$a_n = \frac{a_{n-1} + b_{n-1}}{2}, \ b_n = \frac{2a_{n-1}b_{n-1}}{a_{n-1} + b_{n-1}},$$

证明: 数列 $\{a_n\}, \{b_n\}$ 都收敛, 且极限都等于 $\sqrt{a_1 b_1}$.

15. 若数列

$$\{|a_2 - a_1| + |a_3 - a_2| + \cdots + |a_n - a_{n-1}|\}$$

有界, 则称 $\{a_n\}$ 为有界变差数列. 证明有界变差数列一定是收敛的数列.

16. 令 $f(x) = \frac{1}{4} + x - x^2$. 对任何实数 x, 定义序列 $\{x_n\}$ 为 $x_0 = x$ 和 $x_{n+1} = f(x_n)$. 若序列收敛, 令 x_∞ 表示极限.

(1) 当 $x = 0$ 时, 阐明序列是有界且非减的, 并求出 x_∞;

(2) 求所有的 $y \in \mathbb{R}$ 满足 $y_\infty = x_\infty$.

17. 假设 $x_1, x_2, x_3, \cdots$ 是一个非负实数序列, 对所有的 $n \geqslant 1$ 满足

$$x_{n+1} \leqslant x_n + \frac{1}{n^2},$$

证明 $\lim\limits_{n \to \infty} x_n$ 存在.

18. 求以下数列的上、下极限:

(1) $\{-n[(-1)^n + 1]\}$; 　　(2) $\left\{ \dfrac{3n}{2n+1} \sin \dfrac{n\pi}{3} \right\}$; 　　(3) $\{3n + 1\}$;

(4) $\left\{ \sqrt[n]{n+2} + \cos \dfrac{n\pi}{4} \right\}$; 　　(5) $\left\{ 3(-1)^{n+2} + 2(-1)^{\frac{n(n+1)}{2}} \right\}$.

19. 证明:

(1) 若 $\{a_n\}, \{b_n\}$ 是有界数列, 则 $\varliminf\limits_{n \to \infty} a_n = -\varlimsup\limits_{n \to \infty} (-a_n)$;

(2) 若 $\{a_n\}$ 是有界正数列, 且 $\varliminf\limits_{n \to \infty} a_n > 0$, 则 $\varlimsup\limits_{n \to \infty} \dfrac{1}{a_n} = \dfrac{1}{\varliminf\limits_{n \to \infty} a_n}$;

(3) 若 $\{a_n\}$ 是递增数列, 则 $\varlimsup\limits_{n \to \infty} a_n = \lim\limits_{n \to \infty} a_n$;

(4) 若 $\{a_n\}$ 是正数列, 且 $\varlimsup\limits_{n \to \infty} a_n \cdot \varlimsup\limits_{n \to \infty} \dfrac{1}{a_n} = 1$, 则数列 $\{a_n\}$ 收敛.

20. 设 $x_n \leqslant y_n$, $n \in \mathbb{N}_+$, 证明 $\varlimsup\limits_{n \to \infty} x_n \leqslant \varlimsup\limits_{n \to \infty} y_n$, $\varliminf\limits_{n \to \infty} x_n \leqslant \varliminf\limits_{n \to \infty} y_n$.

21. 设 $y_n = x_n + \alpha x_{n+1}, n \in \mathbb{N}_+, \alpha > 1$ 是常数, 且 $\{y_n\}$ 收敛, 证明 $\{x_n\}$ 也收敛.

22. 任意给定 $x \in \mathbb{R}$, 令 $x_1 = \cos x, x_{n+1} = \cos x_n$, 证明数列收敛.

23. 设 $x_1 = \sqrt{3}, x_2 = \sqrt{3 - \sqrt{3}}, x_{n+2} = \sqrt{3 - \sqrt{3 + x_n}}, n = 1, 2, \cdots$, 试证数列 $\{x_n\}$ 极限存在, 并求此极限.

24. 设 $x_1 > x_2 > 0, x_{n+2} = \sqrt{x_{n+1}x_n}, n \in \mathbb{N}$, 证明 $\{x_n\}$ 收敛.

25. 令 α 为一个正实数, 定义序列 x_n 为

$$x_0 = 0, \quad x_{n+1} = \alpha + x_n^2, \quad n \geqslant 0.$$

找出关于 α 的一个充要条件, 使得 $\lim\limits_{n \to \infty} x_n$ 必定存在一个有限极限.

26. 设 k 为正整数, 数列 $\{x_n\}$ 满足递推关系

$$x_{n+1} + x_{n-1} = cx_n.$$

问对哪些实数 c, 数列 $\{x_n\}$ 具有周期 k, 即对所有 n, $x_{n+k} = x_n$.

§1.3 一元函数的极限

思考题 1.3.1 一元函数极限有哪些类型? 它的严格定义是什么? 有哪些基本性质?

思考题 1.3.2 为什么说研究极限就等价于研究无穷小量?

思考题 1.3.3 什么是不定式极限? 为什么它们在极限讨论中居于中心位置?

思考题 1.3.4 一元函数极限与数列极限的关系如何?

思考题 1.3.5 何为改进的海涅 (Heine, 1821~1881) 归结原则? 有什么作用?

思考题 1.3.6 一元函数极限的存在性与不存在性有哪些判别方法?

思考题 1.3.7 类似于数列的单调有界原理, 单调有界函数也必有极限吗?

思考题 1.3.8 是否可以定义函数的上、下极限?

I 一元函数极限概念

一元函数极限的类型较多, 包括 $x \to +\infty, -\infty, \infty$ 和 $x \to a, a+, a-$ 等.

$\lim\limits_{x \to a} f(x) = A$ 的 ε-δ 定义是:

设 $f(x)$ 在 a 的某空心邻域 $U°(a, \rho)$ 内有定义, A 是一常数, 如果对于任意给定的 $\varepsilon > 0$, 总存在正数 $\delta(< \rho)$, 使得 $\forall x \in U°(a, \delta)$, 总有 $|f(x) - A| < \varepsilon$.

由此可见, $\lim\limits_{x \to a} f(x) = A \Leftrightarrow \lim\limits_{x \to a}(f(x) - A) = 0$, 即 $f(x) - A$ 当 $x \to a$ 时是无穷小量. 因此研究极限问题都可以转化为研究无穷小量.

在无穷小量与无穷大量的研究中, 不定式的极限是重点. 因为计算它们的极限通常无法直接运用四则运算法则, 要具体情况具体分析. 例如:

$$\lim_{x \to 0} \frac{\sin x}{x}, \quad \lim_{x \to \infty} \left(1 + \frac{1}{x}\right)^x$$

就是两个基本的不定式极限;

$$\lim_{x \to 0} \frac{\mathrm{e}^x - 1}{x}, \quad \lim_{x \to 0} \frac{\sqrt{1 + 2x} - \sqrt[3]{1 + 3x}}{x^2}$$

等都是不定式极限.

总结一下, 不定式的类型共有 7 种, 我们以易于理解的符号表示如下:

$$\frac{0}{0}, \quad \frac{\infty}{\infty}, \quad 0 \cdot \infty, \quad \infty - \infty, \quad 1^{\infty}, \quad \infty^0, \quad 0^0.$$

例如两个重要极限 $\lim\limits_{x \to 0} \dfrac{\sin x}{x}$ 和 $\lim\limits_{x \to \infty} \left(1 + \dfrac{1}{x}\right)^x$ 分别是 $\dfrac{0}{0}$ 型和 1^{∞} 型不定式.

不定式极限不是说极限值不定, 而是说要具体情况具体对待. 一般不能用四则运算法则求得. 例如, $\lim\limits_{x \to 0} \dfrac{\sin x}{x}$ 和 $\lim\limits_{x \to 0} \dfrac{\sin x^2}{x}$ 都是 $\dfrac{0}{0}$ 型不定式, 但它们的值分别为 1 和 0.

—— II　归结原则

数列极限可以看作函数极限的特殊情况, 因此函数极限也有数列极限的类似的基本性质, 例如极限的唯一性、局部有界性、局部保号性、四则运算性质等, 但多了 "局部" 两个字.

而另一方面, 函数极限的研究也可以化为数列极限来考虑. 这就可以利用数列极限已有的方法与结果, 从而为函数极限的研究带来便利. 而为这两种极限之间搭建桥梁的重要结果就是 Heine 归结原则. 以 $x \to a$ 为例.

归结原则　设函数 $f(x)$ 在 a 的某去心邻域 $U^{\circ}(x_0) := (a - \delta, a + \delta) \backslash \{a\}$ 内有定义, 则函数极限 $\lim\limits_{x \to a} f(x) = A$ 的充分必要条件是: 对于 $U^{\circ}(x_0)$ 中任意的收敛于 a 的数列 $\{a_n\}$, 数列 $\{f(a_n)\}$ 也收敛于 A.

归结原则的一个等价说法是:

设函数 $f(x)$ 在 a 的某去心邻域 $U^{\circ}(x_0) := (a - \delta, a + \delta) \backslash \{a\}$ 内有定义, 则函数极限 $\lim\limits_{x \to a} f(x)$ 存在的充分必要条件是: 对于 $U^{\circ}(x_0)$ 中任意的收敛于 a 的数列 $\{a_n\}$, 数列 $\{f(a_n)\}$ 也收敛.

这个等价说法中不需要极限值 A 的出现.

对单侧极限以及 $x \to +\infty, -\infty, \infty$ 也有相应的归结原则.

应用归结原则, 可以把求数列极限的问题转化为求函数极限. 例如, 根据

$$\lim_{x \to \infty} \left(1 + \frac{1}{x}\right)^x = \mathrm{e},$$

就可以方便地求出数列极限

$$\lim_{n\to\infty}\left(1+\frac{a}{n}\right)^n = e^a.$$

而在讨论函数极限之前要直接讨论这个数列极限相对比较麻烦. 由于求函数极限的方法比求数列极限的方法要多些, 用这样的方法求数列极限是有价值的.

除了常规的 Heine 归结原则, 对于单侧极限还有改进的 Heine 归结原则, 它源自数列极限的单调有界原理, 对于研究一元函数的单侧极限和单调函数的极限有着重要的作用.

改进的 (左极限的) 归结原则　设函数 $f(x)$ 在 a 的某左空心邻域 $U_-^{\circ}(x_0) := (a-\delta, a)$ 内有定义, 则左极限 $\lim\limits_{x\to a-} f(x)$ 存在的充分必要条件是: 对于 $(a-\delta, a)$ 中任意的单调递增收敛于 a 的数列 $\{a_n\}$, 数列 $\{f(a_n)\}$ 也收敛.

改进的 (右极限的) 归结原则　设函数 $f(x)$ 在 a 的某右空心邻域 $U_+^{\circ}(x_0) := (a, a+\delta)$ 内有定义, 则右极限 $\lim\limits_{x\to a+} f(x)$ 存在的充分必要条件是: 对于 $(a, a+\delta)$ 中任意的单调递减收敛于 a 的数列 $\{a_n\}$, 数列 $\{f(a_n)\}$ 也收敛.

由此可证:

(1) 若 f 为 $U_-^{\circ}(x_0)$ $(U_+^{\circ}(x_0))$ 上的单调函数, 则 $f(x_0 - 0)$ $(f(x_0 + 0))$ 存在.

(2) 区间 (a, b) 上的单调函数只有第一类间断点, 没有第二类间断点.

III　函数极限的 Cauchy 收敛准则

函数极限的 Cauchy 收敛准则用得少些, 但也值得注意. 下面对 $x\to\infty$ 和 $x\to a-$ 给出函数极限的 Cauchy 收敛准则, 其余情况请读者补齐.

$\lim\limits_{x\to a-} f(x)$ 存在的充分必要条件是: $\forall \varepsilon > 0, \exists \delta > 0, \forall x', x'' \in (a-\delta, a)$, 都有

$$|f(x') - f(x'')| < \varepsilon.$$

$\lim\limits_{x\to\infty} f(x)$ 存在的充分必要条件是: $\forall\, \varepsilon > 0, \exists\, G > 0, \forall x', x''$, 满足 $|x'|, |x''| > G$ 时, 有

$$|f(x') - f(x'')| < \varepsilon.$$

应用上述结果可以证明: 设 $f(x)$ 在有限开区间 (a, b) 上连续, 则它在 (a, b) 上一致连续的充分必要条件是在区间端点的单侧极限 $f(a+), f(b-)$ 都存在.

IV　函数极限的存在与不存在性

总结前述, 证明函数极限存在的办法主要包括极限定义、四则运算、夹逼法则、两个重要极限以及归结原则和 Cauchy 收敛准则. 当然, 应用后续知识, 还可以用函数的连续性、导数概念、L'Hospital 法则、Taylor 公式等.

由于归结原则和 Cauchy 收敛准则都是极限存在的充要条件, 所以它们也可以用来证明函数极限的**不存在**. 下面以两种情况叙述不存在性结果.

(1.1) $x \to a$ 时极限不存在的归结原则: 如果在点 a 的某去心邻域 $U^\circ(a)$ 有一个收敛于 a 的数列 $\{a_n\}$, 使 $\{f(a_n)\}$ 不收敛, 或有两个都收敛于 a 的数列 $\{a_n\}, \{b_n\}$, 使 $\{f(a_n)\}, \{f(b_n)\}$ 都收敛, 但极限不相等, 则函数 f 在点 a 的极限不存在.

(1.2) $x \to +\infty$ 时极限不存在的归结原则: 存在一个正无穷大数列 $\{a_n\}$, 使得 $\{f(a_n)\}$ 不收敛, 或存在两个正无穷大数列 $\{a_n\}, \{b_n\}$, 使 $\{f(a_n)\}, \{f(b_n)\}$ 都收敛, 但极限不相等, 则函数 f 在 $x \to +\infty$ 时的极限不存在.

(2.1) $x \to a$ 时极限不存在的 Cauchy 收敛准则: $\exists \varepsilon_0 > 0$, 对任意的 $\delta > 0$, $\exists x', x'' \in U^\circ(a)$, 使得 $|f(x') - f(x'')| \geqslant \varepsilon_0$, 则函数 f 在点 a 的极限不存在, 反之亦然.

(2.2) $x \to +\infty$ 时极限不存在的 Cauchy 收敛准则: $\exists \varepsilon_0 > 0$, 对任意的 $G > 0$, $\exists x', x'' > G$, 使得 $|f(x') - f(x'')| \geqslant \varepsilon_0$, 则函数 f 在 $x \to +\infty$ 时的极限不存在, 反之亦然.

例如证明当 $x \to \infty$ 时函数 $y = \cos x$ 的极限不存在, 若用归结原则, 则可取 $x_n = 2n\pi$, $y_n = (2n-1)\pi$; 若用 Cauchy 收敛准则, 则对 $\varepsilon = 1$, 对任何 $G > 0$, 取 $x' = 2([G]+1)\pi > G$, $x'' = (2[G]+1)\pi > G$, $\cos x' - \cos x'' = 2 > \varepsilon$.

§1.3.1   一元函数极限概念辨析

1. 以有限数为极限值的一元函数极限有哪几种极限过程?

2. 极限 $\lim\limits_{x \to -\infty} f(x) = A$ 的 "$\varepsilon\text{-}\delta$" 定义是什么? 极限 $\lim\limits_{x \to x_0^+} f(x) = -\infty$ 的 "$\varepsilon\text{-}\delta$" 定义是什么?

3. (1) 试按照定义, 分别给出函数 $f(x)$ 当 $x \to a$ 与 $x \to a+$ 时不以 A 为极限的正面陈述;

(2) 按照定义, 给出函数 $f(x)$ 在 $x \to a$ 时极限不存在的正面陈述;

(3) 试分别根据归结原则和 Cauchy 收敛准则, 给出函数 $f(x)$ 在 $x \to a$ 时极限不存在的正面陈述;

(4) 试分别根据归结原则和 Cauchy 收敛准则, 给出函数 $f(x)$ 在 $x \to \infty$ 时极限不存在的正面陈述;

(5) 由此用两种方法证明 $\lim\limits_{x \to +\infty} \sin x$ 不存在.

4. 极限 $\lim\limits_{x \to 0} f(x)$ 与极限 $\lim\limits_{x \to 0} f(x^3)$ 的存在性等价吗? 又对 $f(x^2)$, 相应结论成立吗?

5. 函数极限的主要性质有哪些? 你知道它们都是如何应用的吗?

6. 函数极限存在的充要条件有哪些? 必要条件有哪些?

7. 证明函数极限不存在通常有哪些方法?

8. 请写出函数的两个重要极限, 它们都有哪些应用?

9. $x \to 0$ 时与 x 等价的无穷小量有哪些?

10. 在什么情况下计算极限时可以用等价无穷小代换?

11. 如何计算幂指函数的极限?

12. 当 $x \to +\infty$ 时, 将下列无穷大量按照从高阶到低阶的顺序排列:

$$2^x, \qquad x^x, \qquad x^2, \qquad \ln^2(1+x^2), \qquad [x]!.$$

13. 当 $x \to 0+$ 时, 将下列无穷小量按照从高阶到低阶的顺序排列:

$$x^2, \qquad 2^{-\frac{1}{x}}, \qquad \ln(1+x), \qquad 1 - \cos x^2.$$

§1.3.2 一元函数极限强化训练

1. 证明: 若 f 为周期函数, 且 $\lim\limits_{x \to +\infty} f(x) = 0$, 则 $f(x) \equiv 0$.

2. 设 f 为 $U_-^{\circ}(x_0)$ $(U_+^{\circ}(x_0))$ 上的递增函数. 证明 $f(x_0 - 0)$ $(f(x_0 + 0))$ 存在, 且

$$f(x_0 - 0) = \sup_{x \in U_-^{\circ}(x_0)} f(x) \quad \left(f(x_0 + 0) = \inf_{x \in U_+^{\circ}(x_0)} f(x) \right),$$

其中, $U_-^{\circ}(x_0)$, $U_+^{\circ}(x_0)$ 分别表示 x_0 的某左空心邻域和右空心邻域.

3. ($x \to +\infty$ 时改进的归结原则) 设函数 $f(x)$ 在 $(a, +\infty)$ 内有定义, 则函数极限 $\lim\limits_{x \to +\infty} f(x)$ 存在的充分必要条件是: 对于 $(a, +\infty)$ 内任意的单调递增趋于 $+\infty$ 的数列 $\{a_n\}$, 数列 $\{f(a_n)\}$ 也收敛.

试给出 $x \to -\infty$ 时改进的归结原则, 并证明.

4. 若函数 f 在区间 (a, b) 上单调, 且有一个数列 $\{a_n\}$ 使得 $a_n \to a+$ 和 $f(a_n) \to A (n \to \infty)$. 问是否有 $f(a+) = A$?

5 设 f 为定义在 $[a, +\infty)$ 上的增 (减) 函数. 证明极限 $\lim\limits_{x \to +\infty} f(x)$ 存在的充要条件是 f 在 $[a, +\infty)$ 上有上 (下) 界.

6. 试研究区间 (a, b) 上单调函数的极限存在的各种条件.

7. 确定 α 和 β, 使下列各无穷小量或无穷大量等价于 αx^{β}:

(1) $2x^3 - x^5 (x \to 0, x \to \infty)$;

(2) $x \sin \sqrt{x} (x \to 0+)$;

(3) $\sqrt{1+x} - 1 (x \to 0, x \to +\infty)$;

(4) $(1+x)^n (x \to 0, x \to +\infty)$;

(5) $\sin 2x - 2 \sin x \ (x \to 0)$;

(6) $\dfrac{1}{1+x} - (1-x) \ (x \to 0, x \to \infty)$;

(7) $\sqrt{1 + \tan x} - \sqrt{1 - \sin x} (x \to 0)$;

(8) $x + x^2(2 + \sin x)(x \to 0, x \to \infty)$ (对 $x \to \infty$ 只确定无穷大的阶数).

8. 求下列极限:

(1) $\lim\limits_{x\to\infty} \dfrac{x \arctan \dfrac{1}{x}}{x - \cos x}$;

(2) $\lim\limits_{x\to 0} \dfrac{\sqrt[3]{1+x} - \sqrt[4]{1+2x}}{\arcsin x}$;

(3) $\lim\limits_{x\to 0} \dfrac{\sqrt{1+x} - \sqrt[3]{1+2x^2}}{\ln(1+\sin x)}$;

(4) $\lim\limits_{x\to 0} \dfrac{\sqrt{1+x} - 1 - \dfrac{x}{2}}{x^2}$;

(5) $\lim\limits_{x\to 0} \dfrac{2\sqrt{1+2x} - \sqrt[3]{1+6x} - 1}{x^2}$;

(6) $\lim\limits_{x\to +\infty} \dfrac{\ln(1+x^2)}{\sqrt{x}}$;

(7) $\lim\limits_{x\to +\infty} x[\ln(1+x) - \ln x]$;

(8) $\lim\limits_{x\to -\infty} (\sqrt{1-x+x^2} - \sqrt{1+x+x^2})$;

(9) $\lim\limits_{n\to\infty} n(\sqrt[n]{x} - 1)(x > 0)$;

(10) $\lim\limits_{n\to\infty} n^2(\sqrt[n]{x} - \sqrt[n+1]{x})(x > 0)$.

9. 设 $x \to a$ 时 $f(x)$ 和 $g(x)$ 是等价无穷小, 证明:

$$f(x) - g(x) = o(f(x)), \quad \text{且} f(x) - g(x) = o(g(x)), (x \to a).$$

10. 求下列极限:

(1) $\lim\limits_{x\to 0} \dfrac{\sqrt{1+x} + \sqrt{1-x} - 2}{x^2}$;

(2) $\lim\limits_{x\to 0} \dfrac{\sqrt[4]{1+\alpha x} - \sqrt[3]{1+\beta x}}{x}$;

(3) $\lim\limits_{x\to +\infty} (\sqrt{x^2+x} - \sqrt[3]{x^3+x^2})$;

(4) $\lim\limits_{x\to 0} \dfrac{\tan x - \sin x}{\sin^3 x}$;

(5) $\lim\limits_{x\to\infty} \left(\dfrac{x+b}{x+a}\right)^x$;

(6) $\lim\limits_{x\to\infty} \left(\dfrac{x^2+1}{x^2-1}\right)^{x^2}$;

(7) $\lim\limits_{x\to +\infty} \left(\dfrac{a_1 x + b_1}{a_2 x + b_2}\right)^x (a_1, a_2 > 0)$;

(8) $\lim\limits_{x\to 1} (2e^{x-1} - 1)^{\frac{x}{x-1}}$;

(9) $\lim\limits_{x\to 0^+} (\cos\sqrt{x})^{\frac{\pi}{x}}$;

(10) $\lim\limits_{x\to\infty} \left(\sin\dfrac{2}{x} + \cos\dfrac{1}{x}\right)^x$.

11. 求下列极限:

(1) $\lim\limits_{n\to\infty} \sqrt{n}\sin\dfrac{\pi}{n}$;

(2) $\lim\limits_{n\to\infty} 2^n \sin\dfrac{x}{2^n}$;

(3) $\lim\limits_{n\to\infty} \left(1 + \dfrac{k}{n}\right)^n$;

(4) $\lim\limits_{n\to\infty} \left(1 + \dfrac{1}{n} + \dfrac{1}{n^2}\right)^n$;

(5) 已知 $\lim\limits_{x\to 0} \dfrac{\ln\left[1 + \dfrac{f(x)}{\sin x}\right]}{2^x - 1} = 3$, 试求 $\lim\limits_{x\to 0} \dfrac{f(x)}{x^2}$.

12. 用 ε-δ 定义证明下列极限:

(1) $\lim\limits_{x\to 1} \dfrac{x^2-1}{4x^2 - 7x + 3} = 2$;

(2) $\lim\limits_{x\to +\infty} (\sin\sqrt{x+1} - \sin\sqrt{x}) = 0$;

(3) $\lim\limits_{x \to 1} \dfrac{x^2 + x - 2}{x(x^2 - 3x + 2)} = -3.$

13. 讨论下列极限是否存在, 如果存在, 试求出极限:

(1) $\lim\limits_{x \to 0} x \left[\dfrac{1}{x}\right]$;

(2) $\lim\limits_{x \to \infty} \dfrac{[x]}{x}$;

(3) $\lim\limits_{x \to \frac{1}{n}} \left(\dfrac{1}{x} - \left[\dfrac{1}{x}\right]\right)$ $(n = 1, 2, \cdots)$;

(4) $\lim\limits_{x \to 0+} \left(\dfrac{1}{x} - \left[\dfrac{1}{x}\right]\right).$

§1.4 多元函数的极限

思考题 1.4.1 讨论多元函数前为什么要先研究 Euclid 空间 $\mathbb{R}^n$?

思考题 1.4.2 为什么要引入距离概念? 距离引入方法是唯一的吗? 试给出几种不同的距离, 比较相应的球的几何形状及特性. 又问: 在这些不同的距离下, 内点、边界点、外点、聚点以及开集、闭集的概念是否有本质改变?

思考题 1.4.3 实数理论或基本定理是一元函数极限与连续概念严格化的基石. 那么, Euclid 空间的基本定理有哪些? 试与实数的性质进行比较.

思考题 1.4.4 多元函数极限与一元函数的极限有什么样的联系和区别? 例如, 还有 Heine 归结原则吗? 对三元函数, 累次极限是什么样的? 它们与重极限之间有什么关系?

─── I **Euclid 空间的引入**

对于 n 元函数 $y = f(x_1, x_2, \cdots, x_n)$, 有 n 个独立的变量 $x_1, x_2, \cdots, x_n$, 作为因变量 y, 它依赖于每一个自变量 $x_1, x_2, \cdots, x_n$. 当我们把 $x_1, x_2, \cdots, x_n$ 看作一个整体时, 记为 $\boldsymbol{x} = (x_1, x_2, \cdots, x_n)$, 而 $\boldsymbol{x}$ 的变化范围也就是多元函数 $y = f(\boldsymbol{x})$ 的定义域, 是 Euclid 空间 $\mathbb{R}^n$ 的一个子集. 对于多元函数, 我们也有必要讨论它的极限, 这既是一元函数极限概念的推广, 也是研究多元函数的连续性与可微性的基本工具. 因此我们需要了解聚点、邻域的概念等. 这都涉及 Euclid 空间 $\mathbb{R}^n$ 及其子集的性质, 包括几何性质与分析性质.

─── II **Euclid 空间中的距离**

对照一元函数极限概念, 多元函数极限概念的刻画需要邻域的概念. 我们可以用距离来定义邻域, 用距离来刻画点与点接近的程度. 两点 $\boldsymbol{a}, \boldsymbol{b}$ 通常的 Euclid 距离是

$$d(\boldsymbol{a}, \boldsymbol{b}) := |\boldsymbol{a} - \boldsymbol{b}| = \sqrt{(a_1 - b_1)^2 + (a_2 - b_2)^2 + \cdots + (a_n - b_n)^2}.$$

还可以定义其他距离, 例如:

$\varrho(\boldsymbol{a},\boldsymbol{b})=|a_1-b_1|+|a_2-b_2|+\cdots+|a_n-b_n|$，称 ϱ 为平面上的 1-距离，它满足距离的正定性、对称性和三角不等式.

你还能定义其他距离吗？

事实上，我们还可以用更一般的邻域的概念来替代距离，此时多元函数极限与一元函数极限在形式上是一样的，请读者自己思考.

III   Euclid 空间的连续性与完备性

有关多元函数极限的存在性等问题同样需要 Euclid 空间的连续性与完备性. 如致密性定理、聚点定理、区域套定理、Cauchy 收敛准则、紧性定理等，这 5 个定理是实数连续性定理的自然推广. 但涉及实数的序关系，即大小比较的两个定理，即确界原理和单调有界原理不能推广到高于一维的 Euclid 空间.

IV   多元函数极限与累次极限

尽管多元函数极限与一元函数极限形式上是一样的，但在具体讨论时，你会发现多元函数的极限要复杂得多. 首先必须搞清楚 Euclid 空间的拓扑结构，即有关邻域的概念及相应的内点、边界点、外点、聚点以及开集、闭集的概念等，同时有必要应用一元函数极限已有结论，于是要引入累次极限的概念. 试逐一检查，将有关一元函数极限的性质推广到多元函数情形. 例如，试导出多元函数的 Heine 归结原则.

§1.4.1   多元函数极限概念辨析

1. 设以下所涉及的集合均是 $\mathbb{R}^n$ 中非空集合，下列结论对吗？

(1) 任意多个闭集的交是闭集；

(2) 任意多个闭集的并是闭集；

(3) 任意多个开集的并集是开集；

(4) 任意多个开集的交集也是开集；

(5) $(A\cap B)'=A'\cap B'$；

(6) $\mathbb{R}^n$ 的子集要么是开集，要么是闭集，二者必居其一.

2. 在讨论极限问题时试改为以邻域为基本概念，给出极限的概念与性质.

3. Euclid 空间的紧集如何刻画？引入紧集的理由是什么？

4. 什么是连通集？直线上的连通集都是什么样的？

5. 什么是区域？什么是闭区域？闭区域是区域吗？

6. 当 (x,y) 沿任意直线趋向定点 (x_0,y_0) 时存在极限值，二元函数在 (x_0,y_0) 的极限一定存在？若是，请证明，否则请举例说明.

7. 二元函数极限和累次极限之间有什么样的关系?

8. 若存在常数 A, 使对过点 (x_0, y_0) 的任一连续曲线 $y = y(x)$, 极限 $\lim\limits_{x \to x_0} f(x, y(x))$ 都存在, 且均为 A, 问重极限 $\lim\limits_{x \to x_0, y \to y_0} f(x, y)$ 一定存在吗?

9. 在计算二元函数极限 $\lim\limits_{(x,y) \to (0,0)} f(x, y)$ 时, 经常使用极坐标变换, 即令 $x = r \cos\theta, y = r \sin\theta$, 将函数 $f(x, y)$ 转化为 $F(r, \theta) = f(r \cos\theta, r \sin\theta)$. 试对函数

$$f(x, y) = (x + y) \ln(x^2 + y^2)$$

和

$$g(x, y) = \frac{x^2 y}{x^4 + y^2}, \ (x, y) \neq (0, 0)$$

检验极坐标变换方法是否有效, 为什么?

10. 判别二元函数极限不存在有哪些方法?

11. 试作一函数 $f(x, y)$, 使当 $x \to +\infty, y \to \infty$ 时分别满足下面的条件:

(1) 两个累次极限存在而重极限不存在;

(2) 两个累次极限不存在而重极限存在;

(3) 重极限与累次极限都不存在;

(4) 重极限与一个累次极限存在, 另一个累次极限不存在.

§1.4.2 多元函数极限强化训练

1. 证明: (1) $a \in \bar{S}$ 当且仅当存在 $\{x_n\} \subset S$, 使得 $x_n \to a(n \to \infty)$; (2) $\bar{S} = S \cup \partial S$.

2. 定义点 a 与集合 $S \subset \mathbb{R}^n$ 的距离如下:

$$d(a, S) = \inf_{x \in S} |a - x|.$$

证明:

(1) $a \in \bar{S}$ 当且仅当 $d(a, S) = 0$;

(2) 若 S 为闭集, 则必存在 $b \in S$, 使得 $|a - b| = d(a, S)$.

3. 设 $\{a_n\}$ 收敛于 a, 求证 $\{a_n\} \cup \{a\}$ 是紧集.

4. 证明: $S \subset \mathbb{R}^n$ 是紧集当且仅当 S 中每个序列都有一子列收敛于 S 中某点 (这个性质称为自列紧性).

5. 用紧性证明聚点定理.

6. 证明椭圆 $\{(x, y) \in \mathbb{R}^2 : \dfrac{x^2}{a^2} + \dfrac{y^2}{b^2} = 1\}$ 是道路连通的.

7. 设 $A, B \subset \mathbb{R}$, 证明:

(1) 若 A, B 是开集, 则 $A \times B$ 是 $\mathbb{R}^2$ 的开集;

(2) 若 A, B 是闭集, 则 $A \times B$ 是 $\mathbb{R}^2$ 的闭集.

8. 设 $S \subset \mathbb{R}^n$. 称 $\mathbb{R}^n$ 中的子集族 $\{F_\lambda\}_{\lambda \in \Lambda}$ 关于 S 具有有限交性质, 若对于 Λ 的任意有限子集 I, 交 $S \cap \left(\bigcap\limits_{\lambda \in I} \right) F_\lambda \neq \varnothing$. 证明: S 是紧集的充要条件是任何关于 S 有限交性质的闭集族 $\{F_\lambda\}_{\lambda \in \Lambda}$ 与 S 的交非空.

9. 设 A, B 是 $\mathbb{R}^n$ 中的道路连通集, 且交不空, 证明其并集 $A \cup B$ 也是道路连通集.

10. 用 ε-δ 定义证明:

(1) $\lim\limits_{(x,y) \to (1,2)} (x^2 + xy + y^2) = 7$;

(2) $\lim\limits_{(x,y) \to (0,0)} \dfrac{x^2 y}{x^2 + y^2} = 0$;

(3) $\lim\limits_{x \to 2, y \to \infty} \dfrac{xy - 2}{y + 1} = 2$;

(4) $\lim\limits_{(x,y) \to (1,-2)} \dfrac{x+y}{xy} = \dfrac{1}{2}$.

11. 讨论下列函数在原点是否有重极限:

(1) $\lim\limits_{(x,y) \to (0,0)} \dfrac{x^2 y}{x^2 + y^2}$;

(2) $\lim\limits_{(x,y) \to (0,0)} \dfrac{xy}{x^2 + y^2}$;

(3) $\lim\limits_{(x,y) \to (0,0)} (x+y) \sin \dfrac{1}{x} \sin \dfrac{1}{y}$;

(4) $\lim\limits_{(x,y) \to (0,0)} \dfrac{\sin(x^3 + y^3)}{x^2 + y^2}$;

(5) $\lim\limits_{(x,y) \to (0,0)} (x^2 + y^2)^{xy}$;

(6) $\lim\limits_{(x,y) \to (0,0)} \dfrac{x^2 y^2}{x^3 + y^3}$.

12. 讨论下列函数在原点是否有重极限和累次极限:

(1) $f(x,y) = \begin{cases} \dfrac{(y^2 - x)^2}{x^2 + y^4}, & x^2 + y^2 \neq 0, \\ 0, & x = y = 0; \end{cases}$

(2) $f(x,y) = \begin{cases} (x^2 + y^2) \sin \dfrac{1}{x} \cos \dfrac{1}{y}, & xy \neq 0, \\ 0, & xy = 0; \end{cases}$

(3) $f(x,y) = \begin{cases} y \sin \dfrac{1}{x}, & xy \neq 0, \\ 0, & xy = 0; \end{cases}$

(4) $f(x,y) = \dfrac{x^2 - y^2}{x^2 + y^2}$;

(5) $f(x,y) = \dfrac{xy}{x+y}$;

(6) $f(x,y) = \dfrac{x^3 + y^3}{x^2 + y}$;

(7) $f(x,y) = (x+y) \sin \dfrac{1}{x} \sin \dfrac{1}{y}$;

(8) $f(x,y) = \begin{cases} x \sin \dfrac{1}{y} + y \sin \dfrac{1}{x}, & xy \neq 0 \\ 0, & xy = 0. \end{cases}$

13. 讨论下列函数的重极限:

(1) $\lim\limits_{(x,y) \to (+\infty, +\infty)} \left(\dfrac{xy}{x^2 + y^2} \right)^{x^2}$;

(2) $\lim\limits_{(x,y) \to (\infty, 0)} \left(1 + \dfrac{1}{x} \right)^{\frac{x^2}{x+y}}$;

(3) $\lim\limits_{(x,y) \to (\infty, \infty)} \dfrac{\sqrt{|x|}}{2x + 3y}$.

第2章　函数的连续性

思考题 2.1　函数的连续性概念的背景是什么?

思考题 2.2　函数连续有哪些等价说法? 连续函数有哪些本质特征?

思考题 2.3　一致连续函数有哪些性质? 为什么需要比连续性强的一致连续性概念?

思考题 2.4　连续性概念可以弱化吗? 怎样弱化?

思考题 2.5　多元函数与一元函数连续性有什么联系和区别? 例如, 设 $z = f(x, y)$ 在 (x_0, y_0) 处连续, 那么, $z = f(x, y_0)$ 作为 x 的一元函数必然在 x_0 处连续, 同样, $z = f(x_0, y)$ 作为 y 的函数在 y_0 处也是连续的. 我们称之为分别连续. 问分别连续是否蕴含连续? 对一般的 n 元函数又有什么样的结果?

思考题 2.6　从一元函数到多元函数, 连续函数的哪些性质可以保留下来? 一元函数的定义域我们通常局限于区间. 在讨论多元函数的极限与连续时则可以是很一般的定义域. 这时, 通过仔细的考察, 我们可以更深刻地揭示连续的本质, 特别是连续函数的全局性质. 请读者思考、体会.

● 连续概念的历史注记

自然界中许多现象, 如气温的变化、河水的流动、动物或植物的生长等都是连续地变化着的, 反映在数学上, 人们自然认为函数都是连续的. 在微积分早期, 人们只关注具体的函数, 或能用式子表达的函数, 它们似乎都自然是连续的, 因此像函数、极限、连续等概念非常模糊. 一直到黎曼 (Riemann, 1826~1866) 之前, 可积函数只包含连续函数, 并且几乎所有数学家都认为连续必可导.

1817 年, 博尔扎诺 (Bolzano, 1781~1848) 给出了函数连续的描述性定义:

若在区间内任一点 x 处, 只要 ω 的绝对值充分小, 就能使差 $f(x + \omega) - f(x)$ 的绝对值任意小, 则称 $f(x)$ 在该区间上连续. 显然, 这样的函数现在叫作在该区间上是一致连续的.

1821 年, Cauchy 也给出了类似的定义. 随后 Weierstrass 应用 ε-δ 语言给出了如今的连续概念的严格定义. 虽然一元函数的连续性往往对区间才有真实的意义, 但是 Weierstrass 的定义抓住了连续与间断的本质, 提出了较抽象的 "点连续" 概念, 并建立了连续与极限之间的密切关系, 也可以说揭示了连续函数的本质, 它使人们可以摆脱直观来研究函数连续性. 例如, 对狄利克雷 (Dirichlet, 1805~1859) 函数、Riemann 函数等的连续性, 我们必须从严格定义出发才能加以研究.

连续性定义有一些等价命题. 例如, 我们可以借助左、右连续性, 振幅, 半连续性等来刻画在一点处的连续性. 同样, 可以给出在一个区间或区域上连续的刻画.

闭区间或紧集上的连续函数有若干重要的全局性质或整体性质, 甚至是本质特征. 这是连续性的核心内容.

而一致连续性概念是 Heine 在 1870 年才提出来的, 1895 年博雷尔 (Borel, 1871~1956) 据此发现了有限覆盖定理.

● 一致连续性小结

比连续性强的概念是一致连续性, 它是对函数整体性质的一种刻画, 在可积性讨论中要用到. 并且, 一致连续函数比只是连续函数有更好的整体性质. 例如, 有界开区间上的一致连续函数一定是有界的, 而对连续函数而言, 相应的结论未必成立.

关于一致连续性的结果非常丰富, 我们只简单罗列一元函数的一致连续性的一些结果如下:

(1) 设函数 $f(x)$ 在区间 I 上有定义, 则 $f(x)$ 在区间 I 上一致连续的充分必要条件是: 对 I 中任何数列 $\{x_n'\}$ 和 $\{x_n''\}$, 只要 $\lim\limits_{n\to\infty}(x_n'-x_n'')=0$, 就有 $\lim\limits_{n\to\infty}(f(x_n')-f(x_n''))=0$.

(2) 函数 f 在**有限**区间 I 上一致连续的充分必要条件是: f 映 I 内的数列为Cauchy数列.

(3) (**Cantor 一致连续性定理**) 有限闭区间 $[a,b]$ 上的连续函数必一致连续.

(4) 有限开区间 (a,b) 上的连续函数一致连续当且仅当单侧极限 $f(a+)$ 和 $f(b-)$ 都存在.

(5) 若函数 f 在区间 $[a,b]$ 和 $[b,c)$ 上都一致连续, 则 f 在 $[a,c)$ 上一致连续, 这里 c 可以取 $+\infty$.

(6) 设函数 f 在区间 I 上满足利普希茨 (Lipschitz, 1832~1903) 条件, 即存在常数 $L>0$, 使得对 I 上任意两点 x',x'' 都有

$$|f(x')-f(x'')|\leqslant L|x'-x''|,$$

则 f 在 I 上一致连续.

特别地, 若导函数 $f'(x)$ 在 I 上有界, 则 f 在 I 上一致连续.

(7) 设函数 f 在区间 $[a,+\infty)$ 上连续, 若存在常数 b 和 c, 使得 $\lim\limits_{x\to+\infty}(f(x)-bx-c)=0$, 则 f 在 $[a,+\infty)$ 上一致连续.

作为特例, 若存在极限 $\lim\limits_{x\to+\infty}f(x)$, 则 f 在 $[a,+\infty)$ 上一致连续.

这一结果还可以如何推广?

(8) 设 f 在 $\mathbb{R}$ 上一致连续, 则存在非负常数 a,b, 使得 $|f(x)|\leqslant a|x|+b$. 反之如何? **上述结果可以推广到多元函数吗?**

• 下半连续与上半连续

一致连续是比连续强的概念, 也可以提出比连续性弱的概念, 它们可以部分地保留连续的性质. 例如, 作为连续概念的弱化, 可引入下半连续与上半连续的概念.

$f: I\subset\mathbb{R}\to\mathbb{R}$ 称为在 $x_0\in I$ 处下半连续, 如果 $\forall\varepsilon>0,\exists\delta>0$, 当 $x\in I,0<|x-x_0|<\delta$ 时, $f(x)>f(x_0)-\varepsilon$.

如果 $\forall\varepsilon>0,\exists\delta>0$, 当 $x\in I,0<|x-x_0|<\delta$ 时, $f(x)<f(x_0)+\varepsilon$, 则称 f 在 $x_0\in I$ 处上半连续.

可以证明下面有关下半连续的一些**等价说法**:

(1) f 在 $x_0\in I$ 处下半连续;

(2) $-f$ 在 $x_0\in I$ 处上半连续;

(3) $\forall\{x_n\}\subset I,\ x_n\to x_0,\ \varliminf\limits_{n\to\infty}f(x_n)\geqslant f(x_0)$;

(4) $\forall\alpha\in\mathbb{R}$, 集合 $\{x\in I|f(x)<\alpha\}$ 是开集.

请对照闭区间上连续函数的性质, 研究有限闭区间上的半连续函数的有界性、最值的存在性等性质.

• 多元函数连续性

相较于一元函数, 多元函数连续性的要求似乎要高些, 或者判断时要更复杂些. 例如, 一元函数 $y=f(x)$ 一点处的连续性等价于既左连续又右连续, 但对多元函数来说就要复杂得多. 沿任意方向的极限值等于函数值并不能保证多元函数的连续性. 分别连续也不意味着多元函数的连续, 即对二元函数 $z=f(x,y)$ 来说, 对任意一个固定的 $y_0\in(c,d)$, 作为 x 的一元函数 $z=f(x,y_0)$ 在 (a,b) 内连续, 对固定 $x_0\in(a,b)$, 作为 y 的一元函数 $z=f(x_0,y)$ 在 (c,d) 内连续, 并不能推出二元函数连续. 典型的例子就是

$$f(x,y)=\begin{cases}\dfrac{xy}{x^2+y^2}, & x^2+y^2\neq 0,\\ 0, & x^2+y^2=0.\end{cases}$$

讨论一元函数的连续性时, 其定义域是区间或若干个区间的并. 对 n 元函数而言, 我们可以在 $\mathbb{R}^n$ 中一般的子集上讨论连续性. 请读者试试该如何定义连续性? 如何研究紧集或连通集上连续函数的性质?

而多元连续函数的性质的讨论, 有赖于把实数连续性推广到 Euclid 空间后所得的区域套定理、致密性定理、Cauchy 收敛准则、紧性定理等.

§2.1 一元函数的连续性

思考题 2.1.1   连续与极限这两个概念之间有什么区别和联系?

思考题 2.1.2   如何刻画函数在一点的间断性?

思考题 2.1.3   单调函数的间断点有何特性?

思考题 2.1.4   连续是局部概念还是整体概念? 一元函数的连续性重点是讨论什么?

I 点连续的定义

如今的连续性概念是由 Weierstrass 提出的所谓"点连续"性. 设函数 $y = f(x)$ 在点 a 的某邻域 $U(a,r)$ 内有定义, 并且成立

$$\lim_{x \to a} f(x) = f(a),$$

即函数在这一点的极限存在, 且极限值等于函数值. 用 ε-δ 语言刻画即为: 对任何 $\varepsilon > 0$, 存在 $\delta \in (0,r)$, 使当 $|x - a| < \delta$ 时,

$$|f(x) - f(a)| < \varepsilon,$$

则称函数 $y = f(x)$ 在点 a 处是连续的, 并称 a 是函数 $f(x)$ 的连续点. 如果函数在区间 I 上每一点都连续, 则称函数在区间上连续. 因此, 连续必有极限, 连续函数也必然具有函数存在极限时所具有的性质, 如局部有界性、局部保号性等, 但反之未必成立.

II 间断点的刻画

根据极限、单侧极限以及与函数值的关系, 提出了间断点及其分类的概念, 这是通常的对间断点的刻画.

对于间断的刻画还可以引入振幅的概念.

设函数 f 在点 c 的某个邻域 $(c - \delta, c + \delta)$ 内有界, 定义 f 在该邻域的振幅为

$$\omega(c,\delta) = \sup\{f(x), x \in (c - \delta, c + \delta)\} - \inf\{f(x), x \in (c - \delta, c + \delta)\},$$

定义 f 在 c 点的振幅为 $\omega(c) = \lim\limits_{\delta \to 0+} \omega(c, \delta)$.

则可以证明:

(1) 上述极限存在;

(2) $\omega(c, \delta) = \sup\{|f(x') - f(x'')|, x'x'' \in (c - \delta, c + \delta)\}$;

(3) f 在 c 点间断, 当且仅当 $\omega(c) \neq 0$.

—— III **单调函数的连续与间断点**

(1) 区间 (a, b) 内的单调函数的间断性有一些特别之处, 即除端点外它仅有第一类间断点, 而且只有跳跃间断点. 其证明可以用确界原理或改进的归结原则等.

(2) 若 $f \in C(a, b)$, 则根据介值定理, $f((a, b))$ 是区间, 反之, 若 $f((a, b))$ 是区间, 能否断定 $f \in C(a, b)$? 又若 f 是单调函数, 情况又如何?

—— IV **连续函数的全局性质**

从定义看, 函数的连续性是局部概念. 它们与存在极限的性质是差不多的, 但是区间上的连续函数的性质则是强调整体概念. 例如, 闭区间上的连续函数必定是在这个区间上有界, 并且有最大值和最小值, 等等. 一致连续性也是整体概念. 例如, 有限区间上一致连续的函数必定有界, 等等. 这些整体概念才是连续性的重点.

§2.1.1 一元函数连续性概念辨析

1. 函数 $f(x)$ 在点 x_0 处连续的定义或等价定义, 请至少列出三个.

2. 函数间断点可分为哪几种?

3. 连续函数的局部性质有哪些?

4. 讨论两个函数 f 与 g 的复合函数 $f \circ g$ 与 $g \circ f$ 的连续性.

(1) 两个连续函数的复合函数也连续. 两个复合函数的极限有类似结论吗?

(2) 若 f 与 g 中有一个不连续, 那么它们的复合是否一定不连续? 请研究下面的例子:

(a) $f(x) = \operatorname{sgn} x, g(x) = 1 + x^2$;

(b) $f(x) = \operatorname{sgn} x, g(x) = (1 - x^2)x$;

(c) $f(x) = \sin x, g(x) = \begin{cases} x - \pi, x \leqslant 0, \\ x + \pi, x > 0. \end{cases}$

5. 初等函数的连续性定理是什么?

6. 设 $f(x) = \sin \dfrac{1}{x}$, 能否定义 $f(0)$ 使得 f 在 $x = 0$ 处是连续的?

7. (1) 函数 f 在点 x_0 某邻域内有定义, 并有

$$\lim_{h \to 0}(f(x_0 + h^2) - f(x_0)) = 0,$$

问 f 是否在 x_0 处连续?

(2) 函数 f 在点 x_0 某邻域内有定义, 并有

$$\lim_{h \to 0}(f(x_0 + h^3) - f(x_0)) = 0,$$

问 f 是否在 x_0 处连续?

(3) 函数 $f(x)$ 在 x_0 的某邻域内有定义, 并且

$$\lim_{h \to 0}(f(x_0 + h) - f(x_0 - h)) = 0,$$

问 $f(x)$ 在 x_0 点是否连续?

8. 举出定义在 $[0,1]$ 上分别符合下述要求的函数:

(1) 只在 $\frac{1}{2}, \frac{1}{3}$ 和 $\frac{1}{4}$ 三点不连续的函数;

(2) 只在 $\frac{1}{2}, \frac{1}{3}$ 和 $\frac{1}{4}$ 三点连续的函数;

(3) 只在 $\frac{1}{n}(n = 1, 2, 3, \cdots)$ 上间断的函数;

(4) 只在 $x = 0$ 右连续, 而在其他点都不连续的函数;

(5) 定义在闭区间 $[0,1]$ 上的无界函数.

9. 若对任何充分小的 $\varepsilon > 0$, f 在 $[a + \varepsilon, b - \varepsilon]$ 上连续, 能否由此推出:

(1) f 在 (a,b) 内连续?

(2) f 在 $[a,b]$ 上连续?

10. 设 f 为 $[a,b]$ 上的增函数, 其值域为 $[f(a), f(b)]$. 证明 f 在 $[a,b]$ 上连续.

11. 闭区间上连续函数的性质有哪些?

12. 我们知道, 区间 $[a,b]$ 上的连续函数具有介值性. 反之, 若函数 f 具有介值性, 即若对任何 $x_1, x_2 \in [a,b]$, 任给 μ 介于 $f(x_1), f(x_2)$ 之间, 则存在 x_1, x_2 之间的一点 ξ, 使得 $f(\xi) = \mu$, 问 f 是否在 $[a,b]$ 上必连续?

若不连续, 会有什么类型的间断点?

13. 是否存在从闭区间 $[0,1]$ 映满整个实数集 $\mathbb{R}$ 的连续函数?

14. 设 $f \in C[a,b]$, 证明: $f(x)$ 存在反函数的充要条件是 $f(x)$ 严格单调.

15. 设 $f \in C[a,b]$, 且 $f(x)$ 存在反函数, 问反函数是否必连续?

16. 设 $f \in C[a,b]$.

(1) 若 f 只取有理数值, 问 f 有何特点?

(2) 若 f 是一一对应, 证明 f 必为单调函数.

17. 设 $f(x)$ 在区间 $[a, +\infty)$ 上连续.

(1) 能否肯定 $f(x)$ 在区间 $[a, +\infty)$ 上有界? 若肯定, 请证明, 若否定, 请举例说明.

(2) 若假定 $\lim\limits_{x \to +\infty} f(x) = A$ 存在, 且是有限数, 再回答 (1) 的问题.

(3) 在 (2) 的条件下, 能否肯定 $f(x)$ 在区间 $[a, +\infty)$ 上一定有最大值和最小值? 或者能否肯定 $f(x)$ 在区间 $[a, +\infty)$ 上一定有最大值或最小值?

(4) 若 f 为定义在 $\mathbb{R}$ 上的连续的周期函数, 再回答 (3) 的问题.

18. 四则运算性质、复合运算等是否保持一致连续性? 若肯定, 请证明, 否则, 请举反例, 并给出命题成立的条件.

19. 区间 I 上的一致连续函数的反函数必一致连续吗?

§2.1.2　一元函数连续性强化训练

1. 研究下列函数的间断点及其类型:

(1) $f(x) = \dfrac{(x+1)\sin x}{|x|(x^2-1)}$;

(2) $f(x) = \dfrac{1}{1 - e^{\frac{x}{1-x}}}$;

(3) $f(x) = \operatorname{sgn}(\ln|x|)$;

(4) $f(x) = \begin{cases} |x-1|, & |x| > 1, \\ \cos\dfrac{\pi x}{2}, & |x| \leqslant 1; \end{cases}$

(5) $f(x) = \begin{cases} \dfrac{1}{x+2}, & -\infty < x < -2, \\ x-2, & -2 \leqslant x \leqslant 2, \\ (x-2)\sin\dfrac{1}{x-2}, & 2 < x < +\infty; \end{cases}$

(6) $f(x) = [x]\sin\dfrac{1}{x}$;

(7) $f(x) = \begin{cases} e^{\frac{1}{x}}, & x < 0, \\ 1, & x = 0, \\ e^{-2} - (1-2x)^{\frac{1}{x}}, & 0 < x \leqslant \dfrac{1}{\pi}, \\ \tan\dfrac{1}{2x}, & \dfrac{1}{\pi} < x \leqslant 1, \\ (x-1)\sin\dfrac{1}{x-1}, & 1 < x < +\infty; \end{cases}$

(8) $f(x) = [\sin x]$;

(9) $f(x) = \begin{cases} x, & x\text{为有理数}, \\ -x, & x\text{为无理数}; \end{cases}$

(10) $f(x) = \lim\limits_{t \to +\infty} \dfrac{x^2 e^{(x-2)t} + 2}{x + e^{(x-2)t}} \; (x > 0)$;

(11) 对 $x \geqslant 0, f(x) = \lim\limits_{n \to \infty} \sqrt[n]{2 + (2x)^n + x^{2n}}$;

(12) $f(x) = \lim\limits_{n \to \infty} \dfrac{x^{2n+1} - x}{x^{2n} + 1}$;

(13) $f(x) = x(x-1)D(x)$, 其中, $D(x)$ 是Dirichlet 函数.

2. 研究Riemann 函数

$$R(x) = \begin{cases} \dfrac{1}{p}, & x = \dfrac{q}{p}, \ (p \in \mathbb{N}_+, q \in \mathbb{Z}, p,q互质), \\ 0, & x是无理数, \\ 1, & x = 0 \end{cases}$$

的连续性, 如果有间断点, 试说明其类型.

3. 延拓下列函数, 使其在 $\mathbb{R}$ 上连续:

(1) $f(x) = \dfrac{x^3 - 1}{x - 1}$;　　　　　　　　　　(2) $f(x) = \dfrac{1 - \cos x}{x^2}$.

4. 设 $f(x) = \begin{cases} \dfrac{1 + x^2 \mathrm{e}^x}{\sqrt{1 + 2x^2}}, & x < 0, \\ \dfrac{x^2 + 4x - 5}{2x^2 - x - 1}, & x > 1. \end{cases}$　试将 $f(x)$ 的定义域扩充到 $(-\infty, +\infty)$, 使之

处处连续, 且在 $[0,1]$ 上的图形是以直线 $x = \dfrac{1}{3}$ 为对称轴的抛物线.

5. 设 f 为 $\mathbb{R}$ 上的连续函数, 常数 $c > 0$, 记

$$F(x) = \begin{cases} -c, & f(x) < -c, \\ f(x), & |f(x)| \leqslant c, \\ x, & f(x) > c. \end{cases}$$

证明 F 在 $\mathbb{R}$ 上连续.

6. (1) 设函数 f 只有可去间断点, 定义 $g(x) = \lim\limits_{y \to x} f(y)$. 证明 g 为连续函数.

(2) 设 f 为 $\mathbb{R}$ 上的单调函数, 定义 $g(x) = f(x+)$. 证明 g 在 $\mathbb{R}$ 上每一点都右连续.

7. 设 f 在 $[0, +\infty)$ 上连续, 满足 $0 \leqslant f(x) \leqslant x, x \in [0, +\infty)$. 设 $a_1 \geqslant 0, a_{n+1} = f(a_n), n = 1, 2, \cdots$, 证明:

(1) $\{a_n\}$ 为收敛数列;

(2) 设 $\lim\limits_{n \to \infty} a_n = t$, 则有 $f(t) = t$;

(3) 若条件改为 $0 \leqslant f(x) < x, x \in (0, +\infty)$, 则 $t = 0$.

8. 设函数 f 在区间上 I 连续, 证明:

(1) 若对任何有理数 $r \in I$, 有 $f(r) = 0$, 则在 I 上 $f(x) \equiv 0$;

(2) 若对任意两个有理数 $r_1, r_2 \in I, r_1 < r_2$, 有 $f(r_1) < f(r_2)$, 则 f 在 I 上严格递增.

9. 假设 f 为 $\mathbb{R}$ 上周期为 1 的连续周期函数, 即 $f(x + 1) = f(x)$. 证明:

(1) 函数 f 有上、下界并且达到它的最大值与最小值;

(2) 存在一个实数 x_0, 使得 $f(x_0 + \pi) = f(x_0)$.

10. 设函数 f 在 $[a,b]$ 上连续, 若有数列 $\{x_n\} \subset [a,b]$, 使 $\lim\limits_{n\to\infty} f(x_n) = A$ 存在, 则存在 $\xi \in [a,b]$, 使 $f(\xi) = A$.

11. 证明: 任一实系数奇次多项式方程 $P_{2n-1}(x) = 0$ 至少有一个实根.

12. 设函数 f 在 $[0,2a]$ 上连续, 且 $f(0) = f(2a)$. 证明: 存在点 $x_0 \in [0,a]$, 使得 $f(x_0) = f(x_0 + a)$.

13. 设 f 在 $[a,b]$ 上连续, $x_1, x_2, \cdots, x_n \in [a,b]$, 另有一组非负数 $\lambda_1, \lambda_2, \cdots, \lambda_n$ 满足 $\lambda_1 + \lambda_2 + \cdots + \lambda_n = 1$. 证明: 存在一点 $\xi \in [a,b]$, 使得

$$f(\xi) = \lambda_1 f(x_1) + \lambda_2 f(x_2) + \cdots + \lambda_n f(x_n).$$

14. 设 a_1, a_2, a_3 为正数, $\lambda_1 < \lambda_2 < \lambda_3$. 证明: 方程

$$\frac{a_1}{x - \lambda_1} + \frac{a_2}{x - \lambda_2} + \frac{a_3}{x - \lambda_3} = 0$$

在区间 (λ_1, λ_2) 与 (λ_2, λ_3) 内恰各有一个根.

15. 令 f 是从 $\mathbb{R}$ 到 $\mathbb{R}$ 的一个连续函数, 使得对所有的 x 及 y 有 $|f(x) - f(y)| \geqslant |x - y|$. 证明 f 的值域为 $\mathbb{R}$ 的全部.

16. 设 $f(x)$ 在 $[0,2]$ 上连续, $f(2) = 0$, 且 $\lim\limits_{x\to 1} \dfrac{f(x) - 4}{(x-1)^2} = 1$. 证明:

(1) $\exists \xi \in [1,2]$, 使得 $f(\xi) = 2\xi$;

(2) $f(x)$ 在 $[0,2]$ 上的最大值大于 4.

17. 设 f 在区间 $[a,b)$ 内连续, 且存在数列 $\{x_n\}, \{y_n\} \subset [a,b)$, 使

$$\lim\limits_{n\to\infty} x_n = \lim\limits_{n\to\infty} y_n = b, \ \ \lim\limits_{n\to\infty} f(x_n) = A, \ \ \lim\limits_{n\to\infty} f(y_n) = B.$$

假定 $A < B$, 证明对任何 $C \in (A, B)$, 存在数列 $\{z_n\} \subset [a,b)$, 使 $\lim\limits_{n\to\infty} f(z_n) = C$.

18. 设函数 $f(x)$ 在 $(0,1)$ 上有定义, 且函数 $\mathrm{e}^x f(x)$ 与函数 $\mathrm{e}^{-f(x)}$ 在 $(0,1)$ 上都是单调递增的, 证明 f 在 $(0,1)$ 内连续.

19. 设 φ 在 $\mathbb{R}$ 上连续, 且

$$\lim\limits_{x\to+\infty} \frac{\varphi(x)}{x^n} = \lim\limits_{x\to-\infty} \frac{\varphi(x)}{x^n} = 0.$$

(1) 证明: 当 n 为奇数时, 方程 $x^n + \varphi(x) = 0$ 有一个实根;

(2) 证明: 当 n 为偶数时, 存在 $y \in \mathbb{R}$, 使得对所有 $x \in \mathbb{R}$, 有 $y^n + \varphi(y) \leqslant x^n + \varphi(x)$.

20. 设 $f \in C[0,1]$, 且 $f(0) = f(1)$, 求证: 对任何 $n \in \mathbb{N}_+$, 存在 $x_n \in [0,1]$, 使得 $f(x_n) = f\left(x_n + \dfrac{1}{n}\right)$.

21. 设 $f \in C(\mathbb{R})$, 且 $\lim\limits_{x\to+\infty} f(x) = \lim\limits_{x\to-\infty} f(x) = +\infty$. 又设 f 的最小值 $f(a) < a$, 求证复合函数 $f \circ f$ 至少在两个点上取到最小值.

22. 函数 $f : [a, b] \to \mathbb{R}$, 若 f 在有理点上取无理值, 在无理点上取有理值, 证明 f 不是 $[a, b]$ 上的连续函数.

23. 设函数 f 为 $[a, b)$ 上的连续函数, 且无上界. 证明: 若对任何区间 $(\alpha, \beta) \subset [a, b)$, f 在 (α, β) 内都不能取到最小值, 则 $f([a, b)) = [f(a), +\infty)$.

24. 设 $f \in C(a, b)$, 此时未必有最值, 试研究其取得最值的条件.

25. 设 $f \in C(\mathbb{R})$ 为周期函数, 且不是常函数, 证明它必有最小正周期. 去掉连续性条件结论还成立吗?

26. (1) 设函数 f 在区间 I 上满足 Lipschitz 条件, 即存在常数 $L > 0$, 使得对 I 上任意两点 x', x'' 都有

$$|f(x') - f(x'')| \leqslant L|x' - x''|.$$

证明 f 在 I 上一致连续.

(2) 假设 f 映有界闭区间 I 入它自身, 且对所有的 $x, y \in I, x \neq y$, 满足

$$|f(x) - f(y)| < |x - y|,$$

是否能下这样的结论: 存在某个常数 $M < 1$, 使对所有 $x, y \in I$, 都有

$$|f(x) - f(y)| \leqslant M|x - y|?$$

27. 讨论下列函数的一致连续性:

(1) $f(x) = \cos x^2, \ x \in [0, +\infty)$;   (2) $f(x) = \cos \sqrt{x}, \ x \in [0, +\infty)$;

(3) $f(x) = \dfrac{x}{1 + x^2 \sin x^2}, x \in [0, +\infty)$;   (4) $f(x) = \ln x, x \in [1, +\infty)$.

28. 令 $h : [0, 1) \to \mathbb{R}$ 为定义在半开区间 $[0, 1)$ 上的映射. 证明若 h 是一致连续的, 则存在一个一致连续的映射 $g : [0, 1] \to \mathbb{R}$, 使得 $g(x) = h(x)$ 对所有 $x \in [0, 1)$ 成立.

29. 设函数 f 在区间 $[a, +\infty)$ 上连续, 若 f 有渐近线, 证明 f 在 $[a, +\infty)$ 上一致连续.

30. 设 $a > 0$, f 在 $[a, +\infty)$ 上满足 Lipschitz 条件, 证明 $\dfrac{f(x)}{x}$ 在 $[a, +\infty)$ 上一致连续.

31. 函数 $f(x), g(x)$ 都在区间 I 上一致连续, 且有界, 证明 $f(x)g(x)$ 在区间 I 上一致连续.

32. 函数 $f(x), g(x)$ 都在区间 $[0, +\infty)$ 上一致连续, 且 $x \to +\infty$ 时, $g(x) \to 0$, 问 $f(x)g(x)$ 在 $[0, +\infty)$ 上一致连续吗?

33. 设 f 在 $\mathbb{R}$ 上连续, 且 $|f|$ 在 $\mathbb{R}$ 上一致连续. 问 f 在 $\mathbb{R}$ 上一致连续吗?

§2.2 多元函数的连续性

> **思考题 2.2.1** 多元函数间断点没有像一元函数那样分类, 为什么?
>
> **思考题 2.2.2** 多元函数的连续性的研究重点是什么? 闭区间上的连续函数的性质如何推广到多元连续函数?
>
> **思考题 2.2.3** $\mathbb{R}^n$ 上的函数连续性还有哪些刻画?
>
> **思考题 2.2.4** 向量值多元连续函数具备 (数量值) 多元连续函数的所有性质吗?
>
> **思考题 2.2.5** 研究多元函数半连续性的概念和性质.
>
> **思考题 2.2.6** 研究高等代数中若干概念, 如矩阵、二次型等在多元函数中的应用.

I 多元函数的间断点

对二元函数来说, 间断点可能很多, 不只是一些孤立的点, 这些点可能形成一条 (曲) 线, 对三元函数来说, 间断点可能形成一张 (曲) 面. 例如, 二元函数

$$z = f(x,y) = \begin{cases} (x+y)\cos\dfrac{1}{x}, & x \neq 0, \\ 0, & x = 0 \end{cases}$$

的间断点是 y 轴上除原点以外的所有点; 三元函数

$$u = f(x,y,z) = \begin{cases} \dfrac{\sin(x^2+y^2+z^2-1)}{x^2+y^2+z^2-1}, & x^2+y^2+z^2 \neq 1, \\ 0, & x^2+y^2+z^2 = 1 \end{cases}$$

的间断点构成整个单位球面.

同时, 多元函数极限不存在的情形也更复杂. 一元函数的间断点分类主要是根据单侧极限的情况来分的, 显然在多元函数情况已经无法考虑单侧极限, 因此人们一般就不对间断点进行分类了.

II 多元函数连续性的整体性质

多元函数连续性重点是讨论整体性质. 例如, 紧集上 (向量值) 连续函数的性质, (向量值) 函数连续性的整体刻画. 以下是 (多元、向量值) 连续函数的一些重要的整体性质. 它们是闭区间上连续函数的性质的推广.

(1) 连续映射将紧集映为紧集.

(2) 紧集上的连续映射必有界.

(3) 紧集上的连续函数必有最大值和最小值.

(4) 一致连续性 (Cantor) 定理.

(5) 连续映射将连通集映为连通集; 连续函数将有界闭区域与有界闭连通集映为有界闭区间.

(6) 设 $K \subset \mathbb{R}^n$ 为有界闭区域或有界闭连通集, 则其上的连续函数 f 可取到它在 K 上的最大值 M 和最小值 m 之间的一切值.

我们在推广时既要注意到有限闭区间 $[a,b]$ 是紧的, 又要注意到它也是连通的. 有界性定理只需要紧性, 而介值性定理则还需要连通性.

—— III $\mathbb{R}^n$ 上的连续函数的整体性质的新刻画

(1) 设 f 为定义在 $\mathbb{R}^n$ 上的连续函数, α 是任一实数, 定义

$$E = \{x \in \mathbb{R}^n | f(x) > \alpha\}, \ F = \{x \in \mathbb{R}^n | f(x) \geqslant \alpha\},$$

则 E 是开集, F 是闭集.

(2) 设 $f : \mathbb{R}^n \to \mathbb{R}^m$, 则 f 连续当且仅当 $\mathbb{R}^m$ 中任意开集 U 的原像 $f^{-1}(U)$ 是 $\mathbb{R}^n$ 中的开集.

(3) 设 $f : \mathbb{R}^n \to \mathbb{R}^m$, 则 f 连续当且仅当对任何 $A \subset \mathbb{R}^n$, 有 $f(\bar{A}) \subset \overline{f(A)}$.

请举例: $f : \mathbb{R}^1 \to \mathbb{R}^1$ 连续, 但存在 $A \subset \mathbb{R}^1$, 使得 $f(\bar{A})$ 是 $\overline{f(A)}$ 的真子集.

(4) 设 $f : D \subset \mathbb{R}^n \to \mathbb{R}^m$. 如果 f 连续, 则当 D 为闭集时, 图像 $G(f)$ 在 $\mathbb{R}^{n+m}$ 中也是闭的; 当 D 为紧集时, 图像 $G(f)$ 在 $\mathbb{R}^{n+m}$ 中也是紧的.

如果图像 $G(f)$ 在 $\mathbb{R}^{n+m}$ 中是紧的, 则 f 连续. 但 $G(f)$ 闭是否也蕴含 f 连续?

—— IV 向量值的多元连续函数与取值 $\mathbb{R}^1$ 的连续函数的不同之处

向量值的多元连续函数, 即 $\mathbb{R}^n$ 到 $\mathbb{R}^m$ 的连续映射, 保持了多元连续函数的一些性质, 例如, 映紧集为紧集, 但并不具备 (数量值) 多元连续函数的所有性质. 例如, 没有最值定理, 因为向量不能比较大小.

§2.2.1 多元函数连续性概念辨析

1. 有界闭区域上的连续函数有哪些性质?

2. 请叙述多元函数的一致连续性 (Cantor) 定理.

3. 若 $f(x,y)$ 在 $D \subset \mathbb{R}^2$ 的每一点都分别对 x 和 y 是连续的, 那么 f 在 D 上必连续吗?

4. 设 $f(x,y)$ 在原点 O 的某邻域 $U(O,r_0)$ 内有定义. 令

$$F(r,\theta) = f(r\cos\theta, r\sin\theta),\ (r,\theta) \in [0,r_0] \times [0,2\pi],$$

若 $F(r,\theta)$ 在原点 $(r,\theta) = (0,0)$ 连续, 那么 $f(x,y)$ 在原点一定连续吗?

5. 紧集上的连续函数是否有介值性? 若肯定请证明, 否则请举反例.

6. 向量值函数的极限与连续同数值函数的极限与连续性有何关系? 有哪些性质?

7. 对多元函数与向量值函数, 能否引入振幅的概念来讨论连续性?

§2.2.2　多元函数连续性强化训练

1. 讨论下列函数的连续性:

(1) $f(x,y) = \begin{cases} \dfrac{\sin xy}{\sqrt{x^2+y^2}}, & x^2+y^2 \neq 0, \\ 0, & x^2+y^2 = 0; \end{cases}$

(2) $f(x,y) = \begin{cases} \dfrac{\ln(1+xy)}{x}, & x \neq 0, \\ y, & x = 0; \end{cases}$

(3) $f(x,y) = \begin{cases} \dfrac{xy^2}{x^2+y^4}, & x^2+y^2 \neq 0, \\ 0, & x^2+y^2 = 0; \end{cases}$

(4) $f(x,y) = \begin{cases} \dfrac{x}{y^2}\mathrm{e}^{-\frac{x^2}{y^2}}, & y \neq 0, \\ 0, & y = 0; \end{cases}$

(5) $f(x,y) = \begin{cases} (x+y)\cos\dfrac{1}{x}, & x \neq 0, \\ 0, & x = 0; \end{cases}$

(6) $f(x,y) = \begin{cases} \dfrac{x\sin(x-2y)}{x-2y}, & x \neq y, \\ 0, & x = 2y; \end{cases}$

(7) $f(x,y) = \begin{cases} y^2\ln(x^2+y^2), & x^2+y^2 \neq 0, \\ 0, & x^2+y^2 = 0; \end{cases}$

(8) $f(x,y) = \dfrac{\ln(x^2+y^2)+\mathrm{e}^{\sin y}}{(x^2+y^2)\sin x}.$

2. 证明: (1) $f(x,y) = \sqrt{x^2+y^2}$ 在 $\mathbb{R}^2$ 上一致连续, $g(x,y) = \sin(xy^2)$, $h(x,y) = (x^2+y^2)^{3/2}$ 均在 $\mathbb{R}^2$ 上非一致连续;

(2) $f(x,y) = \dfrac{1}{1-xy}$, $(x,y) \in D = [0,1) \times [0,1)$ 在 D 上连续, 但不一致连续.

3. 证明: 若 A, B 是 $\mathbb{R}^n$ 的非空不相交的闭子集, 则存在 $\mathbb{R}^n$ 上的连续实值函数 $f(\boldsymbol{x})$, 使 $0 \leqslant f(\boldsymbol{x}) \leqslant 1$, 且当 $\boldsymbol{x} \in A$ 时, $f(\boldsymbol{x}) = 1$, $\boldsymbol{x} \in B$ 时, $f(\boldsymbol{x}) = 0$.

4. 若一元函数 $\varphi(x)$ 在 $[a, b]$ 上连续, 令

$$f(x, y) = \varphi(x), \ (x, y) \in D = [a, b] \times (-\infty, +\infty).$$

试讨论 f 在 D 上是否连续? 是否一致连续?

5. 试讨论函数 f 在 $(0, 0)$ 处的连续性, 其中,

$$f(x, y) = \begin{cases} \dfrac{x}{(x^2 + y^2)^p}, & x^2 + y^2 \neq 0, \\ 0, & x^2 + y^2 = 0, \end{cases} \quad (p > 0).$$

6. 设 f 在 $[a, b] \times [a, b]$ 上连续, 定义

$$\varphi(x) = \max_{a \leqslant \xi \leqslant x} \max_{a \leqslant y \leqslant \xi} f(\xi, y),$$

证明 $\varphi(x)$ 在 $[a, b]$ 上连续.

7. 设 f 在闭矩形区域 $S = [a, b] \times [c, d]$ 上有定义. 对固定的 x, $f(x, y)$ 关于 y 在 $[c, d]$ 上处处连续, 且对 $y \in [c, d]$, $f(x, y)$ 关于 x 在 $[a, b]$ 为一致连续, 即 $\forall \varepsilon > 0$, $\exists \delta > 0$, 只要 $x', x'' \in [a, b]$, $|x' - x''| < \delta$, 则对任意 $y \in [c, d]$, 有 $|f(x', y) - f(x'', y)| < \varepsilon$. 证明 f 在 S 上处处连续.

8. (尤格定理) 设 f 在 $\mathbb{R}^2$ 上分别对每一自变量 x 和 y 是连续的, 并且每当固定 x 时 f 对 y 是单调的, 证明 f 是 $\mathbb{R}^2$ 上的二元连续函数.

9. 设 $f(x, y)$ 是 $I = [a, b] \times [c, d]$ 上的函数,

(1) 若 f 在 I 的每一点处都是局部有界的, 则 f 在 I 上有界.

(2) 若 f 在 I 的每一点的极限都存在且为有限, 则 f 在 I 上有界.

(3) 若 f 在底边 $[0, 1] \times \{0\}$ 上连续, 证明存在 $\delta > 0$, 使 f 在矩形 $[0, 1] \times [0, \delta]$ 上有界.

10. 设 f 是有界集 $D \subset \mathbb{R}^n$ 上的实值函数, 证明: f 在 D 上一致连续的充分必要条件是 f 把 D 中的基本列映为基本列, 即若 $\{x_k\} \subset D$ 为基本列, 则 $\{f(x_k)\}$ 也是 $\mathbb{R}$ 上的基本列.

11. 令 $f(\boldsymbol{x})$ 表示 $\boldsymbol{x}$ 与集合 $S \subset \mathbb{R}^n$ 的距离

$$f(\boldsymbol{x}) = d(\boldsymbol{x}, S) = \inf_{\boldsymbol{y} \in S} |\boldsymbol{y} - \boldsymbol{x}|,$$

证明 f 在 $\mathbb{R}^n$ 上一致连续.

12. 设 $f(x, y)$ 在 $\mathbb{R}^2$ 上连续, 且 $\lim\limits_{x, y \to \infty} f(x, y)$ 存在, 证明 f 在 $\mathbb{R}^2$ 上有界, 且一致连续.

13. 证明: 若 $D \subset \mathbb{R}^n$ 上所有连续函数都能取得最大值和最小值, 则 D 是有界闭集.

14. 设 f 在圆周 $L: x^2 + y^2 = a^2$ 上连续, 证明存在 L 的一条直径 $\boldsymbol{AB}$, 使 $f(\boldsymbol{A}) = f(\boldsymbol{B})$.

15. 设 $f: [a,b] \to \mathbb{R}$ 连续, 证明其图像 $G(f)$ 在 $\mathbb{R}^2$ 中道路连通.

16. 证明: 不存在由 $[0,1]$ 到圆周上的一一对应的连续映射.

17. 设 f 在有界开集 $E \subset \mathbb{R}^n$ 上一致连续, 证明 f 必在 E 上有界, 且可将连续延拓到 $\bar{E}$ 上.

18. 设 $u = \varphi(x,y)$ 与 $v = \psi(x,y)$ 在 xy 平面中的点集 E 上一致连续; φ 与 ψ 把点集 E 映射为平面中的点集 D, $f(u,v)$ 在 D 上一致连续. 证明复合函数 $f(\varphi(x,y), \psi(x,y))$ 在 D 上一致连续.

19. 设 $\boldsymbol{A}$ 是 n 阶可逆矩阵, 证明存在 $C > 0$, 使得对任意的 $\boldsymbol{x} \in \mathbb{R}^n$, 都有 $|\boldsymbol{Ax}| \geqslant C|\boldsymbol{x}|$.

20. $\boldsymbol{A}, \boldsymbol{B}$ 是两个 n 阶实对称矩阵, 且 $\boldsymbol{B}$ 是正定矩阵. 令

$$G(\boldsymbol{x}) = (\boldsymbol{x}^{\mathrm{T}} \boldsymbol{B} \boldsymbol{x})^{-1}(\boldsymbol{x}^{\mathrm{T}} \boldsymbol{A} \boldsymbol{x}), \ \boldsymbol{x} \in D = \mathbb{R}^n \backslash \{0\},$$

(1) 证明 $G(\boldsymbol{x})$ 必在 D 上取得最大值;

(2) 证明 $G(\boldsymbol{x})$ 的最大值点是与 $\boldsymbol{A}, \boldsymbol{B}$ 有关的某个矩阵的特征向量, 请求出这个矩阵.

21. 设 T 是 $\mathbb{R}^n \to \mathbb{R}^n$ 的映射, $\theta \in [0,1)$ 为一常数.

(1) 若 T 是压缩常数为 θ 的压缩映射, 即 T 满足

$$\|T\boldsymbol{x} - T\boldsymbol{y}\| \leqslant \theta \|\boldsymbol{x} - \boldsymbol{y}\|, \ \forall \boldsymbol{x}, \boldsymbol{y} \in \mathbb{R}^n,$$

则 T 有且只有一个不动点, 记为 $\boldsymbol{x}_0$, 即 $T\boldsymbol{x}_0 = \boldsymbol{x}_0$.

(2) 若存在自然数 m, 使得复合映射 $T^m = \underbrace{T \circ T \circ \cdots \circ T}_{m}$ 是压缩常数为 θ 的压缩映射, 则 (1) 的结论仍然成立, 即 T 有唯一的不动点.

第 3 章 微 分 学

—— ● **微分学的产生**

1. 时代背景

欧洲文艺复兴之后, 资本主义生产方式出现, 生产力有了较大的发展. 到了 16 世纪, 资本主义迅速兴起, 贸易活动占有重要地位, 与此相关的海运事业迅速发展, 向外扩张的军事需要, 也促进了航海的发展. 由于航海、机械制造以及军事上的需要, 运动的研究成了自然科学中心议题, 于是在数学中开始研究各种变化过程中变化的量 (变量) 间的依赖关系. 变量的引进, 形成了数学研究的转折点. 在 Galileo 等的科学著作里面, 都包含着微积分的初步思想. 到了 17 世纪, 社会生产力的发展提出了许多技术上的新要求, 而要实现技术要求必须有相应的科学知识. 例如流体力学 (与矿井的通风和排水有关)、机械力学等都突飞猛进地发展. 航海需要精确而方便地确定位置 (经纬度) 和预报气象, 天文学因而发展起来. 对经纬度测量的需要使人们进行了如下的一系列研究:

(1) 对月亮与太阳及某一恒星距离的计算;

(2) 对木星卫星蚀的观察;

(3) 对月球穿越子午圈的观测;

(4) 摆钟及其他航海计时器的应用等.

归纳起来, **有四种主要类型的问题的研究变得急迫**:

第一类是, 已知物体的移动距离表示为时间的函数的公式, 求物体在任意时刻的速度和加速度, 使得瞬时变化率问题的研究成为当务之急.

第二类是, 望远镜的光程设计使得求曲线的切线问题变得不可回避.

第三类是, 确定炮弹的最大射程以及行星离开太阳的最远和最近距离等, 涉及函数极大值、极小值问题也亟待解决.

第四类是, 求行星沿轨道运动的路程、行星矢径扫过的面积以及物体重心与引力等, 又使面积、体积、曲线长度、重心和引力等微积分基本问题的计算被重新研究.

17 世纪上半叶, 几乎所有的科学大师都致力于寻求解决这些问题的数学工具.

2. 以 Newton 的万有引力问题为例

Newton, 英国著名的物理学家、数学家, 微积分的创立者之一. Newton 的老师, 英国数学家巴罗 (Barrow, 1630~1677), 在 1670 年出版的著作《几何学讲义》中, 利用微分三角形求出了曲线的斜率. 他的方法的实质是把切线看作割线的极限位置, 并利用忽略高阶无限小来取极限. 笛卡儿 (Descartes, 1596~ 1650) 和费马 (Fermat, 1601~1665) 是将坐标方法引进微分学问题研究的先锋. Descartes 在《几何学》中提出求切线的 "圆法"; Fermat 手稿中给出求极大值与极小值的方法; Newton 就是以 Descartes 的圆法为起点而踏上微积分的研究道路的.

为什么 Newton 之前或 Newton 同时代的科学家不能把引力问题彻底解决呢?

困难之一, 行星沿椭圆轨道运动, 速度的大小、方向不断地发生变化, 如何解决这种变化的曲线运动问题, 当时缺乏相应的数学工具.

困难之二, 天体是一个庞然大物, 如果认为物体间有引力, 那么如何计算由天体各部分对行星产生的力的效果呢? 当时同样缺乏理论上的工具.

困难之三, 如果天体间是相互吸引的, 那么在众多天体共存的太阳系中, 如何解决它们之间相互干扰这一复杂的问题呢?

对于困难一, 变速运动, Newton 利用他发明的 "流数术", 越过了变速运动的障碍. 对于困难二, Newton 提出了质点的概念, 并通过微积分运算的论证, 把庞大天体的质量集中于球心计算出了天体间引力的总效果. 对于困难三, Newton 大胆地撇开其他天体的作用不计, 只考虑太阳对行星的作用. 合力的简化使他不受干扰地直达问题的本质.

17 世纪早期, 数学家们已经建立起一系列求解无穷小问题 (诸如曲线的切线、曲率、极值, 运动的瞬时速度以及面积、体积、曲线长度及物体重心的计算) 的特殊方法. Newton 超越前人的功绩在于他将这些特殊的技巧归结为一般的算法, 特别是确立了微分与积分的逆运算关系 (微积分基本定理), 从而完成了微积分发明中最关键的一步, 为近代科学发展提供了最有效的工具, 开辟了数学上的一个新纪元.

3. Newton 的 "流数术"

Newton 为解决运动问题才创立这种和物理概念直接联系的数学理论——微分学, Newton 称之为 "流数术", 他有关 "流数术" 的主要著作是《求曲边形面积》、《运用无穷多项方程的计算法》和《流数术和无穷级数》. 这些概念是力学概念的数学反映.

Newton 认为任何运动存在于空间、依赖于时间, 因而他把时间作为自变量, 把和时间有关的因变量作为流量. 不仅这样, 他还把几何图形的线、角、体, 都看作力学位移的结果. 因而, 一切变量都是流量.

Newton 的 "流数术" 基本上包括三类问题:

(1) 已知流量之间的关系, 求它们的流数的关系, 即求导数.

(2) 已知表示流数之间的关系的方程, 求相应流量间的关系. 这相当于积分学, Newton 意义下的积分法不仅包括求原函数, 还包括解微分方程.

(3) 计算曲线的极大值、极小值, 求曲线的切线和曲率, 求曲线长度及计算曲边形面积等.

Newton 已完全清楚上述前两类问题中运算是互逆的运算, 于是建立起微分学和积分学之间的联系. Newton 在 1665 年 5 月 20 日的一份手稿中提到 "流数术", 因而有人把这一天作为微积分诞生的标志.

4. 莱布尼茨, 微积分学的另一独立创始人

Leibniz, 德国数学家、哲学家, 和 Newton 同为微积分的创始人. 他主要是从几何学的角度考虑, 他创建的微积分符号, 如 d-differentia, $\int$-summa, 以及微积分的基本法则, 如乘积的微分公式 $d(uv) = udv + vdu$、分部积分公式等, 对以后微积分的发展有极大影响.

关于微积分创立的优先权, 曾掀起过一场激烈的争论. 实际上, Newton 在微积分方面的研究虽早于 Leibniz, 但 Leibniz 成果的发表则早于 Newton. 因此, 后来人们公认 Newton 和 Leibniz 是各自独立地创建微积分的. Newton 从物理学出发, 应用上更多地结合了运动学, 造诣高于 Leibniz. Leibniz 则从几何问题出发, 运用分析学方法引进微积分概念、得出运算法则, 其数学的严密性与系统性是 Newton 所不及的. Newton 与 Leibniz 的差别是物理学家与哲学家的差别.

5. 多元微分学的产生

18 世纪, 人们发展了基于无穷小量的微积分, 并研究了常微分方程和偏微分方程的解法. 那时多元函数的运算与一元函数类似. 直到 19 世纪末和 20 世纪, 人们才严格建立起偏导数 (包括二阶偏导数) 的计算法则. 这方面的贡献主要应归功于尼古拉·伯努利 (Nicolaus Bernoulli, 1687~1759)、欧拉 (Euler, 1707~1783) 和拉格朗日 (Lagrange, 1736~1813) 等数学家. 1720 年, Bernoulli 证明了函数在一定条件下, 对 x, y 求偏导数其结果与求导顺序无关, Euler 在 1734 年的一篇文章中也证明了同样的事实. 在此基础上, Euler 在一系列的论文中发展了偏导数理论. d'Alembert 在 1743 年的著作《动力学》和 1747 年关于弦振动的研究中, 也推进了偏导数演算.

之后, 一元微分学的很多结果都自然地推广到多元微分学. 例如, Taylor 公式、求极值, 包括条件极值等.

● 微分学的基本思想

微分学的基本思想是线性化.

1. 一元函数可微性

设函数 f 在 a 点的某邻域内有定义, 若存在只可能与 a 有关而与 Δx 无关的常数 $A = A(a)$, 使

$$\Delta y = f(a + \Delta x) - f(a) = A\Delta x + o(\Delta x)\ (\Delta x \to 0),$$

则称函数 $y = f(x)$ 在 a 点**可微**, 并称其线性主部 $A\Delta x$ 为 f 在 a 点的**微分**, 记为

$$\mathrm{d}y = A\Delta x.$$

由此可见, 微分是自变量改变量 Δx 的线性函数, 是因变量改变量的线性近似, 两者相差是自变量改变量的高阶无穷小:

$$\Delta y - \mathrm{d}y = o(\Delta x)\ (\Delta x \to 0).$$

2. 多元函数可微性

设 n 元函数 $y = f(\boldsymbol{x}) = f(x_1, x_2, \cdots, x_n)$ 在点 $\boldsymbol{a} = (a_1, a_2, \cdots, a_n)$ 的某邻域内有定义, 若存在 n 维向量 $\boldsymbol{b} = (b_1, b_2, \cdots, b_n)$, 使

$$f(\boldsymbol{a} + \Delta \boldsymbol{x}) - f(\boldsymbol{a}) = \langle \boldsymbol{b}, \Delta \boldsymbol{x} \rangle + o(|\Delta \boldsymbol{x}|),$$

则称 f 在 $\boldsymbol{a}$ 处**可微**, 或**可导**, 向量 $\boldsymbol{b}$ 为 f 在 $\boldsymbol{a}$ 处的**导数**, 记为

$$\boldsymbol{b} = f'(\boldsymbol{a}) \text{ 或 } \boldsymbol{b} = \nabla f(\boldsymbol{a}).$$

并称 $\Delta \boldsymbol{x}$ 的线性函数 $\langle \boldsymbol{b}, \Delta \boldsymbol{x} \rangle = b_1\Delta x_1 + \cdots + b_n\Delta x_n$ 为函数 f 在点 $\boldsymbol{a}$ 处的**全微分**, 记为

$$\mathrm{d}f(\boldsymbol{a}) = (\boldsymbol{b}, \Delta \boldsymbol{x}) = b_1\Delta x_1 + \cdots + b_n\Delta x_n.$$

同样, n 元可微函数的全微分是自变量改变量 Δx 的 n 元线性函数, 是因变量改变量的线性近似, 两者相差是自变量改变量的高阶无穷小.

n 元函数可微的几何意义: 用 (切) 平面近似代替曲面. 具体叙述如下.

若函数在 $\boldsymbol{a}$ 点可微, 记

$$y = f(\boldsymbol{a}) + \langle f'(\boldsymbol{a}), \boldsymbol{x} - \boldsymbol{a} \rangle,$$

这显然是一个 n 元线性函数, 几何上表示一个过点 $(\boldsymbol{a}, f(\boldsymbol{a}))$ 的 (超) 平面, 称之为过点 $(\boldsymbol{a}, f(\boldsymbol{a}))$ 的**切平面**. 该平面可近似于曲面 $y = f(\boldsymbol{x})$, 且当 $\boldsymbol{x}$ 趋于 $\boldsymbol{a}$ 时两者之差是 $|\boldsymbol{x} - \boldsymbol{a}|$ 的高阶无穷小.

3. 向量值函数的可微性

设 $\boldsymbol{f}: D \subset \mathbb{R}^n \to \mathbb{R}^m$ 是区域 D 上的 n 元 m 维向量值函数. 点 $\boldsymbol{a} = (a_1, a_2 \cdots, a_n)^{\mathrm{T}} \in D$, 若存在与 $\Delta \boldsymbol{x}$ 无关的 $m \times n$ 矩阵 $\boldsymbol{A}$, 使得在 $\boldsymbol{a}$ 点附近成立

$$\Delta \boldsymbol{y} = \boldsymbol{f}(\boldsymbol{a} + \Delta \boldsymbol{x}) - \boldsymbol{f}(\boldsymbol{a}) = \boldsymbol{A}\Delta \boldsymbol{x} + o(\Delta \boldsymbol{x}),$$

其中, $\Delta \boldsymbol{x} = (\Delta x_1, \Delta x_2, \cdots, \Delta x_n)^{\mathrm{T}}$; $o(\Delta \boldsymbol{x})$ 是 m 维列向量, 其模是 $|\Delta \boldsymbol{x}|$ 的高阶无穷小量, 则称**向量值函数 $\boldsymbol{f}$ 在 $\boldsymbol{a}$ 点可微, 或可导**, 并称 $\boldsymbol{A}$ 为 $\boldsymbol{f}$ 在 $\boldsymbol{a}$ 点的**导数**, 记为 $\boldsymbol{f}'(\boldsymbol{a})$ 或 $D\boldsymbol{f}(\boldsymbol{a})$, 而 $\boldsymbol{A}\Delta \boldsymbol{x}$ 称为 $\boldsymbol{f}$ **在 $\boldsymbol{a}$ 点的微分**. 记为 $\mathrm{d}\boldsymbol{y}$.

若将 $\Delta \boldsymbol{x}$ 记为 $\mathrm{d}\boldsymbol{x} = (\mathrm{d}x_1, \mathrm{d}x_2, \cdots, \mathrm{d}x_n)^{\mathrm{T}}$, 那么就有 $\mathrm{d}\boldsymbol{y} = \boldsymbol{A}\mathrm{d}\boldsymbol{x}$.

向量值函数的可微性的思想仍然是线性化. $\boldsymbol{f}(\boldsymbol{a} + \Delta \boldsymbol{x}) \approx \boldsymbol{f}(\boldsymbol{a}) + \boldsymbol{A}\Delta \boldsymbol{x}$, 这里的右端是一个从 $\mathbb{R}^n$ 到 $\mathbb{R}^m$ 的仿射函数, 不计 $\boldsymbol{f}(\boldsymbol{a})$, 即 $\boldsymbol{A}\Delta \boldsymbol{x}$ 是 $\Delta \boldsymbol{x}$ 的线性函数, 其中, $\boldsymbol{A}$ 是一个 $m \times n$ 矩阵.

可微概念是微分学乃至整个数学的核心思想之一. 在一元函数微分学中导数的概念应用更多些, 也更方便; 在多元函数微分学中可微的概念更重要些. 可微必可偏导, 也必连续, 但反之未必成立; 可微蕴含了沿任意方向的方向导数都存在; 可微意味着存在切平面.

●隐函数 (组) 定理的思想

在多元函数微分学的众多成果中要特别提到隐函数 (组) 定理.

隐函数 (组) 定理的思想起源可以追溯到 17~18 世纪的 Newton、Leibniz、Euler、Lagrange 以及 19 世纪的 Cauchy 等伟大的数学家的著作中. 隐函数 (组) 定理告诉我们由方程或方程组确定的关系中是否蕴含着 (隐) 函数关系, 以及该隐函数的分析性质. 隐函数 (组) 定理内容深刻, 意义重大, 应用广泛. 它给出了表达函数的新方式, 即函数并非一定要用显式来表达, 刷新了人们对函数概念的认识; 它可以用于解决求解一般式空间曲线的切线与法平面、一般式曲面方程的法向量与切平面等问题, 也可以用来研究条件极值问题; 现代数学中, 它可用来研究带有参数的方程或方程组的解对参数的连续与光滑依赖性, 等等. 因此, 它不仅在数学分析中具有基础性的地位和广泛的应用, 而且它的一般化理论更是现代分析学的基石. 参见《隐函数定理》(陈文塬和范先令, 1986), *The Implicit Function Theorem—History, Theory and Applications*(Krantz and Parks, 2012).

● 微分学的应用

微分学的主要内容就是两个方面, 一个方面是微分 (偏导数) 概念与导数计算; 另一个就是微分 (偏导数) 的应用.

1. 几何应用

(1) 求平面曲线的切线和法线, 求空间曲线的切线与法平面. 要特别注意, 对于空间曲线, 若以一般式: $F(x, y, z) = 0, G(x, y, z) = 0$, 即作为两张曲面的交给出, 在讨论其切线与法平面时需要用到隐函数定理.

(2) 求曲面的切平面和法线, 这时要特别注意的是当曲面以参数式给出, 即 $x = x(u, v)$, $y = y(u, v), z = z(u, v)$, 在讨论其切平面与法线时同样需要隐函数定理.

2. 求极值与最值

无论是一元函数还是多元函数, 都可以应用 (偏) 导数概念和 Taylor 公式得到极值的判别条件, 包括必要条件和充分条件. 应用隐函数定理还可以讨论条件极值.

3. 证明不等式

利用微分中值定理、单调性、凹凸性、最值、Taylor 公式以及条件极值等方法都可以证明不等式. 这方面的结果和参考文献很多, 例如,《数学分析中的典型问题与方法》(裴礼文, 2006), 这里就不一一列举了.

4. 判别一元函数的单调性和凹凸性

5. 求一元函数的极限

有了导数工具后, 求极限的方法更多了, 如 L'Hospital 法则、Taylor 公式等.

6. 映射的局部同胚性 (逆映射定理)

参见下面的 §3.2.

7. 其他应用

如近似计算, 物理学中瞬时速度、加速度、线 (面、体) 密度, 经济学中的边际函数、最小成本与最大利润等.

§3.1   一元函数微分学

思考题 3.1.1   一元函数可微与可导之间有什么联系和区别?

思考题 3.1.2   一元函数微分学的基本概念与内容有哪些?

思考题 3.1.3   一元函数微分学的成功应用的桥梁是什么?

—— Ⅰ   **对一元函数来说, 可导与可微是等价的, 但是, 它们的背景与意义是不一样的**

导数的背景是曲线的切线斜率与物理学中的瞬时速度, 核心思想是瞬时变化率, 也就是借助极限的思想, 完成了从平均变化率到一点或某个时刻的变化率的飞跃, 从而使导数概念成为研究各种运动、变量数学的新武器.

—— II　一元函数微分学的基本概念与内容

1. 单侧导数

为了研究函数 f 在一点 a 处的导数, 人们又引入了单侧导数 $f'_+(a)$, $f'_-(a)$ 的概念, 并且知道, f 在 a 点可导, 当且仅当 f 在 a 点左、右都可导, 且 $f'_+(a) = f'_-(a)$.

对于分段函数在分段点处讨论可导性通常需要按照定义分别求左、右导数. 例如:

设 $f(x) = \begin{cases} x^2, & x \geqslant 3, \\ ax + b, & x < 3, \end{cases}$ 要使 f 在 $x = 3$ 处可导, a, b 是不能随便取值的. 但初学者往往图方便, 直接对 f 求导, 得出, 当 $x \geqslant 3$ 时 $f'(x) = 2x$, 而当 $x < 3$ 时 $f'(x) = a$. 似乎 f 的可导性与 a, b 都无关. 这样做的错误就在于 $x = 3$ 这点的导数不能这样求, 要按定义. 首先根据可导必连续得到 $3a + b = 9$, 其次, 分别求出右导数为 6, 左导数为 a, 于是求得 $a = 6, b = -9$.

求左或右导数也可以借助下面的极限定理.

命题 3.1.1(**导数极限定理**)　设 $f(x)$ 在 (a,b) 内可导, 在 a 点右连续, 若导函数 $f'(x)$ 在 a 点的右极限 $f'(a+)$ 存在, 则 $f(x)$ 在 a 点的右导数 $f'_+(a)$ 存在, 且 $f'_+(a) = f'(a+)$.

例如在上例中, 欲求 $f'_+(3)$, 可以先求 $f'(3+)$. 显然, $x > 3$ 时, $f'(x) = 2x$, 所以 $f'(3+) = \lim_{x \to 3+} f'(x) = 6$. 因此 $f'_+(3) = 6$. 同样, $f'(3-) = a$, 所以 $f'_-(3) = a$.

但是, 这样做的前提是函数的单侧连续性.

由导数极限定理可得下面的重要结论.

2. 导函数的性质

推论 3.1.1　设 f 在区间 (a,b) 内可导, 则导函数 $f'(x)$ 必没有第一类间断点.

推论 3.1.2　设 $f(x)$ 在 (a,b) 内可导, 记 $g(x) = f'(x), x \in (a,b)$, 若 $g(x)$ 在 (a,b) 内单调, 则 $g(x)$ 在 (a,b) 内连续.

作为导函数, 法国数学家达布 (Darboux, 1842~1917) 发现了介值性结果, 称为 Darboux 定理.

命题 3.1.2 (Darboux 定理)　区间 $I = [a,b]$ 上的导函数 f' 具有介值性质, 即若 $f'(a)f'(b) < 0$, 则存在 $\xi \in (a,b)$, 使 $f'(\xi) = 0$.

注意, 这里并不要求 $f'(x)$ 连续. 它的证明类似于罗尔 (Rolle, 1652~1719) 定理的证明.

3. 一元函数微分学应用的桥梁

上述命题证明的依据是微分中值定理. 微分中值定理通常指 Rolle 中值定理、Lagrange

中值定理、Cauchy 中值定理及 Taylor 公式, 其中 Taylor 公式号称一元微分学的顶峰. 微分中值定理是一元函数微分学成功应用的桥梁. 通过它们, 可以证得函数单调性判别法与凹凸性判别法以及某些恒等式与不等式, 等等. 三个中值定理本质上是等价的, 但 Rolle 中值定理的形式最简单, 也最基本. Rolle 中值定理有一些推广, 值得注意.

──── III **Rolle 中值定理的推广**

命题 3.1.3 *设 $f(x)$ 在区间 I 上可导, 则当 f 满足下列条件之一时, 存在 $\xi \in I$ 使 $f'(\xi) = 0$:*

(1) $I = (a,b), f(a+0) = f(b-0)$;

(2) $I = (a,+\infty), f(a+0) = \lim\limits_{x \to +\infty} f(x)$;

(3) $I = (-\infty,+\infty)$, 且 $\lim\limits_{x \to -\infty} f(x) = \lim\limits_{x \to +\infty} f(x)$.

命题的证明请读者自行完成.

§3.1.1 一元函数微分学概念辨析

1. 一元函数 $f(x)$ 在一点处可微与可导是等价的吗?

2. 证明卡拉泰奥多里 (Carathéodory, 1873~1950) 给出的可微的等价定义 (充要条件):

函数 $f(x)$ 在 x_0 点可微的充要条件是在 x_0 点某邻域内存在在 x_0 点连续的函数 $g(x)$, 使得

$$f(x) = f(x_0) + g(x)(x - x_0). \tag{3.1.1}$$

3. 分别举出满足下列条件的例子:

(1) 单侧可导而不可导;

(2) $f'(x_0) = +\infty$;

(3) $f'(x_0) = -\infty$;

(4) $f'_-(x_0) = +\infty, f'_+(x_0) = -\infty$;

(5) $f'_-(x_0) = -\infty, f'_+(x_0) = +\infty$.

4. 求函数在一点处的导数有哪些方法? 试用具体例子来说明.

5. $y = f(x)$ 可导, $y = |f(x)|$ 一定可导? 如果不可导, 那不可导的点一定是什么样的点? 试讨论 $y = f(x)$ 可导蕴含 $y = |f(x)|$ 可导的条件.

6. 求导与微分运算法则主要有哪些? 什么情况下用对数求导法?

7. 设函数 f 在 $x = a$ 处左、右导数存在, 问 $f(x)$ 是否在 $x = a$ 的某一邻域中有界? $f(x)$ 在 $x = a$ 处是否连续?

8. $f'_+(x_0)$ 和 $f'(x_0+)$ 意义相同吗? $f'(x_0+)$ 和 $f'(x_0-)$ 存在且相等时, 是否能推出 f 在 x_0 点可导? 能否推出 f 在 x_0 连续? 又若 $f'_+(x_0)$ 和 $f'_-(x_0)$ 都存在时, f 在 x_0 是否连续?

9. 会证明求导数的四则运算法则、反函数求导法则、复合函数求导数的链式法则以及由参数方程所确定的函数的求导法则吗?

10. 你能给出反函数求导法则的几何解释吗?

11. 求函数的高阶导数主要方法有哪些?

12. 何为一阶微分形式的不变性? 高阶微分是否有微分形式的不变性?

13. $\mathrm{d}u^2$, $\mathrm{d}^2 u$ 和 $\mathrm{d}(u^2)$ 是一回事吗?

14. 在下列各式的括号内填入适当的函数, 使微分式成立:

(1) $\mathrm{d}(\quad) = \dfrac{1}{\sqrt{x}}\mathrm{d}x$;

(2) $\dfrac{1}{x^\alpha}\mathrm{d}(\quad) = \dfrac{1}{x}\mathrm{d}x$, $\alpha \neq 0$;

(3) $\mathrm{d}(\quad) = \dfrac{x}{\sqrt{1-x^2}}\mathrm{d}x$;

(4) $\mathrm{d}(\quad) = u(x)u'(x)\mathrm{d}x$.

15. 写出微分中值定理. 知道它们的条件与结论以及几何解释吗? 在微分中值定理的证明中, 通常要构造辅助函数. 知道这些辅助函数的意义吗? 它们都有哪些应用?

16. 微分中值定理之间的相互关系是什么? 中值定理的 "中值" 指的是什么?

17. 借助导数可以研究函数的性质. 其中, 用一阶导数可以研究函数的哪些方面, 用二阶导数可以研究函数的哪些方面?

18. 用导数判别函数极值的主要方法有哪些? 如何证明恒等式? 利用微分学证明不等式有哪些方法?

19. 曲线上凸、凹性发生变化的点是什么点? 如何判别它?

20. 研究曲线 $y = f(x)$ 渐近线的目的是什么? 如何求渐近线?

21. 请写出 5 个基本初等函数在原点的 Taylor 公式. 求 Taylor 公式的主要方法有哪些? Taylor 公式有哪些应用?

22. 函数图形的作图步骤一般是什么?

23. L'Hospital 法则用来求哪几种类型的不定式的极限?

24. 求最值的一般步骤是什么?

§3.1.2 一元函数微分学强化训练

1. 设 $f_{ij}(x)(i, j = 1, 2, \cdots, n)$ 为可导函数, 证明:

$$\frac{\mathrm{d}}{\mathrm{d}x} \begin{vmatrix} f_{11}(x) & f_{12}(x) & \cdots & f_{1n}(x) \\ f_{21}(x) & f_{22}(x) & \cdots & f_{2n}(x) \\ \vdots & \vdots & & \vdots \\ f_{n1}(x) & f_{n2}(x) & \cdots & f_{nn}(x) \end{vmatrix} = \sum_{k=1}^{n} \begin{vmatrix} f_{11}(x) & f_{12}(x) & \cdots & f_{1n}(x) \\ \vdots & \vdots & & \vdots \\ f'_{k1}(x) & f'_{k2}(x) & \cdots & f'_{kn}(x) \\ \vdots & \vdots & & \vdots \\ f_{n1}(x) & f_{n2}(x) & \cdots & f_{nn}(x) \end{vmatrix}.$$

并利用这个结果求 $F'(x)$:

(1) $F(x) = \begin{vmatrix} x-1 & 1 & 2 \\ -3 & x & 3 \\ -2 & -3 & x+1 \end{vmatrix}$; (2) $F(x) = \begin{vmatrix} x & x^2 & x^3 \\ 1 & 2x & 3x^2 \\ 0 & 2 & 6x \end{vmatrix}$.

2. 请回答以下问题. 正确请证明, 不正确请给出反例:

(1) 设 $f(x)$ 在 $x = x_0$ 可导, $g(x)$ 在 $x = x_0$ 不可导, 问 $f(x) + g(x)$ 在 $x = x_0$ 是否可导?

(2) 设 $f(x), g(x)$ 在 $x = x_0$ 均不可导, 问 $f(x) + g(x)$ 在 $x = x_0$ 是否一定不可导?

(3) 设 $f(x)$ 在 $x = x_0$ 可导, $g(x)$ 在 $x = x_0$ 不可导, 问 $f(x)g(x)$ 在 $x = x_0$ 是否可导?

(4) 设 $f(x), g(x)$ 在 $x = x_0$ 均不可导, 问 $f(x)g(x)$ 在 $x = x_0$ 是否一定不可导?

(5) 设 $f(x)g(x)$ 在 $x = x_0$ 可导, 问 $f(x), g(x)$ 在 $x = x_0$ 是否均一定可导?

(6) 设 $f(x)g(x)$ 在 $x = x_0$ 不可导, 问 $f(x), g(x)$ 在 $x = x_0$ 是否均一定不可导?

3. (1) 请举一个仅在已知点 $a_1, a_2, \cdots, a_n$ 不可导的连续函数的例子;

(2) 请举一个仅在点 $a_1, a_2, \cdots, a_n$ 可导的函数的例子.

4. 以 $S(x)$ 记由 $(a, f(a)), (b, f(b)), (x, f(x))$ 三点组成的三角形面积, 试对 $S(x)$ 应用 Rolle 定理证明 Lagrange 中值定理.

5. 设 $f(x)$ 在 $[0, +\infty)$ 上可微, 且 $0 \leqslant f(x) \leqslant \dfrac{x}{1+x^2}$, 证明存在 $\xi > 0$, 使得

$$f'(\xi) = \frac{1-\xi^2}{(1+\xi^2)^2}.$$

6. 设 f 为 $[a, b]$ 上二阶可导函数, $f(a) = f(b) = 0$, 并存在一点 $c \in (a, b)$ 使得 $f(c) > 0$, 证明至少存在一点 $\xi \in (a, b)$, 使得 $f''(\xi) < 0$.

7. 设函数 f 在 (a, b) 内可导, 且 f' 单调. 证明 f' 在 (a, b) 内连续.

8. 设 $p(x)$ 为多项式, α 为 $p(x) = 0$ 的 r 重实根. 证明 α 必定是 $p'(x)$ 的 $r-1$ 重实根.

9. 证明: 设 f 为 n 阶可导函数, 若方程 $f(x) = 0$ 有 $n+1$ 个相异的实根, 则方程 $f^{(n)}(x) = 0$ 至少有一个实根.

10. 设 $a, b > 0$. 证明方程 $x^3 + ax + b = 0$ 有唯一实根.

11. 证明: $\dfrac{\tan x}{x} > \dfrac{x}{\sin x}, x \in \left(0, \dfrac{\pi}{2}\right)$.

12. 设 f 为区间 I 上严格凸函数. 证明: 若 $x_0 \in I$ 为 f 的极小值点, 则 x_0 为 f 在 I 上唯一的极小值点.

13. 应用凸函数性质证明如下不等式:

(1) 对任意实数 a, b, 有 $\mathrm{e}^{\frac{a+b}{2}} \leqslant \dfrac{1}{2}(\mathrm{e}^a + \mathrm{e}^b)$;

(2) 对任何非负实数 a, b, 有 $2 \arctan\left(\dfrac{a+b}{2}\right) \geqslant \arctan a + \arctan b$.

14. 证明: 若 f, g 均为区间 I 上凸函数, 则 $F(x) = \max\{f(x), g(x)\}$ 也是 I 上凸函数.

15. 证明: (1)f 为区间 I 上凸函数的充要条件是对 I 上任意三点 $x_1 < x_2 < x_3$, 恒有

$$\Delta = \begin{vmatrix} 1 & x_1 & f(x_1) \\ 1 & x_2 & f(x_2) \\ 1 & x_3 & f(x_3) \end{vmatrix} \geqslant 0.$$

(2)f 为严格凸函数的充要条件是 $\Delta > 0$.

16. 应用 Jensen 不等式证明:

(1) 设 $a_i > 0 (i = 1, 2, \cdots, n)$, 有

$$\frac{n}{\dfrac{1}{a_1} + \dfrac{1}{a_2} + \cdots + \dfrac{1}{a_n}} \leqslant \sqrt[n]{a_1 a_2 \cdots a_n} \leqslant \frac{a_1 + a_2 + \cdots + a_n}{n};$$

(2) (Hölder 不等式) 设 $a_i, b_i > 0 (i = 1, 2, \cdots, n)$, 有

$$\sum_{i=1}^n a_i b_i \leqslant \left(\sum_{i=1}^n a_i^p\right)^{\frac{1}{p}} \left(\sum_{i=1}^n b_i^q\right)^{\frac{1}{q}}.$$

17. 设 $f(x) = a_0 + a_1 x + \cdots + a_n x^n$ 是实系数多项式, 且其根均为实数, 证明: 对任意 $k = 1, 2, \cdots, n-1$, 多项式 $f^{(k)}(x)$ 的根均为实数.

18. 设 $f(0) = 0, f'$ 在原点的某邻域内连续, 且 $f'(0) \neq 0$. 证明:

$$\lim_{x \to 0+} x^{f(x)} = 1.$$

19. 设 $b > a > 0$, 函数 $f(x)$ 在 $[a, b]$ 上可微. 证明存在 $\xi \in (a, b)$, 使得

$$\frac{1}{a-b} \begin{vmatrix} a & b \\ f(a) & f(b) \end{vmatrix} = f(\xi) - \xi f'(\xi).$$

20. 证明: $f(x) = x^3 \mathrm{e}^{-x^2}$ 为有界函数.

21. 设函数 f 在点 a 的邻域 U 内具有 $n+1$ 阶连续导数, $a+h \in U$, 且 $f^{(n+1)}(a) \neq 0$, f 在 U 内的 Taylor 公式为

$$f(a+h) = f(a) + f'(a)h + \cdots + \frac{f^{(n-1)}(a)}{(n-1)!}h^{n+1} + \frac{f^{(n)}(a+\theta h)}{(n)!}h^n, \ 0 < \theta < 1.$$

证明: $\lim\limits_{h \to 0} \theta = \dfrac{1}{n+1}$.

22. 证明: (1) 设 f 在 $(a, +\infty)$ 上可导, 若 $\lim\limits_{x \to +\infty} f(x)$, $\lim\limits_{x \to +\infty} f'(x)$ 都存在, 则

$$\lim_{x \to +\infty} f'(x) = 0.$$

(2) 设 f 在 $(a, +\infty)$ 上 n 阶可导. 若 $\lim\limits_{x \to +\infty} f(x)$, $\lim\limits_{x \to +\infty} f^{(n)}(x)$ 都存在, 则

$$\lim_{x \to +\infty} f^{(k)}(x) = 0, \quad k = 1, 2, \cdots, n.$$

23. 设函数 $f(x)$ 在 $x = 0$ 的某邻域内二阶可微, 且

$$\lim_{x \to 0} \left[1 + x + \frac{f(x)}{x} \right]^{\frac{1}{x}} = \mathrm{e}^3,$$

求 $f(0), f'(0), f''(0)$.

24. 求下列函数的极限:

(1) $\lim\limits_{n \to \infty} n \left[\mathrm{e} - \left(1 + \dfrac{1}{n} \right)^n \right]$;

(2) $\lim\limits_{x \to 0+} \dfrac{a^x + a^{-x} - 2x}{x^2} (a > 0)$;

(3) $\lim\limits_{x \to 0} \dfrac{1}{x} \left(\dfrac{1}{x} - \cot x \right)$;

(4) $\lim\limits_{x \to 0} \left(\dfrac{1}{x} - \dfrac{1}{\sin x} \right)$;

(5) $\lim\limits_{x \to 0} \dfrac{\mathrm{e}^x \sin x - x(1+x)}{x^3}$;

(6) $\lim\limits_{x \to +\infty} \left[x - x^2 \ln \left(1 + \dfrac{1}{x} \right) \right]$.

25. 求下列函数的 n 阶导数:

(1) $f(x) = \sin x^3$;

(2) $f(x) = \dfrac{x^2}{1+x^2}$.

26. 设

$$f(x) = \begin{cases} x^4 \sin^2 \dfrac{1}{x}, & x \neq 0, \\ 0, & x = 0. \end{cases}$$

(1) 证明: $x = 0$ 是极小值点;

(2) 说明 f 的极小值点 $x = 0$ 处是否满足极值的第一充分条件或第二充分条件.

27. 设 $k > 0$, 试问 k 为何值时, 方程 $\arctan x - kx = 0$ 存在正实根.

28. 设函数 f 在 $[a, b]$ 上二阶可导, $f'(a) = f'(b) = 0$. 证明存在一点 $\xi \in (a, b)$, 使得

$$|f''(\xi)| \geqslant \frac{4}{(b-a)^2} |f(b) - f(a)|.$$

29. 设函数 f 在 $[0,a]$ 上具有二阶导数, 且 $|f''(x)| \leqslant M$, f 在 $(0,a)$ 内取得最值. 试证:

$$|f'(0)| + |f'(a)| \leqslant Ma.$$

30. 设 f 在 $[0,+\infty)$ 上可微, 且 $|f(x)| \leqslant 1, |f''(x)| \leqslant 1$. 证明: 在 $[0,2]$ 上 $|f'(x)| \leqslant 2$.

§3.2 多元函数微分学

思考题 3.2.1 一元函数微分学是如何推广到多元函数的?

思考题 3.2.2 多元函数微分学有哪些重要的意义?

思考题 3.2.3 隐函数 (组) 定理有哪些形式? 反函数 (逆映射) 定理有何重要意义和应用?

思考题 3.2.4 与一元函数相比, 多元函数极值与最值有哪些不一样的现象?

思考题 3.2.5 多元函数微分学的研究涉及不少高等代数与解析几何的知识, 请你系统总结. 进一步, 是否能应用这些知识把一元函数微分学的结果作进一步的推广?

I 多元函数微分学的发展

偏导数的朴素思想在微积分学创立的初期就多次出现在力学研究的著作中, 但此时的导数与偏导数并没有明显地加以区分, 人们只是在应用时注意到其物理意义不同. 偏导数是在具有多个自变量的函数中考虑其中某一个自变量变化时的导数. 雅各布·伯努利 (Jacob Bernoulli, 1654~1705) 在他关于等周问题的著作中使用了偏导数, 尼古拉·伯努利 (Nicolaus Bernoulli, 1687~1759) 在 1720 年的一篇关于正交轨线的文章中也使用了偏导数, 并证明了函数在一定条件下求混合偏导数的结果与求偏导的顺序无关. 偏导数的一般理论是由 Euler 和法国数学家方丹 (Alexis Fontaine des Bertins, 1704~1771)、克莱罗 (Clairaut, 1713~1765) 与 d'Alembert 在早期偏微分方程的研究中建立起来的. Euler 在关于流体力学的一系列文章中给出了偏导数运算法则、求复合函数偏导数的链式法则等; 1739 年 Clairaut 在关于地球形状的研究论文中首次提出全微分的概念, 建立了现在称为全微分方程的一个方程; d'Alembert 在 1743 年的著作《动力学》和 1747 年关于弦振动的研究中推广了偏导数的演算, 不过当时一般都用同一个记号 d 来表示导数与偏导数. 直到 19 世纪 40 年代才由雅可比 (Jacobi, 1804~1851) 正式创用现在的专门的偏导数记号 ∂, 并逐渐普及开来.

━━ II 从一元函数微分学推广到多元函数微分学的思想方式

从一元微分学推广到 (向量值) 多元函数微分学, 有两个方向: 一是从导数到偏导数、方向导数, 另一个是从一元的可微到多元的可微. 导数是增量比的极限, 即微商. 偏导数则是只考虑一个自变量改变所引起的微商, 或函数沿某个固定的方向变化时的微商. 而可微则仍然是线性化思想的体现, (向量值)n 元函数可微性则是把 n 元线性函数具体写出来即可. 线性函数自然是最简单的函数, 通过简单认识复杂的事物是人们认识世界的基本方法, 在科学认知与实践中至关重要. 而多元 Taylor 公式则是用多元多项式去近似一般的函数, 这样做可以比线性化近似程度更高.

类似于一元函数微分学的应用, 多元函数微分学可以用来研究函数的极值 (条件极值) 与最值, 一般式的空间曲线与曲面的几何性质, 如切线 (切平面) 与法线 (法平面), 这其中隐函数定理起到重要作用.

━━ III 隐函数定理与反函数定理

1. 隐函数定理最简单的形式

隐函数定理最简单的形式是有关方程 $F(x, y) = 0$ 是否能够确定隐函数 $y = y(x)$, 使得 $F(x, y(x)) = 0$. 主要结果称为一元隐函数定理.

一元隐函数定理 设 $\Omega \subset \mathbb{R}^2$ 是区域, $(x_0, y_0) \in \Omega$, $F(x, y)$ 是定义在 Ω 上的二元函数, 且

(1) (x_0, y_0) 满足 $F(x_0, y_0) = 0$;

(2) 在闭矩形 $M = \{(x, y) \big| |x - x_0| \leqslant a, |y - y_0| \leqslant b\} \subset \Omega$ 上, $F(x, y)$ 有连续偏导数;

(3) $F_y(x_0, y_0) \neq 0$,

那么, 在点 (x_0, y_0) 附近, 由方程 $F(x, y) = 0$ 能唯一地确定可导的隐函数, 即存在 $\rho > 0$ 和

$$y = y(x), \ x \in U(x_0, \rho),$$

它满足 $F(x, y(x)) = 0$, $y_0 = y(x_0)$, 并且隐函数 $y = y(x)$ 在 $U(x_0, \rho)$ 上具有连续的导数, 其导数可由下列公式求得

$$\frac{\mathrm{d}y}{\mathrm{d}x} = -\frac{F_x(x, y)}{F_y(x, y)}.$$

2. 一般的隐函数 (组) 定理

一般的隐函数 (组) 定理或称为向量值隐函数定理, 形式如下.

向量值隐函数定理　给定函数方程组

$$
\begin{cases}
F_1(x_1,x_2,\cdots,x_n,y_1,y_2,\cdots,y_m)=0,\\
F_2(x_1,x_2,\cdots,x_n,y_1,y_2,\cdots,y_m)=0,\\
\quad\quad\quad\quad\quad\vdots\\
F_m(x_1,x_2,\cdots,x_n,y_1,y_2,\cdots,y_m)=0,
\end{cases}
$$

其中, 函数 $F_i(x_1,x_2,\cdots,x_n,\,y_1,y_2,\cdots,y_m)(i=1,2,\cdots,m)$ 满足以下条件:

(1) 点 $P(x_1^0,x_2^0,\cdots,x_n^0,y_1^0,y_2^0,\cdots,y_m^0)$ 满足:

$$
F_i(x_1^0,x_2^0,\cdots,x_n^0,y_1^0,y_2^0,\cdots,y_m^0)=0,\ i=1,2,\cdots,m;
$$

(2) 在点 P 的闭邻域

$$
V=\{(x_1,\cdots,x_n,y_1,\cdots,y_m)\big||x_i-x_i^0|\leqslant a_i,i=1,\cdots,n;|y_j-y_j^0|\leqslant b_j,j=1,\cdots,m\}
$$

内, 函数 $F_i(i=1,2,\cdots,m)$ 具有连续偏导数;

(3) 在点 P 处, Jacobi 行列式

$$
\frac{\partial(F_1,F_2,\cdots,F_m)}{\partial(y_1,y_2,\cdots,y_m)}\neq 0,
$$

那么, 在点 P 附近可以由上述方程组唯一确定向量值隐函数

$$
\begin{pmatrix}y_1\\y_2\\\vdots\\y_m\end{pmatrix}=\begin{pmatrix}f_1(x_1,x_2,\cdots,x_n)\\f_2(x_1,x_2,\cdots,x_n)\\\vdots\\f_m(x_1,x_2,\cdots,x_n)\end{pmatrix},\ (x_1,x_2,\cdots,x_n)\in O((x_1^0,x_2^0,\cdots,x_n^0),\rho),
$$

它满足

$$
F_i(x_1,x_2,\cdots,x_n,f_1(x_1,x_2,\cdots,x_n),f_2(x_1,x_2,\cdots,x_n),\cdots,f_m(x_1,x_2,\cdots,x_n))=0
$$

以及 $y_i^0=f_i(x_1^0,x_2^0,\cdots,x_n^0),\ i=1,2,\cdots,m;$ 且这个向量值隐函数在 $O((x_1^0,x_2^0,\cdots,x_n^0),\rho)$

内具有连续的导数, 同时有隐函数求导公式

$$
\begin{pmatrix}
\dfrac{\partial y_1}{\partial x_1} & \dfrac{\partial y_1}{\partial x_2} & \cdots & \dfrac{\partial y_1}{\partial x_n} \\[2mm]
\dfrac{\partial y_2}{\partial x_1} & \dfrac{\partial y_2}{\partial x_2} & \cdots & \dfrac{\partial y_2}{\partial x_n} \\[2mm]
\vdots & \vdots & & \vdots \\[2mm]
\dfrac{\partial y_m}{\partial x_1} & \dfrac{\partial y_m}{\partial x_2} & \cdots & \dfrac{\partial y_m}{\partial x_n}
\end{pmatrix}
= -
\begin{pmatrix}
\dfrac{\partial F_1}{\partial y_1} & \dfrac{\partial F_1}{\partial y_2} & \cdots & \dfrac{\partial F_1}{\partial y_m} \\[2mm]
\dfrac{\partial F_2}{\partial y_1} & \dfrac{\partial F_2}{\partial y_2} & \cdots & \dfrac{\partial F_2}{\partial y_m} \\[2mm]
\vdots & \vdots & & \vdots \\[2mm]
\dfrac{\partial F_m}{\partial y_1} & \dfrac{\partial F_m}{\partial y_2} & \cdots & \dfrac{\partial F_m}{\partial y_m}
\end{pmatrix}^{-1}
$$

$$
\times
\begin{pmatrix}
\dfrac{\partial F_1}{\partial x_1} & \dfrac{\partial F_1}{\partial x_2} & \cdots & \dfrac{\partial F_1}{\partial x_n} \\[2mm]
\dfrac{\partial F_2}{\partial x_1} & \dfrac{\partial F_2}{\partial x_2} & \cdots & \dfrac{\partial F_2}{\partial x_n} \\[2mm]
\vdots & \vdots & & \vdots \\[2mm]
\dfrac{\partial F_m}{\partial x_1} & \dfrac{\partial F_m}{\partial x_2} & \cdots & \dfrac{\partial F_m}{\partial x_n}
\end{pmatrix}.
$$

下面再简单说说反函数 (逆映射) 定理的意义.

3. 逆映射定理可看作向量值隐函数定理的特例

令

$$
\begin{cases}
F_1(x_1, x_2, \cdots, x_n; y_1, y_2, \cdots, y_n) = x_1 - x_1(y_1, y_2, \cdots, y_n), \\
F_2(x_1, x_2, \cdots, x_n; y_1, y_2, \cdots, y_n) = x_2 - x_2(y_1, y_2, \cdots, y_n), \\
\qquad\qquad\qquad\qquad\qquad \vdots \\
F_n(x_1, x_2, \cdots, x_n; y_1, y_2, \cdots, y_n) = x_n - x_n(y_1, y_2, \cdots, y_n),
\end{cases}
$$

即知道, 当 $x = (x_1, x_2, \cdots, x_n)$ 关于 $y = (y_1, y_2, \cdots, y_n)$ 的 Jacobi 行列式 $\dfrac{\partial(x_1, x_2, \cdots, x_n)}{\partial(y_1, y_2, \cdots, y_n)}$ 在某点 $y^0 = (y_1^0, y_2^0, \cdots, y_n^0)$ 处不等于 0 时, 则存在 x^0 的邻域 U 和 y^0 的邻域 V, 使得映射

$$
T : V \to U, \ (y_1, y_2, \cdots, y_n) \to (x_1, x_2, \cdots, x_n),
$$

$$
\begin{cases}
x_1 = x_1(y_1, y_2, \cdots, y_n), \\
x_2 = x_2(y_1, y_2, \cdots, y_n), \\
\qquad \cdots \\
x_n = x_n(y_1, y_2, \cdots, y_n),
\end{cases}
\quad (y_1, y_2, \cdots, y_n) \in V,
$$

有连续可微的逆映射 $S : U \to V, \ (x_1, x_2, \cdots, x_n) \to (y_1, y_2, \cdots, y_n)$,

$$
\begin{cases}
y_1 = y_1(x_1, x_2, \cdots, x_n), \\
y_2 = y_2(x_1, x_2, \cdots, x_n), \\
\qquad \vdots \\
y_n = y_n(x_1, x_2, \cdots, x_n),
\end{cases}
$$

且 $S' = (T')^{-1}$.

判断映射的可逆性是数学中的基本问题, 是反函数定理在高维空间的自然推广. 该结果告诉我们, 一个 (非线性) 映射只要它在某点 P 的 Jacobi 矩阵 (视作映射是线性的) 可逆, 则该映射本身是局部可逆的, 即在 P 点附近是可逆的, 并且是同胚的, 即映射与它的逆都是连续的. 因此我们能够通过线性映射的可逆性来判断一个非线性映射的可逆性. 这是微分学局部线性化思想的一个典型例证. 因此逆映射定理在现代数学中具有重要地位.

IV 多元函数极值与最值

应用多元函数微分学, 我们也可以得到多元函数取得极值的必要条件和充分条件, 这是一元函数相应结果的自然推广. 但是, 多元函数的极值与最值有着同一元函数极值与最值不一样的现象.

(1) 对区间 I 上的一元函数来说, 两个相邻的极大值点之间必有一个极小值点, 这个结论对多元函数不成立. 例如, 函数 $z = (1 + \mathrm{e}^y)\cos x - y\mathrm{e}^y$ 有无穷多个极大值而无极小值.

(2) 一元函数 $f(x)$ 如果在区间 I 上有唯一的极值点 x_0, 则当 x_0 为极大 (小) 值点时必为最大 (小) 值点. 这一结论对多元函数不成立. 例如函数 $f(x,y) = x^3 + 2x^2 - 2xy + y^2$.

(3) 应用多元函数微分学我们还可以讨论隐函数的极值与最值、条件极值与最值等. 这里不一一举例了.

V 借助高等代数等知识作进一步推广

除了 Jacobi 矩阵, 前面还有不少地方用到了矩阵. 如由二阶偏导数构成的黑塞 (Hesse, 1811~1874) 矩阵, 它在研究极值时起到了关键作用. 多元函数微分学的研究涉及不少高等代数与解析几何的知识, 请读者自行总结.

§3.2.1 多元函数微分学概念辨析

1. 偏导数是导数概念的自然推广, 它的意义是什么? 如何给出其几何解释?

2. 设二元函数 f 在区域 $D = [a,b] \times [c,d]$ 上连续.

(1) 若在 int D 内 f 关于 x 可偏导, 且 $f_x \equiv 0$, 试问 f 在 D 上有何特性?

(2) 若在 int D 内 f 关于 x,y 都可偏导, 且有 $f_x = f_y \equiv 0$, f 又有怎样的特性?

(3) 在 (1)、(2) 中, 长方形区域可否改为任意区域?

3. 函数 $f(x,y)$ 在一点 (x_0, y_0) 连续、存在偏导数以及可微之间有何关系?

4. (1) 存在偏导数是否一定连续? "偏导数在 (x_0, y_0) 的某邻域内有界" 能否保证 f 在 (x_0, y_0) 点以及 (x_0, y_0) 的邻域内连续?

(2) 具有各阶偏导数, 函数一定连续吗? 对照下面的例子进行讨论.

例 1: $f(x, y) = \begin{cases} \mathrm{e}^{-\frac{x^2}{y^2} - \frac{y^2}{x^2}}, & xy \neq 0, \\ 0, & xy = 0. \end{cases}$

例 2: $f(x, y) = \begin{cases} \dfrac{\mathrm{e}^{x^{-2}y^{-2}}}{\mathrm{e}^{x^{-4}} + \mathrm{e}^{y^{-4}}}, & xy \neq 0, \\ 0, & xy = 0. \end{cases}$

(3) "偏导数在 (x_0, y_0) 的某邻域内有界" 能否保证 f 在 (x_0, y_0) 点可微?

例 1: $f(x, y) = \begin{cases} \dfrac{xy}{\sqrt{x^2 + y^2}}, & x^2 + y^2 \neq 0, \\ 0, & x = y = 0. \end{cases}$

5. 按照定义判断一个函数在 (x_0, y_0) 处是否可微的步骤是什么? 判断可微性常用可微的充分条件. 函数 $z = f(x, y)$ 在点 (x_0, y_0) 处可微的充分条件是什么?

6. 函数 $z = f(x, y)$ 在点 (x_0, y_0) 处的两个混合偏导数 $f_{xy}(x_0, y_0)$ 与 $f_{yx}(x_0, y_0)$ 总是相等的吗?

7. (1) 方向导数的定义和意义分别是什么? 二元函数和三元函数以及一般的 n 元函数的方向导数在表达上有什么不同? 给出函数 $z = f(x, y, z)$ 在点 (x_0, y_0, z_0) 处沿任一方向 $l = (\cos\alpha, \cos\beta, \cos\gamma)$ 都存在方向导数的一个充分条件和计算该方向导数的公式. 这个条件是否为必要?

(2) 函数 $z = f(x, y)$ 在点 (x_0, y_0) 处沿任意方向都有方向导数, 则 f 在 (x_0, y_0) 处连续吗?

(3) 设 $f(x, y)$ 可微, $l \in \mathbb{R}^2$ 是一给定向量, 若处处有 $f_l(x, y) \equiv 0$, 问此函数有何特征?

(4) 设 $f(x, y)$ 可微, 向量 $l_1, l_2 \in \mathbb{R}^2$ 线性无关, 若 $\dfrac{\partial f}{\partial l_i}(x, y) \equiv 0 (i = 1, 2)$, 则 $f(x, y) \equiv$ const, 对吗?

8. 梯度有何意义?

9. 多元函数 Taylor 公式的内容、意义和作用分别是什么? 通常如何具体得到 $f(x, y)$ 在 (x_0, y_0) 处的 Taylor 公式?

10. 隐函数 (组) 定理的条件与结论分别是什么? 有哪些形式? 意义何在?

11. 隐函数 (组) 定理有哪些应用?

12. 逆映射定理的条件与结论分别是什么? 意义何在? 如何应用它?

13. 在逆映射定理中, Jacobi 行列式不等于零或 Jacobi 矩阵可逆是关键条件. 如果这一条件不满足, 我们该如何研究这类问题? 请与线性方程组的基础解系的思想做比较.

14. 若函数 $z = f(x, y)$ 在点 (x_0, y_0) 处存在偏导数, 则它在该点取得极值的必要条件是什么?

15. 若 (x_0, y_0) 是 f 的稳定点, 则它是极大值点的充分条件是什么? 是极小值点的充分条件是什么? 不是极值点的充分条件又是什么?

16. 若求函数 $z = f(x, y)$ 在限制条件 $\varphi(x, y) = 0$ 下的极值, 请写出构造 Lagrange 函数. 又问: Lagrange 乘数法的依据是什么? 请推导.

17. 由参数方程确定的光滑曲线 $\begin{cases} x = x(t), \\ y = y(t), \quad a \leqslant t \leqslant b \\ z = z(t), \end{cases}$ 上过点 $(x(t_0), y(t_0), z(t_0))$ 处的切向量是什么? 切线方程是什么? 法平面方程又是什么?

18. 对一般式空间曲线 $\begin{cases} F(x, y, z) = 0, \\ G(x, y, z) = 0, \end{cases}$ 其上任意一点 (x_0, y_0, z_0) 处的切向量、切线方程、法平面方程分别是什么?

19. 一般式曲面 $F(x, y, z) = 0$ 上过点 (x_0, y_0, z_0) 处的法向量是什么? 法线方程是什么? 特别地, 显式曲面 $z = f(x, y)$ 上过点 (x_0, y_0, z_0) 处的法向量、法线方程是什么?

20. 对由参数方程所表示的曲面 $\begin{cases} x = x(u, v), \\ y = y(u, v), \quad (u, v) \in D, \\ z = z(u, v), \end{cases}$ 也请写出其上任意一点 (x_0, y_0, z_0) 处的法向量和法线方程.

§3.2.2   多元函数微分学强化训练

1. 考察下列函数在点 $(0, 0)$ 处的连续性、偏导数的存在性以及可微性:

(1) $f(x, y) = \begin{cases} xy \sin \dfrac{1}{x^2 + y^2}, & x^2 + y^2 \neq 0, \\ 0, & x^2 + y^2 = 0; \end{cases}$

(2) $f(x, y) = \begin{cases} y \sin \dfrac{1}{x^2 + y^2}, & x^2 + y^2 \neq 0, \\ 0, & x^2 + y^2 = 0; \end{cases}$

(3) $f(x, y) = \begin{cases} \dfrac{x^2 y}{x^2 + y^2}, & x^2 + y^2 \neq 0, \\ 0, & x^2 + y^2 = 0; \end{cases}$

(4) $f(x, y) = \begin{cases} (x^2 + y^2) \sin \dfrac{1}{\sqrt{x^2 + y^2}}, & x^2 + y^2 \neq 0, \\ 0, & x^2 + y^2 = 0. \end{cases}$

2. 求下列复合函数的偏导数或导数:

(1) 设 $u = f(x + y, xy)$, 求 $\dfrac{\partial u}{\partial x}, \dfrac{\partial u}{\partial y}$;

(2) 设 $u = f\left(\dfrac{x}{y}, \dfrac{y}{z}\right)$, 求 $\dfrac{\partial u}{\partial x}, \dfrac{\partial u}{\partial y}, \dfrac{\partial u}{\partial z}$;

(3) 设 $f(u)$ 是可微函数, $F(x,t) = f(x+2t) + f(3x-2t)$, 试求: $F_x(0,0)$ 与 $F_t(0,0)$;

(4) 设 $z = x\ln(xy)$, 求 z_{xy^2} 和 z_{x^2y};

(5) 设 $z = f(xy^2, x^2y)$, 其中 f 二阶可微, 求 z 的所有二阶偏导数;

(6) 设 $u = f(x^2+y^2+z^2)$, 其中 f 二阶可微, 求 u 的所有二阶偏导数;

(7) 设 $z = f\left(x+y, xy, \dfrac{x}{y}\right)$, 其中 f 具有二阶连续偏导数, 计算 z_x, z_{xx}, z_{xy};

(8) 设 $u = f(x^2+y^2+z^2, xyz)$, 其中 f 具有二阶连续偏导数, 计算 u_x, u_{zx}.

3. 设 $f(x,y)$ 可微, 证明: 在坐标旋转变换

$$x = u\cos\theta - v\sin\theta, \quad y = u\sin\theta + v\cos\theta$$

之下, $(f_x)^2 + (f_y)^2$ 是一个形式不变量, 即若

$$g(u,v) = f(u\cos\theta - v\sin\theta, u\sin\theta + v\cos\theta),$$

则必有 $(f_x)^2 + (f_y)^2 = (g_u)^2 + (g_v)^2$ (其中旋转角 θ 是常数).

4. 设 $f(x,y,z)$ 具有性质 $f(tx, t^k y, t^m z) = t^n f(x,y,z)(t>0)$, 证明:

(1) $f(x,y,z) = x^n f\left(1, \dfrac{y}{x^k}, \dfrac{z}{x^m}\right)$;

(2) $xf_x(x,y,z) + kyf_y(x,y,z) + mzf_z(x,y,z) = nf(x,y,z)$.

5. 设 $u = f(x,y), x = r\cos\theta, y = r\sin\theta$, 证明:

$$\frac{\partial^2 u}{\partial r^2} + \frac{1}{r}\frac{\partial u}{\partial r} + \frac{1}{r^2}\frac{\partial^2 u}{\partial \theta^2} = \frac{\partial^2 u}{\partial x^2} + \frac{\partial^2 u}{\partial y^2}.$$

6. 设 $u = f(r), r^2 = x_1^2 + x_2^2 + \cdots + x_n^2$, 证明:

$$\frac{\partial^2 u}{\partial x_1^2} + \frac{\partial^2 u}{\partial x_2^2} + \cdots + \frac{\partial^2 u}{\partial x_n^2} = \frac{\mathrm{d}^2 u}{\mathrm{d}r^2} + \frac{n-1}{r}\frac{\mathrm{d}u}{\mathrm{d}r}.$$

7. 设 $v = \dfrac{1}{r}g\left(t - \dfrac{r}{c}\right)$, c 为常数, $r = \sqrt{x^2+y^2+z^2}$. 证明:

$$v_{xx} + v_{yy} + v_{zz} = \frac{1}{c^2}v_{tt}.$$

8. 求下列函数的带 Peano 型余项的 Taylor 公式:

(1) $f(x,y) = 2x^2 - xy - y^2 - 6x - 3y + 5$ 在点 $(1,-2)$ 的 Taylor 公式;

(2) $f(x,y) = xy$ 在点 $(1,1)$ 的三阶 Taylor 公式;

(3) $f(x,y) = \sin(x^2+y^2)$ 在点 $(0,0)$ 的二阶 Taylor 公式;

(4) $f(x,y) = \mathrm{e}^x \sin y$ 在点 $(0,0)$ 的四阶 Taylor 公式;

(5) $f(x,y) = \ln(1+x)\ln(1+y)$ 在点 $(0,0)$ 的二阶 Taylor 公式;

(6) $f(x,y) = \ln(1+x+y)$ 在点 $(0,0)$ 的 Taylor 公式.

9. 求隐函数的导数或偏导数:

(1) $z = f(x+y+z, xyz)$, 求 $\dfrac{\partial z}{\partial x}, \dfrac{\partial x}{\partial y}, \dfrac{\partial y}{\partial z}$;

(2) 设 $z = x^2 + y^2$, 其中 $y = f(x)$ 为由方程 $x^2 - xy + y^2 = 1$ 所确定的隐函数, 求 $\dfrac{\mathrm{d}z}{\mathrm{d}x}$ 及 $\dfrac{\mathrm{d}^2 z}{\mathrm{d}x^2}$;

(3) $\begin{cases} x^2 + y^2 + z^2 = a^2, \\ x^2 + y^2 = ax, \end{cases}$ 求 $\dfrac{\mathrm{d}y}{\mathrm{d}x}, \dfrac{\mathrm{d}z}{\mathrm{d}x}$;

(4) $\begin{cases} u = f(ux, v+y), \\ v = g(u-x, v^2 y), \end{cases}$ 求 $\dfrac{\partial u}{\partial x}, \dfrac{\partial v}{\partial x}$;

(5) 设函数 $u = u(x,y)$ 由方程组

$$u = f(x,y,z,t), \ g(y,z,t) = 0, \ h(z,t) = 0$$

所确定, 求 $\dfrac{\partial u}{\partial x}$ 和 $\dfrac{\partial u}{\partial y}$;

(6) 设 $u = \dfrac{x}{r^2}, v = \dfrac{y}{r^2}, w = \dfrac{z}{r^2}$, 其中 $r = \sqrt{x^2 + y^2 + z^2}$,

(a) 试求以 u,v,w 为自变量的反函数组;

(b) 计算 $\dfrac{\partial(u,v,w)}{\partial(x,y,z)}$.

10. (1) 设 $x = \cos\varphi\cos\psi, \ y = \cos\varphi\sin\psi, \ z = \sin\varphi$, 求 $\dfrac{\partial^2 z}{\partial x^2}$;

(2) 设 $u = f(x-ut, y-ut, z-ut), \ g(x,y,z) = 0$. 试求 u_x, u_y.

11. 设函数 $z = z(x,y)$ 是由方程组

$$z = uv, \ x = \mathrm{e}^{u+v}, \ y = \mathrm{e}^{u-v}$$

所定义的函数, 求当 $u = 0, v = 0$ 时的 $\mathrm{d}z$.

12. 设以 u,v 为新的自变量变换下列方程:

(1) $(x+y)\dfrac{\partial z}{\partial x} - (x-y)\dfrac{\partial z}{\partial y} = 0$, 设 $u = \ln\sqrt{x^2+y^2}, v = \arctan\dfrac{y}{x}$;

(2) $x^2\dfrac{\partial^2 z}{\partial x^2} - y^2\dfrac{\partial^2 z}{\partial y^2} = 0$, 设 $u = xy, v = \dfrac{y}{x}$.

13. 设 $u = u(x,y,z), v = v(x,y,z)$ 和 $x = x(s,t), y = y(s,t), z = z(s,t)$ 都有连续的一

阶偏导数, 证明

$$\frac{\partial(u,v)}{\partial(s,t)} = \frac{\partial(u,v)}{\partial(x,y)}\frac{\partial(x,y)}{\partial(s,t)} + \frac{\partial(u,v)}{\partial(y,z)}\frac{\partial(y,z)}{\partial(s,t)}\frac{\partial(u,v)}{\partial(z,x)}\frac{\partial(z,x)}{\partial(s,t)}.$$

14. 设 $u = \dfrac{y}{\tan x}, v = \dfrac{y}{\sin x}$, 证明: 当 $0 < x < \dfrac{\pi}{2}, y > 0$ 时, u, v 可以用来作为曲线坐标; 解出 x, y 作为 u, v 的函数; 画出 xy 平面上 $u = 1, v = 2$ 所对应的坐标曲线; 计算 $\dfrac{\partial(u,v)}{\partial(x,y)}$ 和 $\dfrac{\partial(x,y)}{\partial(u,v)}$, 并验证它们互为倒数.

15. 将以下式中的 (x,y,z) 变换成球面坐标 (r,θ,φ) 的形式:

$$\Delta_1 u = \left(\frac{\partial u}{\partial x}\right)^2 + \left(\frac{\partial u}{\partial y}\right)^2 + \left(\frac{\partial u}{\partial z}\right)^2,$$

$$\Delta_2 u = \frac{\partial^2 u}{\partial x^2} + \frac{\partial^2 u}{\partial y^2} + \frac{\partial^2 u}{\partial z^2}.$$

16. 确定正数 λ, 使曲面 $xyz = \lambda$ 与椭球面 $\dfrac{x^2}{a^2} + \dfrac{y^2}{b^2} + \dfrac{z^2}{c^2} = 1$ 在某一点相切 (即在该点有公共切平面).

17. 求曲面 $x^2 + y^2 + z^2 = x$ 的切平面, 使其垂直于平面 $x - y - \dfrac{1}{2}z = 2$ 和 $x - y - z = 2$.

18. 在曲面 $z = xy$ 上求一点, 使这点的切平面平行于平面 $x + 3y + z + 9 = 0$; 并写出这个切平面方程与法线方程.

19. 求曲面 $z = \dfrac{x^2 + y^2}{4}$ 与平面 $y = 4$ 的交线在 $x = 2$ 处的切线与 Ox 轴的交角.

20. 求两曲面 $F(x,y,z) = 0, G(x,y,z) = 0$ 的交线在 xOy 平面上投影曲线的切线方程.

21. 求下列函数在指定范围内的最大值与最小值:

(1) $z = x^2 - y^2,\ (x,y) \in D = \{(x,y)|x^2 + y^2 \leqslant 4\}$;

(2) $z = x^2 - xy + y^2,\ (x,y) \in D = \{(x,y)||x| + |y| \leqslant 1\}$;

(3) $z = \dfrac{a^2}{x} + \dfrac{x^2}{y} + \dfrac{y^2}{z} + \dfrac{z^2}{b},\ (x,y,z) \in \Omega = \{(x,y,z)|x > 0, y > 0, z > 0\}, (a > 0, b > 0)$;

(4) $z = x^2 + 12xy + 2y^2,\ (x,y) \in D = \{(x,y)|4x^2 + y^2 \leqslant 25\}$.

22. 求由下列函数方程确定的隐函数 $z = f(x,y)$ 的极值:

(1) $x^2 + y^2 + z^2 - 2x + 2y - 4z = 10$;

(2) $x^2 + y^2 + z^2 - xz - yz + 2x + 2y + 2z = 0$;

(3) $(x^2 + y^2 + z^2)^2 = a^2(x^2 + y^2 - z^2)$.

23. 给定函数 $z = f(x,y) = x^3 + 2x^2 - 2xy + y^2,\ (x,y) \in D = [-2,2] \times [-2,2]$. 证明 f 在 D 内有唯一的极值点, 但该极值点不是最值点, 并求出 f 在 D 上的最值.

24. 在已知周长 $2p$ 的一切三角形中, 求出面积为最大的三角形.

25. 已知 $G(x, y, z), H(x, y, z)$ 和 $f(x, y)$ 都是可微函数, 令

$$g(x, y) = G(x, y, f(x, y)), \ h(x, y) = H(x, y, f(x, y)),$$

证明:

$$\frac{\partial(g, h)}{\partial(x, y)} = \begin{vmatrix} -f_x & -f_y & 1 \\ G_x & G_y & G_z \\ H_x & H_y & H_z \end{vmatrix}.$$

26. (1) 证明: 函数 $z = (1 + e^y) \cos x - y e^y$ 有无穷多个极大值而无极小值 (请思考与一元函数的极值有何不同).

(2) 一元函数 $f(x)$ 如果在区间 I 上有唯一的极值点 x_0, 则当 x_0 为极大 (小) 值点时必为最大 (小) 值点. 这一结论对多元函数成立吗? 考察函数 $f(x, y) = x^3 + 2x^2 - 2xy + y^2$.

(3) 假设函数 f 在过 P_0 点的每一条直线上都取得极小值, 那么 P_0 是 f 的极小值点吗? 请考察函数 $f(x, y) = (y - x^2)(y - 2x^2)$ 在点 $(0, 0)$ 的极值情况.

27. 求椭球面 $\frac{x^2}{a^2} + \frac{y^2}{b^2} + \frac{z^2}{c^2} = 1$ 与平面 $Ax + By + Cz = 0$ 相交所成的椭圆的面积.

28. 设 $f(x) = ax^2 - c$, 满足 $-4 \leqslant f(3) \leqslant -1, \ -1 \leqslant f(2) \leqslant 5$. 若 $m \leqslant f(3) \leqslant M$, 求 m 的最大值与 M 的最小值. 对这类问题可以进一步推广吗?

29. 证明二次型 $f(x, y, z) = Ax^2 + By^2 + Cz^2 + 2Dyz + 2Ezx + 2Fxy$ 在单位球面 $x^2 + y^2 + z^2 = 1$ 上的最大值与最小值恰为二次型系数矩阵 $\boldsymbol{H} = \begin{pmatrix} A & F & E \\ F & B & D \\ E & D & C \end{pmatrix}$ 的最大特征值和最小特征值. 试将此结果推广到更一般情况.

30. 设 $c_1, c_2, \cdots, c_n$ 为已知的 n 个正数, 求函数 $y = f(x_1, x_2, \cdots, x_n) = \sum\limits_{i=1}^{n} c_i x_i$

(1) 在单位球 $S: x_1^2 + x_2^2 + \cdots + x_n^2 \leqslant 1$ 中的最值.

(2) 在曲面 $S: x_1^\lambda + x_2^\lambda + \cdots + x_n^\lambda \leqslant 1$ 上的最值, 其中 $\lambda > 1$. 由此证明 Hölder 不等式

$$\sum_{i=1}^{n} a_i b_i \leqslant \left(\sum_{i=1}^{n} a_i^p \right)^{\frac{1}{p}} \left(\sum_{i=1}^{n} b_i^q \right)^{\frac{1}{q}}, \ \forall a_i, b_i \geqslant 0, i = 1, 2, \cdots, n, p, q > 1, \frac{1}{p} + \frac{1}{q} = 1.$$

第4章 积分学

● 积分学的起源

与微分学相比, 积分学的起源更早, 主要是因计算土地面积、物体体积以及曲线弧长而起. 古希腊人为此做出了巨大贡献. 公元前 5 世纪, 以德谟克利特 (Democritus, 460BC~370BC) 为代表的原子论学派, 用原子论的观点解释数学, 主张线段、面积和体积都是由不可分割的原子构成, 而计算面积、体积就是将这些原子的面积、体积累加起来. 阿基米德 (Archimedes, 287BC~212BC) 在公元前 240 年左右, 就曾用穷竭法与原子论相结合计算过抛物线弓形、(Archimedes) 螺线第一周围成的区域面积等, 堪称积分学真正的鼻祖. 公元 263 年我国刘徽提出的割圆术, 也是同一思想. 公元前 146 年, 罗马帝国灭了古希腊, 西方数学的发展逐渐停止. 在经历了 1000 年漫长"黑暗时期"之后, 欧洲的科学重新出发. 直到 16 世纪才出现了德国天文学家和数学家 Kepler 有关啤酒桶体积的算法, 并记录在他的著作《测量酒桶体积的新科学》中. 17 世纪上半叶一系列先驱性的工作, 沿着不同方向向微积分的大门逼近, 17 世纪中叶, 法国数学家 Fermat、帕斯卡 (Pascal, 1623~1662) 都利用**分割、近似、求和以及无穷小的思想方法**来求积.

但所有这些努力还不足以标志微积分作为一门独立学科的诞生. 先驱者对于求解各类微积分问题确实做出了宝贵贡献, 但他们的方法仍缺乏足够的一般性. 虽然有人注意到这些问题之间的某些联系, 但没有人将这些联系作为一般规律明确提出来, 作为微积分基本特征的积分和微分的互逆关系也没有引起足够的重视. 直到 Newton 和 Leibniz 的工作出现 (17 世纪下半叶), 比较完整的定积分理论逐步形成, Newton-Leibniz 公式的建立, 使得积分的计算问题得以解决, 定积分才迅速建立发展起来. 之后又逐步发展出重积分与线、面积分等.

────── ● (定) 积分的理论基础

　　积分概念的理论基础是极限. 人类得到比较明晰的极限概念, 花了大约 2000 年的时间. 首个用极限思想真正解决导数与积分定义的数学家是 Bolzano, 他指出了积分 $\int$ 不是求和 S, 而是和式的极限. 因此他认为, 人们在应用定积分之前, 必须首先确定积分的存在性. Cauchy 给出了原函数的准确定义, 并在一定条件下证明了原函数的存在性. 在此基础上, 他给出了用变上限积分表达原函数的方式, 并严格证明了微积分基本定理. 然而, 不足之处在于, Cauchy 的积分只针对连续函数. 现代教科书中有关定积分的定义是由 Riemann 给出的.

　　Riemann 除因其对几何学和复变函数方面的开拓性工作以外, 还因其对l9 世纪初兴起的完善微积分理论的杰出贡献而被载入史册. 18 世纪末到 19 世纪初, 数学界开始关心数学最庞大的分支 —— 微积分在概念和证明中表现出的不严密性. Bolzano、Cauchy、Abel、Dirichlet, 再进而到 Weienstrass, 都已全力投入到分析的严密化工作中去. Riemann 由于在柏林大学师从 Dirichlet 研究数学, 且对 Cauchy 和 Abel 的工作有深入的了解, 因而对微积分理论有其独到的见解. 1854 年 Riemann 为取得哥廷根大学编外讲师的资格, 需要递交大学执教资格演讲报告, 他提交的是《关于利用三角级数表示一个函数的可能性》的文章. 在这篇文章中他提出了现在微积分教科书中所讲的 Riemann 积分的概念, 给出了这种积分存在的必要充分条件. 出于处理傅里叶 (Fourier, 1768~1830) 级数的需要, Riemann 指出可积函数不一定是连续的. 顺带说一句, 关于连续与可微性的关系, Canchy 和他那个时代的几乎所有的数学家都相信, 而且在后来 50 年中许多教科书都"证明"连续函数一定是可微的. Riemann 给出了一个连续而不可微的著名反例, 最终讲清楚了连续与可微的关系.

　　定积分既是一个基本概念, 又是一种基本思想. **定积分的思想** 就是"化整为零 → 近似代替 → 积零为整 → 取极限". 定积分这种"和式的极限", 在高等数学、物理、工程技术、其他知识领域以及在人们的生产实践活动中具有普遍的意义, 很多问题的数学结构与定积分中求"和式的极限"的数学结构是一样的. 可以说定积分最重要的功能是为我们研究某些问题提供一种思想方法, 或思维模式, 更简洁地可表达为: **用无限的过程处理有限的问题**! 例如, 对曲边梯形的面积, 这看上去是一个有限的问题, 但我们要把它先任意细分为 n 个小的曲边梯形, 特别是最后要让 n 趋于无穷大, 这就是一个无限的过程! 定积分的概念及微积分基本定理, 不仅是数学史上, 而且是科学思想史上的重要创举.

　　不定积分的概念最早是由 Newton 提出来的, 他借助反微分, 即导数的逆运算来计算面积, 即积分. 是 Newton 第一次说明了求导问题与求面积问题的互逆关系, 因此说 Newton 确立的积分是不定积分.

　　而 Leibniz 把求导看作差商, 求积则是求和, 由此他认识到了微分与定积分的互逆关系.

—— ● **重积分的引入**

随着人们对函数和极限研究的深入, 18 世纪, Bernoulli、Euler、Lagrange、克雷尔 (Crelle, 1780~1855)、d'Alembert、麦克劳林 (Maclaurin, 1698~1746) 等数学家, 把定积分概念推广到二重积分、三重积分, 以及曲线、曲面积分, 也对微积分基础作了深刻的研究.

重积分的概念早在 Newton 的《自然哲学的数学原理》中已经出现. 他在讨论球与球壳作用于质点上的万有引力时就已涉及重积分, 但他是用几何形式论述的. 到了 18 世纪上半叶, Euler 等以分析的形式推广了 Newton 的工作. 1748 年, Euler 用重积分思想计算了椭圆薄片对其中心正上方一质点的引力, 其算法是累次积分. 1769 年在提交给彼得堡科学院的论文中, Euler 建立了平面有界区域上二重积分的一般理论. 而 Lagrange 于 1773 年在关于旋转椭球的引力的著作中用三重积分来表示引力, 给出了三重积分的定义, 并使用了球坐标变换, 由此开始建立了有关积分变换公式与多重积分变换的研究. 与此同时, 拉普拉斯 (Laplace, 1749~1827) 也使用了球坐标变换来计算球体上的三重积分. 1833 年后, 德国数学家 Jacobi 建立了多重积分变量代换公式, 首次使用了 Jacobi 行列式. 到 1836 年俄国数学家奥斯特洛拉茨基 (Ostrogradsky, 1801~1862) 在彼得堡科学院通报的论文《多重积分变量变换》里不仅完全搞清楚了积分变量代换问题, 得到了现如今教材中的标准二重积分和三重积分的变换公式, 而且还把奥-高公式推广到高维的情形.

—— ● **线、面积分**

在多元函数积分学中, 除了重积分外还有四种积分: 第一、第二型的曲线与曲面积分, 它们有各自的物理与几何背景. 特别要指出的是, 第二型的曲线、曲面积分还分别有重要的格林 (Green, 1793~1841) 公式、高斯 (Gauss, 1777~1855) 公式和斯托克斯 (Stokes, 1819~1903) 公式, 它们都是定积分中 Newton-Leibniz 公式在多元函数积分学中的自然推广, 是对边界上的第二型积分与边界所围成的区域或曲面上的积分之间相互关系的深刻刻画, 同时也给积分的计算带来意想不到的方便. Gauss 公式也称为奥-高公式. 1828 年, Ostrogradsky 在研究热传导理论的过程中证明了关于三重积分和曲面积分之间关系的公式, 不过 Gauss 也曾独立地证明过这个公式. 同一年英国数学家 Green 在研究位势方程时得到了著名的 Green 公式. 1854 年, 英国数学家、物理学家 Stokes 把 Green 公式推广到三维空间, 建立了著名的 Stokes 定理. 多元微积分和一元微积分同时随着其理论分析的发展在数学、物理的许多领域获得广泛的应用.

—— ● **积分学理论的完善**

积分学理论的完善经历了 200 多年的时间跨度, 形成了所谓的"可积性理论", 属于微积分的基础性研究. 因此可积性理论是积分学中理论性很强、内涵很深刻的部分, 对读者的分析基础有很高的要求. 这个可积性理论主要归功于 Riemann 和 Darboux. Riemann 摆脱了可积函数必须连续的束缚, Darboux 利用自己建立起来的 Darboux 和代替 Riemann 和, 从而给出了可积的充要条件. 同时也给出了可积的函数类, 但这相当于给出了可积类的充分条件.

但是哪一类函数恰好是可积的? 这个问题在积分学即 Riemann 积分中还难以回答, 而是需要在后继的勒贝格 (Lebesgue, 1875~1941) 积分的更广泛的框架下讨论.

§4.1   不 定 积 分

思考题 4.1.1   不定积分主要任务是什么? 计算不定积分有哪些常用方法和特殊方法?

思考题 4.1.2   不定积分的计算还有哪些是"积不出来"的?

I   不定积分的计算方法

作为求导运算的逆运算, 不定积分主要任务是寻找原函数, 这为计算定积分提供帮助. 计算不定积分的常用方法是分部积分法与换元法, 以及一些特殊类型的不定积分, 如有理函数的不定积分以及可以化为有理函数不定积分的类型, 包括三角函数有理式和简单无理函数的不定积分等.

II   "积不出来"问题

与求导运算不同, 初等函数的不定积分未必还是初等函数, 即通常说的"积不出来". 例如,

$$\int \sin(x^2)\mathrm{d}x, \int \sin^\alpha x\mathrm{d}x(\alpha\text{不是整数}), \int \cos(x^2)\mathrm{d}x, \int \frac{\sin x}{x}\mathrm{d}x, \int \frac{\cos x}{x}\mathrm{d}x,$$

$$\int \frac{x^n\mathrm{d}x}{\ln x}, \int \frac{\mathrm{e}^x\mathrm{d}x}{x}, \int \ln\sin x\mathrm{d}x, \int \sqrt{1+k\sin^2 x}\mathrm{d}x, \int \frac{\mathrm{d}x}{\sqrt{1+k\sin^2 x}}(k\neq 0,-1), \text{等}.$$

要证明它们不是初等函数, 并不容易, 可参见 *Integration in finite terms*. 历史上, 曾经有不少数学家致力于计算各种不定积分, 即寻找各种能积出来的函数或寻找可积的法则.

刘维尔 (Liouville, 1809~1882) 第一个研究该问题. 为了说明他的结果, 先介绍代数函数的概念.

定义   函数 $y=y(x)$ 称为代数函数, 如果 $y(x)$ 满足代数方程

$$Q_0(x)+Q_1(x)y+\cdots+Q_n(x)y^n=0,$$

其中, Q_i $(i = 0, 1, \cdots, n)$ 是多项式, $Q_n(x) \neq 0$.

Liouville 首先证明了, 如果一个代数函数的原函数是初等函数, 则它的原函数是代数函数, 不过他所说的初等函数包括代数函数. 接着他把定理推广到一般的初等函数的情况. 后来众多数学家如奥斯特洛夫斯基 (Ostrowski, 1893~1986), 麦克斯韦 (Maxwell Rosenlicht, 1924~1999), 瑞特 (Ritt, 1893~1951) 等沿 Liouville 的思想方法进行推广、重新表述、证明, 从理论上基本解决了该问题, 然而应用这些理论作证明需要用到微分代数的知识, 过于复杂与专门化. 这里仅对这方面理论作综述, 限于篇幅不给出证明.

Liouville 第三定理 设 f, g 为代数函数, 且 g 不为常数. 若 $\displaystyle\int f(x) \mathrm{e}^{g(x)} \mathrm{d}x$ 是初等函数, 则 $\displaystyle\int f(x) \mathrm{e}^{g(x)} \mathrm{d}x = R(x) \mathrm{e}^{g(x)} + C$, 其中 R 是 $x, f(x)$ 和 $g(x)$ 的有理函数, C 是常数.

Liouville 第四定理 设 f_i, g_i, $i = 1, 2, \cdots, n$ 均为代数函数, 且 $g_i - g_j$ $(i \neq j)$ 不是常函数. 若 $\displaystyle\int \sum_{i=1}^{n} f_i(x) \mathrm{e}^{g_i(x)} \mathrm{d}x$ 是初等函数, 则每个积分 $\displaystyle\int f_i(x) \mathrm{e}^{g_i(x)} \mathrm{d}x$, $i = 1, 2, \cdots, n$ 也是初等函数.

由此可知, 若和式 $\displaystyle\sum_{i=1}^{n} f_i(x) \mathrm{e}^{g_i(x)}$ 中有一项积不出来, 则整个和式也是积不出来的.

特别地, 设 f 是有理函数, g 是多项式函数, 则不定积分 $\displaystyle\int f(x) \mathrm{e}^{g(x)} \mathrm{d}x$ 是初等函数的充要条件是存在有理函数 R, 使 $R'(x) + g'(x)R(x) = f(x)$.

此外, 通过 Euler 公式, 某些三角函数类型的不定积分问题可以通过上述结果来解决. 以上结果可参见《数学分析概要二十讲》(张从军, 2000).

(1) 应用 Liouville 第三定理可证: $\displaystyle\int \mathrm{e}^{bx^2} \mathrm{d}x$, $\displaystyle\int \frac{\mathrm{e}^{bx}}{x} \mathrm{d}x$, $\displaystyle\int \frac{1}{\ln x} \mathrm{d}x$ 及 $\displaystyle\int \sin x^2 \mathrm{d}x$, $\displaystyle\int \cos x^2 \mathrm{d}x$ 不是初等函数.

(2) 应用 Euler 公式和 Liouville 第四定理可证: $\displaystyle\int \frac{\sin x}{x} \mathrm{d}x$ 和 $\displaystyle\int \frac{\cos x}{x} \mathrm{d}x$ 不是初等函数.

(3) 进一步, 《不定积分中的"积不出"问题》(张春苟, 2009) 证明了如下结果: 设多项式 $P_n(x) = a_0 + a_1 x + \cdots + a_n x^n$, 则

① 积分 $\displaystyle\int \mathrm{e}^x P_n\left(\frac{1}{x}\right) \mathrm{d}x$ 是初等函数当且仅当 $\displaystyle\sum_{k=1}^{n} \frac{a_k}{(k-1)!} = 0$;

② 积分 $\displaystyle\int \mathrm{e}^{x^2} P_n(x) \mathrm{d}x$ 是初等函数当且仅当 $\displaystyle\sum_{k=1}^{\left[\frac{n}{2}\right]} a_{2k} (-1)^k \frac{(2k-1)!!}{2^k} = 0$;

③ 只要 $P_n(x)$ 不是 0, 积分 $\displaystyle\int \frac{P_n(x)}{\ln x} \mathrm{d}x$ 不是初等函数;

④ 积分 $\displaystyle\int P_n(x)\sin x^2\mathrm{d}x$ 和 $\displaystyle\int P_n(x)\cos x^2\mathrm{d}x$ 是初等函数当且仅当

$$\sum_{k=1}^{\left[\frac{n}{2}\right]}a_{2k}(-1)^k\frac{(2k-1)!!}{(2i)^k}=\sum_{k=1}^{\left[\frac{n}{2}\right]}a_{2k}(-1)^k\frac{(2k-1)!!}{(-2i)^k}=0;$$

⑤ 积分 $\displaystyle\int\sin xP_n\left(\frac{1}{x}\right)\mathrm{d}x,\ \int\cos xP_n\left(\frac{1}{x}\right)\mathrm{d}x$ 是初等函数当且仅当

$$\sum_{k=1}^{n}\frac{a_k(-i)^{k-1}}{(k-1)!}=\sum_{k=1}^{n}\frac{a_k(i)^{k-1}}{(k-1)!}=0;$$

⑥ 积分 $\displaystyle\int x^p(a+bx^r)^q\mathrm{d}x$ (其中 $a,b\neq0,\ p,q,r$ 是有理数) 是初等函数当且仅当

$$q,\ \frac{p+1}{r},\ \frac{p+1}{r}+q$$

三者至少有一个是整数.

特别地, 取 $a=1,b=-1,r=1$, 则有结论:

积分 $\displaystyle\int x^p(1-x)^q\mathrm{d}x$ (其中 p,q 是有理数) 是初等函数当且仅当 $q,\ p,\ p+q$ 三者之一是整数.

总之, 判断和证明一个函数的不定积分是不是初等函数是一个很复杂的问题, 有理函数是能 "积出来" 的, 还有一些简单的无理函数和三角函数有理式的不定积分可通过替换化为有理函数的不定积分, 因而是能积出来的. 大部分无理函数和包含超越函数的不定积分都是非初等函数, 目前还没有统一的判断方法. 理查森 (Richardson) 已经明确指出, 不存在统一的能判断一个函数的原函数是否为初等函数的方法 (*Some undecidable problems involving elementary functions of a real variable*, Richardson, 1968).

而从另一个角度来说, 尽管初等函数的性质比较清楚, 但是一个函数是不是初等函数并不特别重要. 初等函数只是函数中比较常见、性质比较清楚、并被赋予特定记号的一类函数. 像符号函数 $\mathrm{sgn}\,x$ 以及不定积分 $\displaystyle\int\mathrm{e}^{-x^2}\mathrm{d}x$ 等都是非初等函数, 它们也是十分重要的特殊函数, 并且得到了广泛的研究. 例如, 函数 $\mathrm{Si}\,x$ 是指 $\dfrac{\sin x}{x}$ 的一个原函数, 且满足当 $x\to0$ 时 $\mathrm{Si}\,x\to0$. 今后我们还会碰到大量的新的类型的非初等函数, 这正是数学分析的任务 —— 研究各种函数的性质.

§4.1.1　不定积分概念辨析

1. 引入不定积分的起因与背景是什么?

2. 原函数与不定积分之间有什么联系与区别?

3. 不定积分的几何解释是什么?

4. 计算不定积分的基本方法主要有哪些?

5. 分部积分法的依据是什么? 主要适用于哪些情况?

6. 换元法的依据是什么? 为什么有第一与第二换元法之分? 各自适用什么情况?

7. 初等函数的不定积分都可以积出来吗? 即初等函数的原函数还是一个初等函数?

8. 从理论上说, 哪些初等函数的不定积分总是可以"积出来"的?

9. 哪些类型函数的不定积分可化为有理函数的不定积分?

10. 你知道在求三角函数有理式的不定积分时用到的万能变换吗? 但它往往不是最简便的, 在一些特殊情况下应选用更方便的变换. 你知道这些特殊情况下的特殊变换吗?

11. 一些简单无理函数的不定积分可以化为有理函数的不定积分, 你知道有哪些类型的简单无理函数?

12. 计算不定积分还有一些特殊方法, 例如, 配对积分法、递推法等, 可以举出适用这些方法的例子吗?

13. 求 $f(x) = |x|$ 在 $(-\infty, +\infty)$ 的原函数.

14. 问 $f(x) = \operatorname{sgn} x$ 在 $(-\infty, +\infty)$ 上有原函数?

15. 设 $f(x) = \begin{cases} 2x\sin\dfrac{1}{x} - \cos\dfrac{1}{x}, & x \neq 0, \\ 0, & x = 0. \end{cases}$ 显然, $f(x)$ 在 $x = 0$ 处间断, 且是第二类

间断点. 问 f 在 $\mathbb{R}$ 上是否有不定积分? 如果有, 试求出其不定积分.

16. 以下推导问题在哪里? 用分部积分法可以得到

$$\int \frac{\mathrm{d}x}{x} = x \cdot \frac{1}{x} - \int x\mathrm{d}\left(\frac{1}{x}\right) = 1 + \int \frac{\mathrm{d}x}{x},$$

因此, $0 = 1$.

§4.1.2 不定积分强化训练

1. (1) 已知 $f(x)$ 的一个原函数为 $\ln\cos x$, 求下列不定积分: ① $\displaystyle\int [f(x)]^2 f'(x)\mathrm{d}x$;

② $\displaystyle\int \frac{f'(x)}{1 + [f(x)]^2}\mathrm{d}x$.

(2) 设 $f(\sin^2 x) = \dfrac{x}{\sin x}$, 求 $\displaystyle\int \frac{\sqrt{x}}{\sqrt{1-x}}f(x)\mathrm{d}x$.

(3) 已知 $f(\arccos x) = \dfrac{\ln x}{x^2}$, 计算 $\displaystyle\int f(x)\mathrm{d}x$.

2. 求下列不定积分:

(1) $\displaystyle\int x\sin x^2\mathrm{d}x$;

(2) $\displaystyle\int \frac{\mathrm{d}x}{\cos^2\left(2x + \dfrac{\pi}{3}\right)}$;

(3) $\displaystyle\int \frac{\mathrm{d}x}{1 + \cos x}$;

(4) $\displaystyle\int \frac{\mathrm{d}x}{1 + \sin x}$;

(5) $\displaystyle\int \frac{x}{4 + x^4}\mathrm{d}x$;

(6) $\displaystyle\int \frac{x}{\sqrt{1 - x^2}}\mathrm{d}x$;

(7) $\displaystyle\int \frac{x^4}{(1 + x^5)^3}\mathrm{d}x$;

(8) $\displaystyle\int \frac{\mathrm{d}x}{x \ln x}$;

(9) $\displaystyle\int \frac{\mathrm{d}x}{\mathrm{e}^x + \mathrm{e}^{-x}}$;

(10) $\displaystyle\int \frac{\mathrm{d}x}{\sin x \cos x}$;

(11) $\displaystyle\int \frac{\mathrm{d}x}{(1 - x^2)^{\frac{3}{2}}}$;

(12) $\displaystyle\int \frac{\mathrm{d}x}{(x^2 + a^2)^{\frac{3}{2}}}$;

(13) $\displaystyle\int \frac{2x + 3}{x^2 - 3x + 8}\mathrm{d}x$;

(14) $\displaystyle\int \frac{x^2 + 2}{(x + 1)^3}\mathrm{d}x$;

(15) $\displaystyle\int \sqrt{\frac{x - a}{x + a}}\mathrm{d}x$;

(16) $\displaystyle\int \frac{\sqrt{x + 1} - 1}{\sqrt{x + 1} + 1}\mathrm{d}x$;

(17) $\displaystyle\int \frac{\sqrt{x}}{1 - \sqrt[3]{x}}\mathrm{d}x$;

(18) $\displaystyle\int \frac{x^5}{\sqrt{1 - x^2}}\mathrm{d}x$;

(19) $\displaystyle\int \frac{x^2 \mathrm{d}x}{\sqrt{a^2 - x^2}}$;

(20) $\displaystyle\int \frac{\mathrm{d}x}{x(x^n + 1)}$.

3. 求下列不定积分:

(1) $\displaystyle\int \arcsin x\,\mathrm{d}x$;

(2) $\displaystyle\int (x - 1)\ln x\,\mathrm{d}x$;

(3) $\displaystyle\int x^2 \sin 2x\,\mathrm{d}x$;

(4) $\displaystyle\int \frac{\ln x}{x^3}\mathrm{d}x$;

(5) $\displaystyle\int \left[\ln(\ln x) + \frac{1}{\ln x}\right]\mathrm{d}x$;

(6) $\displaystyle\int x^2 \arctan x\,\mathrm{d}x$;

(7) $\displaystyle\int (\arcsin x)^2 \mathrm{d}x$;

(8) $\displaystyle\int \cos(\ln x)\mathrm{d}x$;

(9) $\displaystyle\int \frac{\arcsin x}{\sqrt{1 - x}}\mathrm{d}x$;

(10) $\displaystyle\int \mathrm{e}^{-x}\cos 2x\,\mathrm{d}x$;

(11) $\displaystyle\int \frac{x\mathrm{e}^x \mathrm{d}x}{(1 + \mathrm{e}^x)^2}$;

(12) $\displaystyle\int \frac{\arctan x\,\mathrm{d}x}{x^2(1 + x^2)}$;

(13) $\displaystyle\int \frac{x\mathrm{e}^{\arctan x}\mathrm{d}x}{(1 + x^2)^{\frac{3}{4}}}$;

(14) $\displaystyle\int \frac{\cos x + x\sin x}{(x + \cos x)^2}\mathrm{d}x$;

(15) $\displaystyle\int \frac{1 + \cos x}{x + \sin x}\mathrm{d}x$;

(16) $\displaystyle\int \frac{x + \sin x}{1 + \cos x}\mathrm{d}x$;

(17) $\displaystyle\int \frac{\mathrm{d}x}{1 + x^3}$;

(18) $\displaystyle\int \frac{x - 5}{x^3 - 3x^2 + 4}\mathrm{d}x$;

(19) $\displaystyle\int \frac{\mathrm{d}x}{1 + x^4}$;

(20) $\displaystyle\int \frac{\mathrm{d}x}{1 + x^2 + x^4}$;

(21) $\displaystyle\int \frac{x^4 + 5x + 4}{x^2 + 5x + 4}\mathrm{d}x$;

(22) $\displaystyle\int \frac{x - 2}{(2x^2 + 2x + 1)^2}\mathrm{d}x$;

(23) $\int \dfrac{\mathrm{d}x}{\sqrt{(x-3)(5-x)}}$;

(24) $\int \dfrac{\sqrt{x+1}-\sqrt{x-1}}{\sqrt{x+1}+\sqrt{x-1}}\mathrm{d}x$;

(25) $\int \dfrac{x^2}{\sqrt{1+x-x^2}}\mathrm{d}x$;

(26) $\int \dfrac{1}{x^2}\sqrt{\dfrac{1-x}{1+x}}\mathrm{d}x$;

(27) $\int \sqrt{x}\sin\sqrt{x}\mathrm{d}x$;

(28) $\int \dfrac{x^2\arcsin x}{\sqrt{1-x^2}}\mathrm{d}x$;

(29) $\int \dfrac{1-\tan x}{1+\tan x}\mathrm{d}x$;

(30) $\int \dfrac{x^2-x}{(x-2)^3}\mathrm{d}x$;

(31) $\int \dfrac{\mathrm{d}x}{\cos^4 x}$;

(32) $\int \arctan(1+\sqrt{x})\mathrm{d}x$;

(33) $\int \dfrac{x^3}{x-1}\mathrm{d}x$;

(34) $\int \dfrac{x-2}{x^2-7x+12}\mathrm{d}x$;

(35) $\int \dfrac{\mathrm{d}x}{(x^2+4x+4)(x^2+4x+5)}$;

(36) $\int \dfrac{\mathrm{d}x}{(x-1)(x^2+1)^2}$.

4. $\left(\displaystyle\int \mathrm{d}x + \int y\mathrm{d}x + \int y^2\mathrm{d}x + \int y^3\mathrm{d}x\right) \cdot \int \dfrac{1-y}{1-y^4}\mathrm{d}x = -1$, 求 $x = \varphi(y)$ 的关系式.

5. 当常数 a, b 满足什么条件时, 不定积分

$$\int \frac{x^2+ax+b}{(x+1)^2(x^2+1)}\mathrm{d}x$$

中 (1) 不含有反正切函数; (2) 不含有对数函数.

6. 证明:

(1) 若 $I_n = \displaystyle\int \tan^n x\mathrm{d}x$, $n = 2, 3, \cdots$, 则

$$I_n = \frac{1}{n-1}\tan^{n-1} x - I_{n-2}.$$

(2) 若 $I(m,n) = \displaystyle\int \cos^m x\sin^n x\mathrm{d}x$, 则当 $m+n \neq 0$ 时,

$$\begin{aligned}
I(m,n) &= \frac{\cos^{m-1} x\sin^{n+1} x}{m+n} + \frac{m-1}{m+n}I(m-2,n) \\
&= \frac{\cos^{m+1} x\sin^{n-1} x}{m+n} + \frac{n-1}{m+n}I(m,n-2), \quad n, m = 2, 3, \cdots.
\end{aligned}$$

(3) 若 $I_n = \displaystyle\int \mathrm{e}^x\sin^n x\mathrm{d}x, n = 2, 3, \cdots$, 则

$$I_n = -\frac{1}{1+n^2}\mathrm{e}^x(\sin^n x - n\sin^{n-1} x\cos x) + \frac{n(n-1)}{1+n^2}I_{n-2}, \quad n = 2, 3, \cdots,$$

其中, $I_0 = \mathrm{e}^x + C, I_1 = \dfrac{\mathrm{e}^x}{2}(\sin x - \cos x) + C$.

7. 利用上题的递推公式计算:

(1) $\displaystyle\int \sin^3 x\mathrm{d}x$;

(2) $\displaystyle\int \tan^4 x\mathrm{d}x$;

(3) $\int \cos^2 x \sin^4 x \mathrm{d}x$;   (4) $\int \mathrm{e}^x \sin^3 x \mathrm{d}x$.

8. 求下列递推公式:

(1) $I_n = \int \dfrac{\mathrm{d}x}{\sin^n x} \mathrm{d}x$;   (2) $I_n = \int \dfrac{\mathrm{d}x}{x^n \sqrt{x^2 + 1}}$;   (3) $I_n = \int \dfrac{\sin 2nx}{\sin x} \mathrm{d}x$.

9. 求 $I_n = \int \dfrac{(ax + b)^n}{\sqrt{cx + b}} \mathrm{d}x$ 的递推公式.

§4.2 定 积 分

思考题 4.2.1 可积的充要条件有哪些? 充分条件有哪些?

思考题 4.2.2 何为微积分基本定理? 该定理为什么被称为微积分基本定理?

思考题 4.2.3 什么情况下 Newton-Leibniz 公式失效? 有何补救方法?

思考题 4.2.4 微分学中有不少不等式的证明. 而涉及积分学的不等式的证明也是很多的. 证明积分不等式有哪些基本方法? 你知道哪些著名的积分不等式?

思考题 4.2.5 定积分在几何和物理等方面都有重要应用. 你能给出一些新的应用吗?

定积分的重点是定积分的概念、可积性理论、微积分基本定理以及定积分的计算. 要求加深对定积分概念的准确理解与把握, 逐步掌握可积性理论的思想方法, 在此基础上提高定积分的计算能力.

—— I 可积的条件

1. 可积的必要条件

有界.

2. Darboux 和

对于给定的分割 T, 由于积分和 $\sum\limits_{i=1}^{n} f(\xi)\Delta x_i$ 依赖于介点 ξ_i 的取法, 而 $\xi_i \in [x_{i-1}, x_i]$ 可以任意取. 这就给积分和的收敛性研究带来了极大的困难. 基于夹逼的思想, Darboux 引入它的 Darboux 和来替代复杂的积分和, 这为研究可积条件带来了极大的方便.

设 $f(x)$ 在 $[a,b]$ 上有界. 记 $f(x)$ 在 $[a,b]$ 上的上、下确界分别为 M 和 m. 取定分割 T, 记 $f(x)$ 在小区间 $[x_{i-1}, x_i]$ 上的上、下确界分别为 M_i 和 m_i, 即

$$M_i = \sup\{f(x) | x \in [x_{i-1}, x_i]\}, \quad m_i = \inf\{f(x) | x \in [x_{i-1}, x_i]\}, \quad i = 1, 2, \cdots, n.$$

定义 **Darboux 上和** (upper Darboux sum)

$$\overline{S}(T) = \sum_{i=1}^{n} M_i \Delta x_i,$$

与 **Darboux 下和** (lower Darboux sum)

$$\underline{S}(T) = \sum_{i=1}^{n} m_i \Delta x_i,$$

分别简称为上和与下和, 统称为 Darboux 和.

再分别记 $\overline{\mathbf{S}}$ 和 $\underline{\mathbf{S}}$ 为所有 Darboux 上和与 Darboux 下和的集合, 则 $\overline{\mathbf{S}}$ 和 $\underline{\mathbf{S}}$ 都是有界集. 记 $\overline{\mathbf{S}}$ 的下确界为 L, $\underline{\mathbf{S}}$ 的上确界为 l, 即

$$L = \inf\{\overline{S}(T) | \overline{S}(T) \in \overline{\mathbf{S}}\}, \quad l = \sup\{\underline{S}(T) | \underline{S}(T) \in \underline{\mathbf{S}}\},$$

分别称为 f 在 $[a,b]$ 上的**上积分**与**下积分**. 易知, 对任意的分割 T_1, T_2, 有

$$\underline{S}(T_1) \leqslant l \leqslant L \leqslant \overline{S}(T_2),$$

且

$$\lim_{\|T\| \to 0} \overline{S}(T) = L, \quad \lim_{\|T\| \to 0} \underline{S}(T) = l.$$

3. 可积的充要条件

(1) 可积的第一充要条件: $L = l$.

(2) 可积的第二充要条件: $\lim\limits_{\|T\| \to 0} \sum\limits_{i=1}^{n} \omega_i \Delta x_i = 0$, 其中, $\omega_i = M_i - m_i$, 称为 f 在区间 $[x_{i-1}, x_i]$ 上的振幅.

用 ε-δ 语言叙述为:

$\forall \varepsilon > 0, \exists \delta > 0$, 使对任何分割 T, 只要 $\|T\| < \delta$, 即有 $\sum\limits_{i=1}^{n} \omega_i \Delta x_i < \varepsilon$.

或 $\forall \varepsilon > 0, \exists$ 分割 T, 使得对此分割 T, 有 $\sum\limits_{i=1}^{n} \omega_i \Delta x_i < \varepsilon$.

(3) 可积的第三充要条件: $\forall \varepsilon, \eta > 0$, 存在分割 T, 使对应于振幅 $\omega_{k'} \geqslant \varepsilon$ 的那些小区间 $\Delta_{k'}$ 的总长度 $\sum\limits_{k'} \Delta x_{k'} < \eta$.

4. 可积的充分条件 (可积函数类)

以下几类函数都是可积的:

(1) 连续函数;

(2) 单调函数;

(3) 有有限个间断点;

(4) 间断点有可列多个, 但这些间断点构成的数列收敛, 或至多有有限个聚点.

—— II 微积分基本定理

设函数 f 在 $[a,b]$ 上可积, 则任给 $x \in [a,b]$, f 在子区间 $[a,x]$ 上可积, 而当 x 在 $[a,b]$ 中变化时, 变上限定积分 $\int_a^x f(t)\mathrm{d}t$ 定义了 $[a,b]$ 上的一个函数, 记为 $F(x)$, 即

$$F(x) = \int_a^x f(t)\mathrm{d}t, \ x \in [a,b].$$

此时我们还不能说 F 就是 f 在 $[a,b]$ 上的一个原函数, 因为此时 $F(x)$ 在 $[a,b]$ 上未必处处可导, 即使可导, $F'(x)$ 也未必是 $f(x)$, 即 $F'(x) = f(x)$ 未必成立.

例如, 对 $f(x) = \mathrm{sgn}\, x, x \in [0,1]$, 它有第一类间断点 0, 所以是没有原函数的, 变上限积分 $F(x) = \int_0^x f(t)\mathrm{d}t = x$, 自然也不是它的原函数, 事实上, $F'(x) = 1 \neq \mathrm{sgn}x, x \in [0,1]$.

微积分基本定理告诉我们, 若 f 在 $[a,b]$ 上连续, 则结论是成立的.

微积分基本定理　设 $f(x)$ 在 $[a,b]$ 上连续, 则变上限积分 $F(x)$ 是 $f(x)$ 在 $[a,b]$ 上的一个原函数, 即 $F'(x) = f(x), \forall x \in [a,b]$.

微积分基本定理给我们提供了丰富的信息:

第一, 原函数的存在性. 原函数的概念是基于求导的逆运算, 它与不定积分几乎是同一个概念. 但关于原函数的存在性问题到了定积分这里才找到答案.

细想一下, 导数与积分的概念自然是微积分的最主要的两个概念, 但看上去两者毫不相干, 现在通过构造变上限积分函数将两者联系在一起, 且导数与积分是互为逆运算的关系:

$$\left(\int_a^x f(t)\mathrm{d}t \right)' = f(x).$$

所以这一结果是非常深刻的.

第二, 由此结果很容易得出 Newton-Leibniz 公式, 而这一公式是定积分计算的法宝. 所以这一结果比 Newton-Leibniz 公式更基本.

第三, 变上限积分是表达函数的一种新形式. 特别要指出的是, 即使 $f(x)$ 是初等函数, $F(x)$ 也未必是初等函数. 例如, $F(x) = \int_0^x \mathrm{e}^{-t^2}\mathrm{d}t$ 就不是一个初等函数. 因此, 变上限积分是表达新的非初等函数的方法.

—— III Newton-Leibniz 公式适用条件的减弱

(1) 如果 $f(x)$ 在 $[a,b]$ 上可积, 且有原函数 $g(x)$, 则 Newton-Leibniz 公式成立, 并且变上限积分 $F(x) = \int_a^x f(t)\mathrm{d}t$ 为 $f(x)$ 在 $[a,b]$ 上的一个原函数.

事实上, 根据积分定义和 Lagrange 微分中值定理可知, 此时 Newton-Leibniz 公式仍然成立:

$$g(b) - g(a) = \sum_{i=1}^{n} (g(x_i) - g(x_{i-1})) = \sum_{i=1}^{n} f(\xi_i) \Delta x_i \to \int_a^b f(x)\mathrm{d}x, \ n \to \infty,$$

由于上式右端为常数, 所以

$$g(b) - g(a) = \int_a^b f(x)\mathrm{d}x.$$

显然, 在上式中将 b 换为 $[a,b]$ 中任一 x 仍然成立, 所以我们有

$$g(x) - g(a) = \int_a^x f(t)\mathrm{d}t = F(x),$$

由此可知, 变上限积分 $F(x)$ 也是 $f(x)$ 在 $[a,b]$ 上的一个原函数.

(2) 符号函数在 $[0,1]$ 上有第一类间断点, 所以它没有原函数. 那么对这类有有限个第一类间断点的可积函数计算其定积分就不能用 Newton-Leibniz 公式了吗? 事实上, 符号函数 $f(x)$ 是可积的, 且除原点外, $f(x) = 1$, 所以根据积分的性质, 我们可以改变 f 在 0 处的值为 1, 这样既不改变可积性, 也不改变积分的值, 所以我们有

$$\int_0^1 f(x)\mathrm{d}x = \int_0^1 1\mathrm{d}x = 1 = F(x)\big|_{x=0}^{x=1},$$

其中, $F(x) = x$, 除原点外它是 $f(x)$ 的原函数.

一般地, 我们有结果:

设 $f(x)$ 在 $[a,b]$ 上可积, $g(x)$ 连续且除有限个点外可导, 且有 $g'(x) = f(x)$, 则

$$\int_a^b f(t)\mathrm{d}t = g(b) - g(a).$$

事实上, 因为改变有限个点处的函数值, 或补充有限个点处的值, 不影响积分的值, 所以有

$$\int_a^b f(t)\mathrm{d}t = \int_a^b g'(t)\mathrm{d}t = g(b) - g(a).$$

(3) 有原函数的函数也未必可积. 例如,

$$f(x) = \begin{cases} 2x \sin \dfrac{1}{x^2} - \dfrac{2}{x} \cos \dfrac{1}{x^2}, & x \neq 0, \\ 0, & x = 0, \end{cases}$$

是 $[0,1]$ 上的无界函数, 所以不可积, 但它有原函数

$$F(x) = \begin{cases} x^2 \sin \dfrac{1}{x^2}, & x \neq 0, \\ 0, & x = 0. \end{cases}$$

沃尔泰拉 (Volterra, 1860~1940) 和迪尼 (Dini, 1845~1918) 都作出过反例, 尽管 $f(x) = F'(x)$ 有界, 但是 $f(x)$ 不可积. 因为涉及 Lebesgue 测度等实变函数的知识, 这里不再讨论.

Ⅳ   积分不等式

涉及积分的不等式是很多的, 著名的有 Cauchy-施瓦茨 (Schwarz) 不等式、Hölder 不等式、闵可夫斯基 (Minkowski, 1864~1909) 不等式、杨 (Young, 1849~1925) 不等式等. 证明方法常见的有积分的比较定理、积分中值定理、微分学的定理, 包括微分中值定理、凹凸性、Taylor 公式, 以及变上限积分、累次积分交换次序等. 请读者自己进行总结、分类. 参见下面的 §4.2.2 第二项定积分的证明中的相关不等式. 也可参见《数学分析习题课讲义》(谢惠民等, 2003) 的 §11.2 和《数学分析中的典型问题与方法》(裴礼文, 2006) 的 §4.4.

§4.2.1   定积分概念辨析

1. 定积分的几何意义是什么? 物理意义有哪些?

2. 给出一个有界但不可积的例子.

3. 在讨论可积性时引入 Darboux 和有什么好处?

4. 有界函数满足下列条件, 是否蕴含可积?

(1) $\forall \varepsilon > 0, \exists$ 分割 T, 使得对此分割 T, 有 $\sum\limits_{i=1}^{n} \omega_i \Delta x_i < \varepsilon$;

(2) 存在常数 I, 对任何 $\varepsilon > 0$, 对任何分割 T, 总存在一组介点 $\xi_i \in [x_{i-1}, x_i], i = 1, 2, \cdots, n$, 使 $\left| \sum\limits_{i=1}^{n} f(\xi_i) \Delta x_i - I \right| < \varepsilon$;

(3) 存在常数 I, 对任何 $\varepsilon > 0$, 对任何 n 等份的分割 T, 对任何一组介点 $\xi_i \in [x_{i-1}, x_i], i = 1, 2, \cdots, n$, 总有 $\left| \sum\limits_{i=1}^{n} f(\xi_i) \Delta x_i - I \right| < \varepsilon$;

(4) 存在常数 I, 对任何 $\varepsilon > 0$, 存在一分割 T, 对任何一组介点 $\xi_i \in [x_{i-1}, x_i], i = 1, 2, \cdots, n$, 总有 $\left| \sum\limits_{i=1}^{n} f(\xi_i) \Delta x_i - I \right| < \varepsilon$;

(5) $\forall \varepsilon, \eta > 0$, 存在一分割, 使对应于振幅 $\omega_{k'} \geqslant \varepsilon$ 的那些小区间 $\Delta_{k'}$ 的总长度 $\sum\limits_{k'} \Delta x_{k'} < \eta$;

(6) $\forall \varepsilon > 0$, 存在 $\eta > 0$, 对任意分割, 使对应于振幅 $\omega_{k'} \geqslant \varepsilon$ 的那些小区间 $\Delta_{k'}$ 的总长度 $\sum\limits_{k'} \Delta x_{k'} < \eta$.

5. 对有界函数, 哪些函数满足下列条件?

(1) 对任意分割 T, 总有 $S(T) = s(T)$;

(2) 存在不同的分割 T_1, T_2, 使得 $S(T_1) = s(T_2)$.

6. 对连续函数, 哪些函数满足下列条件?

(1) 存在不同的分割 T_1, T_2, 使得 $S(T_1) = s(T_2)$;

(2) 对任何分割 T_1, T_2, 下和 $s(T_1)$ 和 $s(T_2)$ 总相等.

7. 定积分的基本性质有哪些?

8. 试叙述积分中值定理, 并说明其几何意义.

9. (1) 你会证明如下的广义积分第一中值定理吗?

设函数 f 和 g 在 $[a,b]$ 上可积, g 在 $[a,b]$ 上不变号, 则存在 $\eta \in [m,M]$, 使

$$\int_a^b f(x)g(x)\mathrm{d}x = \eta \int_a^b g(x)\mathrm{d}x,$$

其中, M 和 m 分别表示 $f(x)$ 在 $[a,b]$ 上的上确界和下确界.

(2) 若 f 在 $[a,b]$ 上连续, 则存在 $c \in [a,b]$, 使得 (1) 中的等式变为

$$\int_a^b f(x)g(x)\mathrm{d}x = f(c) \int_a^b g(x)\mathrm{d}x.$$

(3) 若 f 在 $[a,b]$ 上连续, 是否必存在 $c \in (a,b)$, 使得 (2) 中的等式成立?

(4) 若去掉 g 在 $[a,b]$ 不变号的条件, (1) 的结论是否仍然成立?

10. 何为积分第二中值定理?

11. 如何比较或估计积分的大小?

12. 试叙述微积分基本定理. 该名称表明了它的重要性. 那么它主要涵盖了哪些内容? 其重要性主要体现在哪些方面?

13. 设 $f(x)$ 在 $[a,b]$ 上可积, 令 $F(x) = \int_a^x f(t)\mathrm{d}t$, 下列说法是否成立?

(1) F 在 $[a,b]$ 上连续;

(2) F 在 $[a,b]$ 上可导;

(3) 若 F 可导, 则 $F'(x) = f(x), \forall x \in [a,b]$;

(4) 若 f 在 $[a,b]$ 上存在原函数, 则 $F'(x) = f(x), \forall x \in [a,b]$.

14. 试用变速直线运动解释 Newton-Leibniz 公式.

15. 两个可积函数的复合函数必定可积吗?

16. 定积分的计算方法主要有哪些?

17. 函数的周期性和奇偶性在定积分的计算中有什么样的作用?

18. 如何利用定积分求和式数列的极限? 举例说明.

19. 如果 $f(x)$ 在 $[a,b]$ 上可积, 则必存在原函数吗?

20. 如果 $f(x)$ 在 $[a,b]$ 上存在原函数, 则 $f(x)$ 在 $[a,b]$ 上必可积吗?

21. 如果 $f(x)$ 在 $[a,b]$ 上可积, 则 $|f(x)|$ 在 $[a,b]$ 上也可积; 反之也对?

22. 设 $f(x)$ 在 $[a,b]$ 上可导, 则 $f'(x)$ 与 $|f'(x)|$ 在 $[a,b]$ 上可积性是否等价?

23. 作为定积分的几何和物理应用, 主要有几个方面?

24. 微元法的基本思想是什么?

25. 平面图形面积公式主要有哪些? 它们各适用哪些情形?

26. 曲线弧长公式主要有哪些? 它们各适用哪些情形?

27. 旋转体体积公式和侧面积公式主要有哪些? 它们各适用哪些情形?

28. 已知平行截面面积的立体体积公式是什么?

29. 何种情况下可以用定积分计算功? 公式是什么?

30. 计算引力和压力与计算功, 最大的区别在于什么地方?

§4.2.2 定积分强化训练

一、定积分计算

1. 求积分:

(1) $\displaystyle\int_0^1 \sqrt{2x - x^2}\mathrm{d}x$;

(2) $\displaystyle\int_{-1}^1 \left[\frac{\sin x}{x^6 + 1} + |\ln(2 - x)|\right]\mathrm{d}x$;

(3) $\displaystyle\int_{-1}^1 x(1 + x^{2005})(\mathrm{e}^x - \mathrm{e}^{-x})\mathrm{d}x$;

(4) $\displaystyle\int_0^\pi \frac{\cos x}{\sqrt{a^2 \sin^2 x + b^2 \cos^2 x}}\mathrm{d}x$;

(5) $\displaystyle\int_0^{\frac{\pi}{2}} \frac{\sin^n x}{\sin^n x + \cos^n x}\mathrm{d}x$;

(6) $\displaystyle\int_0^{\frac{3\pi}{4}} \frac{\sin x}{1 + \cos^2 x}\mathrm{d}x$;

(7) $\displaystyle\int_0^1 \frac{x}{\mathrm{e}^x + \mathrm{e}^{1-x}}\mathrm{d}x$;

(8) $\displaystyle\int_0^\pi x\sqrt{\cos^2 x - \cos^4 x}\mathrm{d}x$;

(9) $\displaystyle\int_0^1 \frac{\ln(1 + x)}{(2 - x)^2}\mathrm{d}x$;

(10) $\displaystyle\int_{-\frac{\pi}{4}}^{\frac{\pi}{4}} \frac{1}{1 + \sin x}\mathrm{d}x$;

(11) $I = \displaystyle\int_{-\frac{\pi}{4}}^{\frac{\pi}{4}} \frac{\sin^2 x}{1 + \mathrm{e}^{-x}}\mathrm{d}x$;

(12) $I = \displaystyle\int_0^2 \frac{x}{\mathrm{e}^x + \mathrm{e}^{2-x}}\mathrm{d}x$.

2. 设 $f(x) = \begin{cases} 1 + x^2, & x \leqslant 0 \\ \mathrm{e}^{-x}, & x > 0 \end{cases}$, 求 $\displaystyle\int_1^3 f(x - 2)\mathrm{d}x$.

3. 设 $f(x) = x^2, x \in [0, \pi)$, 且满足 $f(x) = f(x - \pi) - \cos x, x \in \mathbb{R}$, 求 $\displaystyle\int_\pi^{3\pi} f(x)\mathrm{d}x$.

4. 设函数 $f(x)$ 在区间 $[0, 1]$ 上连续, 并设 $\displaystyle\int_0^1 f(x)\mathrm{d}x = A$, 求 $\displaystyle\int_0^1 f(x)\mathrm{d}x \int_x^1 f(y)\mathrm{d}y$.

5. 求积分 $\displaystyle\int_0^1 xf(x)\mathrm{d}x$, 其中, $f(x) = \displaystyle\int_1^{x^2} \mathrm{e}^{-t^2}\mathrm{d}t$;

6. (1) 设 $f'(x) = \arcsin(x - 1)^2$ 及 $f(0) = 0$, 求积分 $I = \displaystyle\int_0^1 f(x)\mathrm{d}x$;

(2) 已知 $y'(x) = \arctan(x - 1)^2$ 及 $y(0) = 0$, 求积分 $I = \displaystyle\int_0^1 y(x)\mathrm{d}x$.

7. 设 $f(x)$ 在 $[-\pi, \pi]$ 上连续, 且 $f(x) = \dfrac{x}{1 + \cos^2 x} + \displaystyle\int_{-\pi}^\pi f(x) \sin x\mathrm{d}x$, 求 $f(x)$.

8. 设对任意 $x > 0$, 曲线 $y = f(x)$ 上点 $(x, f(x))$ 处的切线在 y 轴上的截距等于

$\dfrac{1}{x} \displaystyle\int_0^x f(t)\mathrm{d}t$, 求 $f(x)$ 的一般表达式.

9. 求极限:

(1) $\displaystyle\lim_{n\to\infty} \left[\dfrac{\sin\dfrac{\pi}{n}}{n+1} + \dfrac{\sin\dfrac{2\pi}{n}}{n+\dfrac{1}{2}} + \dfrac{\sin\dfrac{3\pi}{n}}{n+\dfrac{1}{3}} + \cdots + \dfrac{\sin\pi}{n+\dfrac{1}{n}} \right]$;

(2) $\displaystyle\lim_{n\to+\infty} \left(\sin\dfrac{1}{n+1} + \sin\dfrac{1}{n+2} + \sin\dfrac{1}{n+3} + \cdots + \sin\dfrac{1}{n+n} \right)$;

(3) $\displaystyle\lim_{n\to\infty} \sqrt[n]{\left[1 + \left(\dfrac{1}{n}\right)^2 \right] \left[1 + \left(\dfrac{2}{n}\right)^2 \right] \cdots \left[1 + \left(\dfrac{n}{n}\right)^2 \right]}$.

10. 求 $F'(x)$.

(1) $F(x) = \displaystyle\int_0^{\int_0^x \sin^2 t\,\mathrm{d}t} \dfrac{\mathrm{d}t}{1+t^2+\sin^2 t}$;

(2) $F(x) = \displaystyle\int_a^b f(x+t)\sin t\,\mathrm{d}t$, 其中 f 在 $(-\infty,+\infty)$ 内连续;

(3) $F(x) = \displaystyle\int_a^x (x-t)f'(t)\mathrm{d}t$, 其中 $f'(x)$ 在 $(-\infty,+\infty)$ 内连续.

11. 求极限:

(1) $\displaystyle\lim_{x\to 0+} \dfrac{\displaystyle\int_0^{\sqrt{x}} (1-\cos t^2)\mathrm{d}t}{x^2\sqrt{x}}$;

(2) $\displaystyle\lim_{x\to+\infty} \dfrac{1}{x} \int_0^x \sqrt{t}\sin t\,\mathrm{d}t$;

(3) $\displaystyle\lim_{x\to+\infty} \dfrac{1}{x} \int_0^x |\sin t|\mathrm{d}t$.

12. 设 $f(x) = \displaystyle\int_{x^2}^x \dfrac{\sin(xt)}{t}\mathrm{d}t$, 求极限 $\displaystyle\lim_{x\to 0} \dfrac{f(x)}{x^2}$.

13. 设 $f(x)$ 为连续函数, $\displaystyle\lim_{x\to 0} \dfrac{f(x)-\mathrm{e}^x+1}{x} = a$ (为常数). 又设 $F(x) = \displaystyle\int_0^x tf(x-t)\mathrm{d}t$, 求 $\displaystyle\lim_{x\to 0} \dfrac{F(x)}{x^3}$.

14. 设 $f(x)$ 连续, $g(x)$ 可导, 且 $g'(x) - f(x) = 1-6x$ 与 $g(x) + \displaystyle\int_1^x f(t)\mathrm{d}t = 2+x-x^2$, 求 $f(x)$ 和 $g(x)$.

15. 设 $f(x)$ 在 $[0,1]$ 上可微, 且 $\displaystyle\int_0^1 f(xu)\mathrm{d}u = \dfrac{1}{2}f(x)+1$, 求 $f(x)$.

16. 设 $f(x)$ 二次连续可微, $f(\pi)=2$, 且 $\displaystyle\int_0^\pi [f(x)+f''(x)]\sin x\,\mathrm{d}x = 5$, 求 $f(0)$.

17. 设 $f(x)$ 在 $[0, +\infty)$ 上连续, $f(1) = 3$, 且

$$\int_1^{xy} f(t)\mathrm{d}t = x \int_1^y f(t)\mathrm{d}t + y \int_1^x f(t)\mathrm{d}t, \quad x > 0, y > 0,$$

求 $f(x)$.

18. 已知 $f'(x) \cdot \int_0^2 f(x)\mathrm{d}x = 8$, 且 $f(0) = 0$, 求 $\int_0^2 f(x)\mathrm{d}x$ 及 $f(x)$.

19. 设函数 $f(x) = (1 - 3a^2)\sin x - \int_0^x (\cos^2 t - \sin^2 t)\cos x\mathrm{d}t$, 试用正常数 a 表示函数的最大值 M.

20. 设 $f(x) = a|\cos x| + b|\sin x|$ 在 $x = -\dfrac{\pi}{3}$ 处取得极小值, 并且 $\int_{-\frac{\pi}{2}}^{\frac{\pi}{2}} [f(x)]^2 \mathrm{d}x = 2$, 试求常数 a, b.

21. (1) 设隐函数 $y = y(x)$ 由方程 $x^3 - \int_0^{y^2} \mathrm{e}^{-t^2}\mathrm{d}t + y^3 + 4 = 0$ 确定, 求 $\dfrac{\mathrm{d}y}{\mathrm{d}x}$;

(2) 设 $y = \int_0^{1+\sin t} \left(1 + \mathrm{e}^{\frac{1}{u}}\right)\mathrm{d}u$, 其中 $t = t(x)$ 由 $\begin{cases} x = \cos 2v, \\ t = \sin v \end{cases}$ $\left(0 < v < \dfrac{\pi}{2}\right)$ 所确定, 计算 $\dfrac{\mathrm{d}y}{\mathrm{d}x}$;

(3) 设 $\begin{cases} x = \cos t^2, \\ y = t\cos t^2 - \displaystyle\int_1^{t^2} \dfrac{1}{2\sqrt{u}}\cos u\mathrm{d}u, \end{cases}$ 求 $\dfrac{\mathrm{d}y}{\mathrm{d}x}, \dfrac{\mathrm{d}^2 y}{\mathrm{d}x^2}$ 在 $t = \sqrt{\dfrac{\pi}{2}}$ 处的值.

22. (1) 求函数 $f(x) = \int_{\mathrm{e}}^x \dfrac{\ln t\mathrm{d}t}{t^2 - 2t + 1}$ 在区间 $[\mathrm{e}, \mathrm{e}^2]$ 上的最大值;

(2) 设 $|a| \leqslant 1$, 求积分 $I(a) = \int_{-1}^1 |x - a|\mathrm{e}^{2x}\mathrm{d}x$ 的最大值.

23. 求满足 $x = \int_0^x f(t)\mathrm{d}t + \int_0^x tf(t - x)\mathrm{d}t$ 的可微函数 $f(x)$.

24. 设 $f(x)$ 为定义在 $\left[0, \dfrac{\pi}{2}\right]$ 上满足等式 $\int_x^{\frac{\pi}{2}} f(t - x)f(t)\mathrm{d}t = \cos^4 x$ 的连续函数, 试求 $f(x)$ 在 $\left[0, \dfrac{\pi}{2}\right]$ 上的平均值.

25. 设在区间 $[a, b](0 < a < b)$ 上的函数 $f(x) = cx + d - \ln x$, 满足 $f(x) \geqslant 0$. 若 $I = \int_a^b f(x)\mathrm{d}x$, 试选择适当 c, d, 使 I 最小.

26. 已知 $f(x)$ 为连续函数, 且

$$\int_0^{2x} xf(t)\mathrm{d}t + 2\int_x^0 tf(2t)\mathrm{d}t = 2x^3(x - 1),$$

求 $f(x)$ 在 $[0, 2]$ 上的最值.

27. 设 $f(x)$ 连续, 且当 $x > -2$ 时满足 $f(x)\left[\int_0^x f(t)\mathrm{d}t + \dfrac{1}{\sqrt{2}}\right] = \dfrac{(x + 1)\mathrm{e}^x}{2(x + 2)^2}$, 求 $f(x)$.

28. 求极限 $\lim\limits_{a\to 0}\int_{-a}^{a}\dfrac{1}{a}\left(1-\dfrac{|x|}{a}\right)\cos(b-x)\mathrm{d}x$, 其中 a,b 是与 x 无关的常数.

29. 设 $a_n=\displaystyle\int_0^1 x^n\sqrt{1-x^2}\mathrm{d}x$, 求极限:

(1) $\lim\limits_{n\to\infty}a_n$; 　　　　　(2) $\lim\limits_{n\to\infty}\dfrac{a_n}{a_{n-1}}$.

30. 设 $f(x)$ 在 $[0,1]$ 上连续, 计算:

(1) $\lim\limits_{n\to\infty}\displaystyle\int_0^1 x^n f(x)\mathrm{d}x$; 　　(2) $\lim\limits_{n\to\infty}\displaystyle\int_0^1 nx^n f(x)\mathrm{d}x$; 　　(3) $\lim\limits_{t\to 0+}\displaystyle\int_0^t\dfrac{f(x)}{x^2+t}\mathrm{d}x$.

31. 设 $f(x),g(x)$ 为 $[a,b]$ 上的连续函数, 且 $f(x)>0,g(x)\geqslant 0$, 试求极限:

$$\lim_{n\to\infty}\int_a^b g(x)\sqrt[n]{f(x)}\mathrm{d}x.$$

32. 设 $f(x)$ 和 $g(x)$ 在 $[a,b]$ 上连续, 且 $f(x)\geqslant 0,g(x)>0$. 求极限:

$$\lim_{n\to\infty}\left\{\int_a^b[f(x)]^n g(x)\mathrm{d}x\right\}^{\frac{1}{n}}.$$

33. 已知 $f(x)$ 在 $[0,+\infty)$ 上有二阶连续导数, $f(0)=f'(0)=0$, 且 $f''(x)>0$. 若对任意的 $x>0$, 函数 $u(x)$ 表示曲线 $y=f(x)$ 在切点 $(x,f(x))$ 处的切线在 x 轴上的截距.

(1) 写出 $u(x)$ 的表达式, 并求 $\lim\limits_{x\to 0+}u(x)$ 及 $\lim\limits_{x\to 0+}u'(x)$;

(2) 求 $\lim\limits_{x\to 0+}\dfrac{\displaystyle\int_0^{u(x)}f(t)\mathrm{d}t}{\displaystyle\int_0^x f(t)\mathrm{d}t}$.

34. 计算下列定积分:

(1) $\displaystyle\int_0^{\frac{\pi}{2}}\dfrac{\sin nx}{\sin x}\mathrm{d}x$; 　　　　(2) $\displaystyle\int_0^{\frac{\pi}{2}}\cos^n x\cos nx\mathrm{d}x$;

(3) $\displaystyle\int_0^{\frac{\pi}{2}}\cos^n x\sin nx\mathrm{d}x$; 　　(4) $\lim\limits_{n\to\infty}\displaystyle\int_0^1\cos^n\dfrac{1}{x}\mathrm{d}x$.

二、定积分证明

1. (杜阿梅尔 (Duhamel) 定理) 若函数 f,g 均在 $[a,b]$ 上可积, 证明 $f\cdot g$ 也在 $[a,b]$ 上可积, 且有

$$\lim_{\|T\|\to 0}\sum_{k=1}^{n}f(\xi_k)g(\eta_k)\Delta x_k=\int_a^b f(x)g(x)\mathrm{d}x,$$

其中, $\xi_k,\eta_k\in[x_{k-1},x_k]$, $k=1,2,\cdots,n$.

2. (1) 设 $f(x)$ 在 $[a,b]$ 上连续, 在 $[a,b]$ 外恒为 0, 证明 $f(x)$ 具有积分连续性, 即

$$\lim_{h\to 0}\int_a^b|f(x+h)-f(x)|\mathrm{d}x=0.$$

(2) 上述结论对 f 仅在 $[a, b]$ 上可积 (不必连续) 也成立.

3. 证明:

(1) $\displaystyle\lim_{n\to\infty}\int_0^1 \frac{x^{2n}}{1+x}\mathrm{d}x = 0$;　　　　　　　　　　(2) $\displaystyle\lim_{n\to\infty}\int_{n^2}^{n^2+n} \frac{1}{\sqrt{x}}\mathrm{e}^{-\frac{1}{x}}\mathrm{d}x = 1$;

(3) $\displaystyle\lim_{n\to\infty}\int_0^{\frac{\pi}{2}} \mathrm{e}^x\cos^n x\mathrm{d}x = 0$.

4. 设 f 在 $[a, b]$ 上非负, 连续.

(1) 设 ξ_n 满足

$$\int_a^b f^n(x)\mathrm{d}x = f^n(\xi_n)(b-a),$$

则有

$$\lim_{n\to\infty} \sqrt[n]{\int_a^b f^n(x)\mathrm{d}x} = \lim_{n\to\infty} f(\xi_n).$$

(2) 已知 $x_n \in \left[0, \dfrac{\pi}{2}\right], n = 1, 2, \cdots,$ 且满足

$$\frac{2}{\pi}\int_0^{\frac{\pi}{2}} \sin^n x\mathrm{d}x = \sin^n x_n,$$

证明极限 $\displaystyle\lim_{n\to\infty} x_n$ 存在并求值.

5. 设 f 在 $[a, b]$ 上可积, 且 $\displaystyle\int_a^b f(x)\mathrm{d}x > 0$, 则必存在 $[c, d] \subseteq [a, b]$ 及正数 δ, 使 $f(x) \geqslant \delta, \forall x \in [c, d]$.

反之, 对非负函数 f, 若存在区间 $[c, d] \subseteq [a, b]$, 使在 $[c, d]$ 上 $f(x) > 0$, 则 $\displaystyle\int_a^b f(x)\mathrm{d}x > 0$.

6. 证明下列不等式:

(1) $\dfrac{2}{9}\pi^2 < \displaystyle\int_{\frac{\pi}{6}}^{\frac{\pi}{2}} \frac{2x}{\sin x}\mathrm{d}x < \dfrac{\pi^2}{3}$;　　　　　　(2) $\dfrac{\pi}{2} - \dfrac{\pi^3}{144} < \displaystyle\int_0^{\frac{\pi}{2}} \frac{\sin x}{x}\mathrm{d}x < \dfrac{\pi}{2}$;

(3) $0.005 < \displaystyle\int_0^{100} \frac{\mathrm{e}^{-x}}{x+100}\mathrm{d}x < 0.01$;　　　　(4) $\displaystyle\int_0^{\sqrt{2\pi}} \sin x^2\mathrm{d}x > 0$;

(5) $\displaystyle\int_0^{\frac{\pi}{2}} \sin(\sin x)\mathrm{d}x \leqslant \int_0^{\frac{\pi}{2}} \cos(\cos x)\mathrm{d}x$;　　　(6) $\left|\displaystyle\int_x^{x+1} \sin t^2\mathrm{d}t\right| \leqslant \dfrac{1}{x}, x > 0$.

7 (1) 设函数 $f(x)$ 在 $[a, b]$ 上连续, 且 $\displaystyle\int_a^b f(x)\mathrm{d}x = \int_a^b xf(x)\mathrm{d}x = 0$. 证明: 在 (a, b) 内至少存在两个不同的点 ξ_1, ξ_2, 使 $f(\xi_1) = f(\xi_2) = 0$.

(2) 设函数 $f(x)$ 在 $[0, \pi]$ 上连续, 且 $\displaystyle\int_0^\pi f(x)\mathrm{d}x = \int_0^\pi f(x)\cos x\mathrm{d}x = 0$. 证明: 在 $(0, \pi)$ 内至少存在两个不同的点 ξ_1, ξ_2, 使 $f(\xi_1) = f(\xi_2) = 0$.

(3) 设 $f(x)$ 在区间 $[-1, 1]$ 上连续, 且 $\displaystyle\int_{-1}^1 f(x)\mathrm{d}x = \int_{-1}^1 f(x)\tan x\mathrm{d}x = 0$. 证明: 在区

间 $(-1, 1)$ 内至少存在互异的两点 ξ_1, ξ_2, 使 $f(\xi_1) = f(\xi_2) = 0$.

(4) $f(x)$ 在 $[0, \pi]$ 上连续, $\int_0^\pi f(x) \sin x \mathrm{d}x = \int_0^\pi f(x) \cos x \mathrm{d}x = 0$. 证明: $f(x)$ 在 $(0, \pi)$ 内至少有两个零点.

8. 设函数 $f(x)$ 在 $[0, 1]$ 上连续, 在 $(0, 1)$ 内可导, 且 $3 \int_{\frac{2}{3}}^1 f(x) \mathrm{d}x = f(0)$. 证明: 在 $(0, 1)$ 内存在一点 c, 使 $f'(c) = 0$.

9. 设 $f(x)$ 在 $[0, 1]$ 上连续, 且 $\int_0^1 x f(x) \mathrm{d}x = \int_0^1 f(x) \mathrm{d}x$. 证明: 存在一点 $\xi \in (0, 1)$, 使得 $\int_0^\xi f(x) \mathrm{d}x = 0$.

10. 设 $f(x)$ 在 $[0, a]$ 上具有连续导数, 证明: 在闭区间 $[0, a]$ 上至少存在一点 ξ, 使

$$\int_0^a f(x) \mathrm{d}x = a f(a) - \frac{a^2}{2} f'(\xi).$$

11. 设 $f(x)$ 在 $[0, 1]$ 上连续.

(1) 若 $\int_0^1 f(x) \mathrm{d}x = 0$, 则在 $(0, 1)$ 内至少存在一点 ξ, 使

$$f(\xi) + \int_0^\xi f(x) \mathrm{d}x = 0;$$

(2) 若 $f(x)$ 非负, 且 $f(1) = 0$, 则在 $(0, 1)$ 内至少存在一点 ξ, 使

$$f(\xi) - \int_0^\xi f(x) \mathrm{d}x = 0.$$

12. (1) 设 $f(x)$ 在区间 $[0, 1]$ 上连续, 试证明存在 $\xi \in (0, 1)$, 使 $\int_0^\xi f(t) \mathrm{d}t = (1-\xi) f(\xi)$. 又若 $f(x) > 0$, 且单调减少, 则这种 ξ 是唯一的.

(2) 设 $f(x)$ 在区间 $[0, 1]$ 上连续, $\int_0^1 f(x) \mathrm{d}x = 0$. 证明: 存在 $\xi \in (0, 1)$, 使 $\int_0^\xi f(t) \mathrm{d}t = -\xi f(\xi)$.

(3) 设 $f(x)$ 在区间 $[0, 1]$ 上连续, $\int_0^1 f(x) \mathrm{d}x = 0$, $f(0) = 0$. 证明: 存在 $\xi \in (0, 1)$, 使 $\int_0^\xi f(t) \mathrm{d}t = \xi f(\xi)$.

(4) 设 $f(x)$ 在 $[a, b]$ 上连续、不恒等于常数, 且 $f(a) = f(b) = \min\limits_{a \leqslant x \leqslant b} f(x)$. 证明: 存在 $\xi \in (a, b)$, 使得

$$\int_a^\xi f(x) \mathrm{d}x = (\xi - a) f(\xi).$$

13. 设函数 $f(x)$ 在闭区间 $[2,4]$ 上连续, 在开区间 $(2,4)$ 内可导, 且

$$f(2) = \int_3^4 (x-1)^2 f(x) \mathrm{d}x.$$

证明: 在区间 $(2,4)$ 内至少存在一点 ξ, 使 $f'(\xi) = \dfrac{2f(\xi)}{1-\xi}$.

14. 设 $f(x)$ 在区间 $[0,1]$ 上连续, 在 $(0,1)$ 内有二阶导数, 且

$$f(0) \cdot f(1) > 0, \quad f''(x) > 0, \quad \int_0^1 f(x)\mathrm{d}x = 0.$$

证明:

(1) 函数 $f(x)$ 在 $(0,1)$ 内恰有两个零点;

(2) 至少存在一点 $\xi \in (0,1)$, 使得 $f'(\xi) = \displaystyle\int_0^\xi f(x)\mathrm{d}x$.

15. 记 $P(x) = x^3 + ax^2 + bx + c$, 方程 $P(x) = 0$ 有 3 个相异的实根 $x_1 < x_2 < x_3$, 试证明:

(1) $P'(x_1) > 0, P'(x_2) < 0, P'(x_3) > 0$;

(2) 若 $\displaystyle\int_{x_1}^{x_3} P(x) > 0$, 则存在点 $\xi \in (x_1, x_2)$, 使 $\displaystyle\int_\xi^{x_3} P(x)\mathrm{d}x = 0$.

16. 设 $f(x)$ 在 $[0,1]$ 上连续可微, 证明:

$$\int_0^1 x^n f(x)\mathrm{d}x = \frac{f(1)}{n} + o\left(\frac{1}{n}\right).$$

17. 设 $f(x)$ 在 $(-\infty, +\infty)$ 上连续, $f'(0)$ 存在且非 0.

(1) 证明: 对任意给定的 $0 < x < L$, 存在 $0 < \theta < 1$, 使

$$\int_0^x f(t)\mathrm{d}t + \int_0^{-x} f(t)\mathrm{d}t = x[f(\theta x) - f(-\theta x)];$$

(2) 求极限 $\displaystyle\lim_{x\to 0+} \theta$.

18. 证明方程 $\ln x = \dfrac{x}{\mathrm{e}} - \displaystyle\int_0^\pi \sqrt{1 - \cos 2x}\,\mathrm{d}x$ 在区间 $(0, +\infty)$ 内有且仅有两个不同实根.

19. 设 f 在 $[0,1]$ 上连续, $f(1) - f(0) = 1$. 证明

$$\int_0^1 [f'(x)]^2 \mathrm{d}x \geqslant 1.$$

20. 设 $f(x)$ 在 $[a,b]$ 上连续可微, 且 $f(a) = 0$. 证明:

(1) $\left| \displaystyle\int_a^b f(x)\mathrm{d}x \right| \leqslant \dfrac{(b-a)^2}{2} \max_{a \leqslant x \leqslant b} |f'(x)|$;

(2) $\displaystyle\int_a^b f^2(x)\mathrm{d}x \leqslant \dfrac{(b-a)^2}{2} \int_a^b [f'(x)]^2 \mathrm{d}x$;

(3) $\displaystyle\int_a^b |f(x)f'(x)|\mathrm{d}x \leqslant \frac{b-a}{2}\int_a^b [f'(x)]^2\mathrm{d}x.$

21. 设在 $[a,b]$ 上 $f''(x)$ 连续, $f\left(\dfrac{a+b}{2}\right)=0$, 证明:

$$\left|\int_a^b f(x)\mathrm{d}x\right| \leqslant \frac{M(b-a)^3}{24},$$

其中, $M=\max\limits_{a\leqslant x\leqslant b}|f''(x)|.$

22. 设 $f(x), g(x)$ 在 $[a,b]$ 上连续, 且满足

$$\int_a^x f(t)\mathrm{d}t \geqslant \int_a^x g(t)\mathrm{d}t, \quad x\in[a,b),$$

$$\int_a^b f(t)\mathrm{d}t = \int_a^b g(t)\mathrm{d}t,$$

证明:

$$\int_a^b xf(x)\mathrm{d}x \leqslant \int_a^b xg(x)\mathrm{d}x.$$

23. 设 $f(x)$ 在 $[0,2\pi]$ 上一阶连续可导, 且 $f'(x)\geqslant 0$, 证明: 对于任何正整数 n, 有

$$\left|\int_0^{2\pi} f(x)\sin nx\mathrm{d}x\right| \leqslant \frac{2}{n}[f(2\pi)-f(0)].$$

24. 设函数 $f(x)$ 在区间 $[0,1]$ 上二阶连续可导, 且 $f''(x)<0$. 证明: $\displaystyle\int_0^1 f(x^2)\mathrm{d}x \leqslant f\left(\dfrac{1}{3}\right).$

25. 设 $a,b>0, f(x)$ 在 $[-a,b]$ 上非负可积, $\displaystyle\int_{-a}^b xf(x)\mathrm{d}x=0$. 证明:

$$\int_{-a}^b x^2 f(x)\mathrm{d}x \leqslant ab\int_{-a}^b f(x)\mathrm{d}x.$$

26. 设 $f(x)$ 在 $[a,b]$ 上连续可微, 证明:

$$\max_{x\in[a,b]}|f(x)| \leqslant \left|\frac{1}{b-a}\int_a^b f(x)\mathrm{d}x\right| + \int_a^b |f'(x)|\mathrm{d}x.$$

27. 设 $f(x)$ 在 $[0,1]$ 上连续, 在 $(0,1)$ 内可微, 且 $f(0)=0, 0<f'(x)\leqslant 1$. 证明:

$$\left(\int_0^1 f(x)\mathrm{d}x\right)^2 \geqslant \int_0^1 f^3(x)\mathrm{d}x.$$

28. 设 $f(x)$ 在 $[a,b]$ 上连续可微, 且

$$f(a)=f(b)=0, \quad \int_a^b f^2(x)\mathrm{d}x=1.$$

证明:

$$\int_a^b f'^2(x)\mathrm{d}x \cdot \int_a^b x^2 f^2(x)\mathrm{d}x > \frac{1}{4}.$$

29. 设函数 $f(x), g(x)$ 在 $[a, b]$ 上连续且单调增加, 证明:

$$\int_a^b f(x)\mathrm{d}x \int_a^b g(x)\mathrm{d}x \leqslant (b-a)\int_a^b f(x)g(x)\mathrm{d}x.$$

30. 设 $y = \varphi(x)$ 满足不等式

$$y'(x) + [a(x) - 2xa(x^2)]y \leqslant 0, x \geqslant 0,$$

试证:

$$\varphi(x) \leqslant \varphi(0)\mathrm{e}^{\int_x^{x^2} a(t)\mathrm{d}t}, x \geqslant 0.$$

31. 设 $f(x)$ 在 $[0, a]$ 上有可积的导函数, 证明:

(1) $|f(0)| \leqslant \dfrac{1}{a}\int_0^a |f(x)|\mathrm{d}x + \int_0^a |f'(x)|\mathrm{d}x$;

(2) $\displaystyle\int_0^1 |f(x)|\mathrm{d}x \leqslant \max\left\{ \int_0^1 |f'(x)|\mathrm{d}x, \left|\int_0^1 f(x)\mathrm{d}x\right| \right\}$.

32. 设 $f(x)$ 为 $[a, b]$ 上的连续递增函数, 证明:

$$\int_a^b xf(x)\mathrm{d}x \geqslant \frac{a+b}{2}\int_a^b f(x)\mathrm{d}x.$$

33. 设 $f(x)$ 在 $[0, 2]$ 上连续可微, $f(0) = f(2) = 1, |f'(x)| \leqslant 1$, 证明: $\left|\displaystyle\int_0^2 f(x)\mathrm{d}x\right| \geqslant 1$.

34. 已知非负函数 $f(x)$ 在 $[a, b]$ 上可积, $\displaystyle\int_a^b f(x)\mathrm{d}x = 1$, 则对任何实数 k, 有不等式

$$\left(\int_a^b f(x)\cos kx\mathrm{d}x\right)^2 + \left(\int_a^b f(x)\sin kx\mathrm{d}x\right)^2 \leqslant 1.$$

35. 设 $f(x)$ 在 $[a, b]$ 上可微, $|f'(x)| \leqslant M$, 且 $\displaystyle\int_a^b f(x)\mathrm{d}x = 0$. 定义 $F(x) = \displaystyle\int_a^x f(t)\mathrm{d}t$.

(1) 证明: $|F(x)| \leqslant \dfrac{M(b-a)^2}{8}$;

(2) 在增加条件 $f(a) = f(b) = 0$ 时, 证明: $|F(x)| \leqslant \dfrac{M(b-a)^2}{16}$.

36. 设 $f(x)$ 在 $[a, b]$ 上可微, $f(a) = f(b) = 0, |f'(x)| \leqslant M$, 证明:

$$\left|\int_a^b f(x)\mathrm{d}x\right| \leqslant \frac{M}{4}(b-a)^2.$$

37. 设 $f(x)$ 在 $[a,b]$ 上可微, $f(a) = f(b) = 0$, $|f''(x)| \leqslant M$, 证明:

$$\left| \int_a^b f(x)\mathrm{d}x \right| \leqslant \frac{M}{12}(b-a)^3.$$

38. 设函数 $f(x)$ 在 $(-\infty, +\infty)$ 上连续, 且 $f(x) > 0$, 又 $f(x)$ 是偶函数, 另设 $a > 0$,

$$F(x) = \int_{-a}^a |x-t| f(t)\mathrm{d}t.$$

(1) 证明 $F(x)$ 是凸函数;

(2) 求 $F(x)$ 的最小值;

(3) 若 $F(x)$ 的最小值为 $f(a) - a^2 - 1$, 试求 $f(x)$.

39. 设 $f(x)$ 在 $[0, +\infty)$ 上连续, a 为任意给定实数, 且存在有限极限

$$\lim_{x\to+\infty} \left(f(x) + a\int_0^x f(t)\mathrm{d}t \right).$$

证明: $f(+\infty) = 0$.

40. 设 $E = \{f | f \in C[0,1]$ 非负, $f(0) = 0, f(1) = 1\}$. 证明:

(1) $\inf\limits_{f\in E} \left\{ \int_0^1 f(x)\mathrm{d}x \right\} = 0$;

(2) 上述下确界达不到, 即对任何 $f \in E$, 有 $\int_0^1 f(x)\mathrm{d}x > 0$.

41. 设 $f(x)$ 为周期函数, 且在任何有限区间上可积, 证明: 变上限积分 $F(x) = \int_0^x f(t)\mathrm{d}t$ 可以表示为周期函数与线性函数的和.

42. 设 f 在 $[a,b]$ 上可积, 且 $\int_a^b f(x)\mathrm{d}x > 0$, 若对多项式 $P(x)$, 有 $\int_a^b f(x)P^2(x)\mathrm{d}x = 0$, 则 $P(x) \equiv 0$.

43. 设 $f(x)$ 在 $[a,b]$ 上连续, 且对满足条件 $g(a) = g(b) = 0$ 的每个连续函数 $g(x)$, 都有

$$\int_a^b f(x)g(x)\mathrm{d}x = 0,$$

证明: $f(x) \equiv 0$.

44. 设 $f(x)$ 在 $[-1,1]$ 上连续, 且对每个可积偶函数 g 都有

$$\int_{-1}^1 f(x)g(x)\mathrm{d}x = 0,$$

证明: f 是 $[-1,1]$ 上的奇函数.

45. 设 $F(x) = \int_0^x \sin\frac{1}{t}\mathrm{d}t$, $G(x) = \int_0^x \cos\frac{1}{t}\mathrm{d}t$, 证明 $F(x), G(x)$ 在 0 点可导, 并求出 $F'(0), G'(0)$.

46. 设 $f(x)$ 在 $[a,b]$ 上连续, 且满足 $f(x) \leqslant \displaystyle\int_a^x f(t)\mathrm{d}t$, 证明: 在 $[a,b]$ 上 $f(x) \leqslant 0$.

47. 对称性在求积分中应用的推广:

设 $f(x), g(x)$ 在 $[a,b]$ 上连续, 并对任何 $x \in \left[0, \dfrac{b-a}{2}\right]$, 满足

$$f\left(\frac{a+b}{2}+x\right) = f\left(\frac{a+b}{2}-x\right),$$

$$g\left(\frac{a+b}{2}+x\right) = -g\left(\frac{a+b}{2}-x\right),$$

则

$$\int_a^b f(x)\mathrm{d}x = 2\int_0^{\frac{b-a}{2}} f\left(\frac{a+b}{2}+x\right)\mathrm{d}x, \quad \int_a^b g(x)\mathrm{d}x = 0.$$

由此可以计算:

$$\int_0^\pi \frac{x-\dfrac{\pi}{2}}{1+\cos^2 x}\mathrm{d}x = 0, \quad \int_0^\pi \frac{x}{1+\cos^2 x}\mathrm{d}x = \frac{\pi^2}{2\sqrt{2}}.$$

48. 设 $g(x)$ 是 $[0,1]$ 上的连续函数, 而 $f(x)$ 是周期为 1 的连续周期函数, 证明:

$$\lim_{n\to\infty} \int_0^1 g(x)f(nx)\mathrm{d}x = \int_0^1 g(x)\mathrm{d}x \int_0^1 f(x)\mathrm{d}x.$$

49. (积分第一中值定理的一种推广) 设 f,g 在 $[a,b]$ 上可积, 且 f 在 $[a,b]$ 上有原函数, g 在 $[a,b]$ 上不变号, 证明: 存在 $\xi \in (a,b)$, 使

$$\int_a^b f(x)g(x)\mathrm{d}x = f(\xi)\int_a^b g(x)\mathrm{d}x.$$

50. 设 $f(x)$ 在 $[0,1]$ 上连续可微, 且 $f(0)=0$, $f(1)=1$. 证明:

$$\int_0^1 |f(x)-f'(x)|\mathrm{d}x \geqslant 1.$$

51. 设 $a > 0$, 证明:

$$\int_0^\pi xa^{\sin x}\mathrm{d}x \int_0^{\frac{\pi}{2}} a^{-\cos x}\mathrm{d}x \geqslant \frac{\pi^3}{4}.$$

52. 费耶尔 (Fejér) 积分证明: $\displaystyle\int_0^{\frac{\pi}{2}} \left(\frac{\sin nx}{\sin x}\right)^2 \mathrm{d}x = \frac{n\pi}{2}$.

53. 设 $f(x)$ 是 $[a,b]$ 上的非负上凸函数, 证明: $\displaystyle\int_a^b f(x)\mathrm{d}x \geqslant \frac{b-a}{2} \max_{x\in[a,b]} f(x)$.

54. 设 $f(x)$ 是 $[a,b]$ 上的上凸可微函数, $f(a)=f(b)=0$, $f'(a)=\alpha>0$, $f'(b)=\beta<0$, 证明:

$$0 \leqslant \int_a^b f(x)\mathrm{d}x \leqslant \frac{1}{2}\alpha\beta \cdot \frac{(b-a)^2}{\beta-\alpha}.$$

55. 设 $A(x), B(x), C(x), D(x)$ 都是多项式, 令

$$P(x) = \int_1^x A(t)B(t)\mathrm{d}t \cdot \int_1^x C(t)D(t)\mathrm{d}t - \int_1^x A(t)D(t)\mathrm{d}t \cdot \int_1^x B(t)C(t)\mathrm{d}t,$$

则 $P(x)$ 能被 $(x-1)^4$ 整除.

56. 设 $f \in C^2[a,b]$, 证明:

(1) 存在 $\xi \in (a,b)$, 使成立

$$\int_a^b f(x)\mathrm{d}x = (b-a)f\left(\frac{a+b}{2}\right) - \frac{(b-a)^3}{24}f''(\xi).$$

(2) 存在 $\xi \in (a,b)$, 使成立

$$\int_a^b f(x)\mathrm{d}x = (b-a)\frac{f(a)+f(b)}{2} - \frac{(b-a)^3}{12}f''(\xi).$$

(3) 若 f 还满足 $f'(a) = f'(b) = 0$, 证明: 存在 $\xi \in (a,b)$, 使成立

$$\int_a^b f(x)\mathrm{d}x = (b-a)\frac{f(a)+f(b)}{2} + \frac{(b-a)^3}{6}f''(\xi).$$

57. 证明函数 $f(x) = x\mathrm{e}^{-x^2}\int_0^x \mathrm{e}^{t^2}\mathrm{d}t$ 在 $(-\infty, +\infty)$ 上一致连续.

三、定积分的应用

1. 求由曲线 $y = \ln x$ 与两直线 $y = \mathrm{e} + 1 - x$ 及 $y = 0$ 所围成的平面图形的面积.

2. 求由曲线 $y = x(x-1)(2-x)$ 与 x 轴所围成的平面图形的面积.

3. 求由摆线 $x = a(t - \sin t), y = a(1 - \cos t), 0 \leqslant t \leqslant 2\pi$, 及 x 轴所围成的平面图形的面积.

4. 求由双纽线 $r^2 = a^2 \cos 2\theta$ 所围成的图形面积.

5. 求曲线 $y = \int_{\frac{\pi}{2}}^x \sqrt{\cos t}\,\mathrm{d}t$ 的弧长.

6. 求由圆 $x^2 + (y-R)^2 \leqslant r^2 (0 < r < R)$ 绕 x 轴旋转一周所得环状立体体积.

7. 设 $f(x) = \int_{-1}^x t|t|\mathrm{d}t (x \geqslant -1)$, 求由曲线 $y = f(x)$ 与 x 轴所围成的封闭图形的面积.

8. 设函数 $y(x) (x \geqslant 0)$ 二阶可导, 且 $y'(x) > 0, y(0) = 1$, 过曲线 $y = y(x)$ 上任意一点 $P(x, y)$ 作该曲线的切线及 x 轴的垂线, 上述两直线与 x 轴所围成的三角形的面积为 S_1, 区间 $[0, x]$ 上以 $y = y(x)$ 为曲边的曲边梯形面积记为 S_2, 并设 $2S_1 - S_2$ 恒为 1, 求此曲线 $y = y(x)$ 的方程.

9. 过坐标原点作曲线 $y = \ln x$ 的切线, 它与曲线 $y = \ln x$ 及 x 轴围成平面图形 D.

(1) 求 D 的面积 A;

(2) 求 D 绕直线 $x = \mathrm{e}$ 旋转一周所得旋转体的体积.

10. 求曲线 $y = x^{\frac{3}{2}}$ 上从原点到点 M_0 的弧长, 其中 M_0 处的切线与 Ox 轴正向成 $\dfrac{\pi}{3}$ 的角.

11. 如图 4.1 所示, 直线 $y = c$ 与曲线 $y = 2x - 3x^3$ 相交于第一象限内两点 $P_1(x_1, c)$ 和 $P_2(x_2, c)$, 其中, $0 < x_1 < x_2$, 与 y 轴交于 $Q(0, c)$, 求使得两个阴影部分, 即三角形 OQP_1 以及 $P_1P_2P_3$, 面积相等的常数 c, 其中 P_3 是曲线上位于 P_1, P_2 之间的一点.

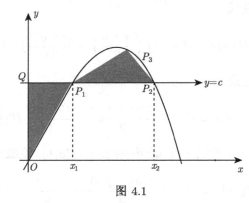

图 4.1

12. 设 xOy 平面中有一曲线 $x^2 - 2y^2 = 1$.

(1) 写出由这曲线绕 Ox 轴旋转的曲面方程;

(2) 求由这旋转曲面与两平面 $x = 2$ 及 $x = 3$ 所围成立体的体积.

13. 求抛物线 $y = -x^2 + 1$ 在 $x \in (0, 1)$ 内的一条切线, 使它与两坐标轴以及抛物线 $y = -x^2 + 1$ 所围图形的面积为最小.

14. 在抛物线 $y = 4 - x^2$ 上的第一象限部分求一点 P, 过 P 点作切线, 使该切线与坐标轴所围成的三角形面积最小.

15. 曲线 $y = x^3 - x$ 与其在 $x = \dfrac{1}{3}$ 处的切线所围成的图形被 y 轴分成两部分, 试确定这两部分的面积之比.

16. 设抛物线 $y = ax^2 + 2bx + c$ 通过原点, 且当 $0 \leqslant x \leqslant 1$ 时 $y \geqslant 0$. 如果它与 x 轴、直线 $x = 1$ 所围成图形的面积为 $\dfrac{1}{3}$, 试确定 a, b, c, 使这个图形绕 x 轴旋转所成的立体体积最小.

17. (1) 求曲线 $y = x^2 - 2x, y = 0, x = 1, x = 3$ 所围平面图形的面积.

(2) 求该平面图形绕 y 轴旋转一周所得旋转体的体积.

18. 求 a, b, c 的值, 使抛物线 $y = ax^2 + bx + c$ 满足

(1) 通过两点 $(0, 0)$ 和 $(1, 2)$;

(2) 与抛物线 $y = -x^2 + 2x$ 所围成图形面积最小.

19. 求曲线 $y = \sqrt{x}$ 的一条切线 l, 使该曲线与切线 l 及直线 $x = 0$ 和 $x = 2$ 围成图形绕 x 轴的旋转体的体积达到最小.

20. 求由曲线 $x^2 + y^2 = 2x$ 与 $y = x$ 所围平面图形绕直线 $x = 2$ 旋转一周所得旋转体的体积.

21. 设 D_1 是由抛物线 $y = 2x^2$ 和直线 $x = a, x = 2$ 及 $y = 0$ 所围成的区域, D_2 是由抛物线 $y = 2x^2$ 和直线 $y = 0, x = a$ 所围成的区域, 其中 $0 < a < 2$.

(1) 求 D_1 绕 x 轴旋转所成旋转体体积 V_1 和 D_2 绕 y 轴旋转所成旋转体体积 V_2;

(2) 问当 a 为何值时, $V_1 + V_2$ 取得最大值? 求此最大值.

22. 设 $D = [0,1] \times [0,1]$ 是 xOy 平面上正方形, l_t 为直线 $x + y = t(t \geqslant 0)$. 若 $S(t)$ 表示正方形 D 位于直线 l_t 左下方部分面积, 求 $\int_0^x S(t)\mathrm{d}t$.

23. 已知抛物线 $y = px^2 + qx(p < 0, q > 0)$ 在第一象限与直线 $x + y = 5$ 相切, 记抛物线与 x 轴所围成的平面图形面积为 S, 问 p, q 为何值时 S 达到最大值? 并求出最大值.

24. 设半径为 R 的半球形水池充满水, 现将水从池中抽出, 当抽出水所做的功为将水全部抽完所做的功的一半时, 水面下降高度 h 是多少?

25. 一根长为 l 的均匀细杆, 质量为 M, 在其中垂线上距细杆为 a 处有一质量为 m 的质点, 试求细杆对质点的万有引力.

§4.3 重 积 分

思考题 4.3.1 重积分的几何背景是什么? 物理背景有哪些?

思考题 4.3.2 研究二重积分为什么要先研究一般面积的概念? 如何定义一般面积的概念?

思考题 4.3.3 重积分的可积充要条件是什么? 可积函数类有哪些?

思考题 4.3.4 重积分的变量代换的作用是什么?

Ⅰ 重积分的背景

二重积分的几何背景就是曲顶柱体的体积, 三重积分当被积函数为 1 时的几何背景是积分区域的体积.

二重积分与三重积分的物理背景包括求平面薄板与空间物体的质量、质心、转动惯量和引力等.

Ⅱ 积分区域的刻画

定积分的积分范围就是闭区间, 然而, 二重积分的积分范围 (称为积分区域) 不只是闭矩形, 要复杂得多, 包括矩形、圆形、三角形、四边形、能用定积分计算其面积的各类闭区域以及其他类型. 三重积分的积分范围则包括长方体、球体等由曲面围成的空间区域.

事实上, 积分区域的形状远比上述所列举的以及能想象的要更为复杂. 我们能用定积分求面积的那些平面区域其边界都是比较"正则"的, 例如, 其边界可以分成有限段弧, 每段弧可用 $y = f(x)$ 或 $x = g(y)$ 来表示的, 这里 f, g 在有限闭区间上连续. 为研究二重积分, 首先需要研究区域面积的概念, 我们按照用定积分求面积的类似的最原始的想法, 用小矩形面积之和去逼近, 这样得到的面积称为**若尔当 (Jordan) 面积**. 这种定义面积的好处是可以避开用定积分而涉及区域边界 (正则性) 的烦琐讨论.

同样地, 我们需要研究一般三维空间区域体积的概念, 即**Jordan 体积** 以及 n 维欧氏空间中区域的体积的概念.

III　重积分的可积性

鉴于积分和 $\sigma(T)$ 的复杂性, 类似于定积分, 我们引入 Darboux 上和与 Darboux 下和.

设 D 为 $\mathbb{R}^2$ 上可求面积的有界闭区域, 函数 $z = f(x, y)$ 在 D 上有界. 分割 T 用曲线网将 D 分成 n 个可求面积的小区域 $D_1, D_2, \cdots, D_n$, 记所有这些小区域的最大直径为 $\|T\|$, $f(x, y)$ 在 D_i 上的上确界与下确界分别为 M_i 和 m_i, 再分别定义 f 在此分割下的 Darboux 上和与 Darboux 下和为

$$S(T) = \sum_{i=1}^{n} M_i \Delta D_i, \ s(T) = \sum_{i=1}^{n} m_i \Delta D_i,$$

则 $f(x, y)$ 在 D 上可积的充分必要条件是

$$\lim_{\|T\| \to 0} [S(T) - s(T)] = 0,$$

即

$$\lim_{\|T\| \to 0} \sum_{i=1}^{n} \omega_i \Delta D_i = 0.$$

这里 $\omega_i = M_i - m_i$, 是 $f(x, y)$ 在 D_i 上的振幅. 此时成立

$$\lim_{\|T\| \to 0} s(T) = \lim_{\|T\| \to 0} S(T) = \iint_D f(x, y) \mathrm{d}x\mathrm{d}y.$$

对三重和一般的 n 重积分的可积性可类似讨论.

IV　重积分的变量代换

(1) 定积分的变量代换方法, 或称换元法, 是定积分的基本计算方法之一. 重积分的换元法则显得更加重要. 重积分计算的基本方法是化为累次积分. 这时, 不仅要解决定积分

计算时被积函数寻求原函数的问题, 同时还有确定定 (累次) 积分上、下限的问题. 上面讲到, 重积分的积分区域可能比较复杂, 此时这个问题更加突出. 通过变量代换, 则可以把一个复杂的区域转换为简单的区域.

例如, 给定 D 是由抛物线 $y^2 = x, y^2 = 4x, x^2 = y, x^2 = 4y$ 所围成的区域. 作变换

$$T : u = \frac{y^2}{x}, v = \frac{x^2}{y},$$

则 T 将区域 D 变为 $D' = \{(u, v) : 1 \leqslant u, v \leqslant 4\}$, 如图 4.2 所示, D' 是矩形.

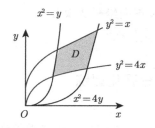 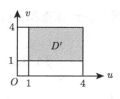

图 4.2

又例如, 平面上极坐标变换的逆变换可以把圆盘变为矩形区域; 空间的球面坐标变换

$$\begin{cases} x = \rho \sin\varphi \cos\theta, \\ y = \rho \sin\varphi \sin\theta, \\ z = \rho \cos\varphi, \end{cases}$$

将球变为长方体 (《数学分析讲义 (第二册)》, 张福保等, 2019).

(2) 当然, 一般来说, 这些变换未必是保积变换, 即变换前后的面积或体积大小会改变, 因此, 一般的重积分变换公式中必须乘上一个 Jacobi 行列式. 下面是 n 重积分的变量代换公式.

映射 T 和区域 Ω 如上所设. 如果 $f(y_1, \cdots, y_n)$ 是 $T(\Omega)$ 上的连续函数, 那么变量代换公式

$$\int_{T(\Omega)} f(y_1, \cdots, y_n) \mathrm{d}y_1 \cdots \mathrm{d}y_n = \int_{\Omega} f(y_1(\boldsymbol{x}), \cdots, y_n(\boldsymbol{x})) \left| \frac{\partial(y_1, \cdots, y_n)}{\partial(x_1, \cdots, x_n)} \right| \mathrm{d}x_1 \cdots \mathrm{d}x_n$$

成立, 其中 $\boldsymbol{x} = (x_1, \cdots, x_n)$.

§4.3.1 重积分概念辨析

1. 为什么二重积分定义中分割的模或细度定义为子区域的最大直径, 而不是子区域的最大面积?

2. 重积分的基本性质有哪些? 主要作用分别是什么? 特别地, 重积分的积分中值定理是否成立?

3. 空间立体的体积公式是什么? 重心坐标公式是什么?

4. 计算二重积分的主要方法有哪些?

5. 化为累次积分时应注意什么? 交换积分次序的作用是什么?

6. 变量代换公式是什么? 其中变换的 Jacobi 行列式的几何意义是什么? 为什么变量代换公式中 Jacobi 行列式要加绝对值? 试与定积分的换元公式作比较.

7. 计算二重积分的极坐标变换公式是什么? 它的使用场合是什么?

8. 计算三重积分的主要方法有哪些?

9. 请分别写出计算三重积分的柱面坐标和球面坐标变换公式.

10. 函数的奇偶性在计算重积分时的作用是什么?

§4.3.2　重积分强化训练

1. 设 $f(x,y) = \begin{cases} x + y, & x^2 \leqslant y \leqslant 2x^2, \\ 0, & \text{其他}, \end{cases}$ $D = [0,1] \times [0,1]$, 求二重积分 $\iint_D f(x,y)\mathrm{d}x\mathrm{d}y$.

2. 计算下列累次积分:

(1) $\displaystyle\int_1^2 \mathrm{d}x \int_{\sqrt{x}}^x \sin\frac{\pi x}{2y}\mathrm{d}y + \int_2^4 \mathrm{d}x \int_{\sqrt{x}}^2 \sin\frac{\pi x}{2y}\mathrm{d}y$;

(2) $\displaystyle\int_{\frac{1}{4}}^{\frac{1}{2}} \mathrm{d}y \int_{\frac{1}{2}}^{\sqrt{y}} \mathrm{e}^{\frac{y}{x}}\mathrm{d}x + \int_{\frac{1}{2}}^1 \mathrm{d}y \int_y^{\sqrt{y}} \mathrm{e}^{\frac{y}{x}}\mathrm{d}x$;

(3) $\displaystyle\int_0^1 \mathrm{d}x \int_0^{\sqrt{x}} \mathrm{e}^{-\frac{y^2}{2}}\mathrm{d}y$.

3. 计算下列积分:

(1) $\displaystyle\iint_D y\left(1 + x\mathrm{e}^{\frac{x^2+y^2}{2}}\right)\mathrm{d}x\mathrm{d}y$, 其中 D 是由直线 $y = x, y = -1$ 及 $x = 1$ 围成的平面区域;

(2) $\displaystyle\iint_D (x^2 + xy\mathrm{e}^{x^2+y^2})\mathrm{d}x\mathrm{d}y$, 其中 D 是由直线 $y = x, y = -1$ 及 $x = 1$ 围成的区域;

(3) $\displaystyle\iint_D \mathrm{sgn}(y - x^2)\mathrm{d}x\mathrm{d}y$, 其中 $D = [-1,1] \times [0,1]$;

(4) $\displaystyle\iint_D (\sqrt{x^2 + y^2 - 2xy} + 1)\mathrm{d}x\mathrm{d}y$, 其中 D 为圆域 $x^2 + y^2 \leqslant 1$ 在第一象限部分.

4. 计算二重积分:

(1) $\displaystyle\iint_D |y - x^2|\mathrm{d}x\mathrm{d}y$, 其中 $D = \{(x,y) | -1 \leqslant x \leqslant 1, 0 \leqslant y \leqslant 1\}$;

(2) $\displaystyle\iint_D \mathrm{e}^{\max\{x^2, y^2\}}\mathrm{d}x\mathrm{d}y$, 其中 $D = \{(x,y) | 0 \leqslant x, y \leqslant 1\}$;

(3) $\displaystyle\iint_D |\sin(x + y)|\mathrm{d}x\mathrm{d}y$, 其中 $D = [0, \pi] \times [0, 2\pi]$;

(4) 计算 $\iint_D (x+y)\,\mathrm{sgn}\,(x-y)\mathrm{d}x\mathrm{d}y$, 其中 $D = [0,1] \times [0,1]$;

(5) 计算二重积分 $\iint_D (|x| + |y|)\mathrm{d}x\mathrm{d}y$, 其中

(a) $D : |x| + |y| \leqslant 1$,

(b) $D : xy \leqslant 2, x - 1 \leqslant y \leqslant x + 1$;

(6) $\iint_D \mathrm{e}^{-(x^2+y^2-\pi)}\sin(x^2+y^2)\mathrm{d}x\mathrm{d}y$, 其中积分区域 $D = \{(x,y)|x^2+y^2 \leqslant \pi\}$;

(7) $\iint_D \sqrt{x^2+y^2}\mathrm{d}x\mathrm{d}y$, 其中 D 是由两个圆 $x^2 + y^2 = a^2$ 和 $x^2 - 2ax + y^2 = 0$ 所围成的;

(8) $\iint_D (\sqrt{x^2+y^2}+y)\mathrm{d}\sigma$, 其中 D 是由圆 $x^2 + y^2 = 4$ 和 $(x+1)^2 + y^2 = 1$ 所围成的平面区域.

5. 设 $D = \{(x,y)|2y \leqslant x^2 + y^2 \leqslant 4y\}$.

(1) 试将积分 $\iint_D f(x,y)\mathrm{d}x\mathrm{d}y$ 分别按照两种不同顺序直接化为累次积分;

(2) 先进行极坐标变换, 然后再按两种不同的顺序化为累次积分.

6. 设 $f(u)$ 为连续函数, 化下列二重积分 $\iint_D f(\sqrt{x^2+y^2})\mathrm{d}x\mathrm{d}y$ 为定积分:

(1) $D = \{(x,y)|x^2+y^2 \leqslant 1\}$;　　　　(2) $D = \{(x,y)|0 \leqslant y \leqslant x \leqslant 1\}$;

(3) $D = \{(x,y)||y| \leqslant |x| \leqslant 1\}$.

7. 设 $f(x)$ 在 $[a,b]$ 上连续, 试将下列累次积分化为定积分:

(1) $\int_0^a \mathrm{d}y \int_0^y \mathrm{e}^{m(x-a)}f(x)\mathrm{d}x$;　　　　(2) $\int_a^b \mathrm{d}y \int_a^y (y-x)^n f(x)\mathrm{d}x$.

8. 选取适当的坐标变换计算下列积分:

(1) $I = \iint_D \mathrm{e}^{\frac{y}{x+y}}\mathrm{d}x\mathrm{d}y$, 其中 $D : x + y \leqslant 1, x, y \geqslant 0$;

(2) $I = \iint_D \left[\sqrt{\dfrac{x-c}{a}} + \sqrt{\dfrac{y-c}{b}}\right]\mathrm{d}x\mathrm{d}y$, 其中 D 是由 $\sqrt{\dfrac{x-c}{a}} + \sqrt{\dfrac{y-c}{b}} = 1$ 及 $x = c, y = c$ 所围成的有界区域 $(a,b,c > 0)$;

(3) $I = \iint_D xy\mathrm{d}x\mathrm{d}y$, 其中 D 是由抛物线 $y^2 = px, y^2 = qx, x^2 = ay, x^2 = by$ 所围成的区域 $(0 < p < q, 0 < a < b)$;

(4) $I = \iint_D \dfrac{x^2 \sin(xy)}{y}\mathrm{d}x\mathrm{d}y$, 其中 D 是由抛物线 $y^2 = px, y^2 = qx, x^2 = ay, x^2 = by$ 所围成的区域 $(0 < p < q, 0 < a < b)$;

(5) $I = \iint_D \dfrac{x^2 - y^2}{\sqrt{x+y+3}}\mathrm{d}x\mathrm{d}y$, 其中 $D : |x| + |y| \leqslant 1$;

(6) $I = \iint\limits_{D} (x + y)\mathrm{d}x\mathrm{d}y$, 其中 D 是由 $y^2 = 2x, x + y = 4, x + y = 12$ 围成.

9. 求下列图形 D 的面积:

(1) D 由四条直线 $x+y = p, x+y = q, y = ax, y = bx$ 所围成, 其中 $0 < p < q, 0 < a < b$;

(2) D 由曲线 $\left(\dfrac{x^2}{a^2} + \dfrac{y^2}{b^2}\right)^2 = x^2 + y^2$ 围成.

10. 设函数 f 连续, 用适当的坐标变换化二重积分为定积分:

(1) $I = \iint\limits_{D} f(x + y)\mathrm{d}x\mathrm{d}y$, 其中 $D : |x| + |y| \leqslant 1$;

(2) $I = \iint\limits_{D} f(xy)\mathrm{d}x\mathrm{d}y$, 其中, D 是由 $xy = 1, xy = 2, y = x$ 及 $y = 4x$ 在第一象限围成的区域;

(3) $\iint\limits_{x^2+y^2\leqslant 1} f(ax + by)\mathrm{d}x\mathrm{d}y$.

11. 设函数 $f(x)$ 在区间 $[0, 1]$ 上连续, 并设 $\displaystyle\int_0^1 f(x)\mathrm{d}x = A$, 求 $\displaystyle\int_0^1 \mathrm{d}x \int_x^1 f(x)f(y)\mathrm{d}y$.

12. 求积分 $\iint\limits_{D} x[1 + yf(x^2 + y^2)]\mathrm{d}x\mathrm{d}y$, 其中 D 是由曲线 $y = x^3, y = 1, x = -1$ 围成.

13 (1) 设 $f(x, y)$ 连续, 且 $f(x, y) = xy + \iint\limits_{D} f(x, y)\mathrm{d}x\mathrm{d}y$, 其中 D 是由曲线 $y = 0$, $y = x^2, x = 1$ 围成, 求 $f(x, y)$;

(2) 设闭区域 $D : x^2 + y^2 \leqslant y, x \geqslant 0$, $f(x, y)$ 为 D 上的连续函数, 且

$$f(x, y) = \sqrt{1 - x^2 - y^2} - \frac{8}{\pi} \iint\limits_{D} f(u, v)\mathrm{d}u\mathrm{d}v,$$

求 $f(x, y)$.

14. 计算三重积分

(1) $I = \iiint\limits_{\Omega} z^2 \mathrm{d}x\mathrm{d}y\mathrm{d}z$, 其中 Ω 是由锥面 $z^2 = \dfrac{h^2}{R^2}(x^2 + y^2)$ 与平面 $z = h$ 围成;

(2) $I = \iiint\limits_{V} \left(\dfrac{x^2}{a^2} + \dfrac{y^2}{b^2} + \dfrac{z^2}{c^2}\right) \mathrm{d}x\mathrm{d}y\mathrm{d}z$, 其中 V 是椭球体

$$\frac{x^2}{a^2} + \frac{y^2}{b^2} + \frac{z^2}{c^2} \leqslant 1;$$

(3) $I = \iiint\limits_{\Omega} z\mathrm{d}V$, 其中,

$$\Omega : x^2 + y^2 + z^2 \geqslant a^2, \quad 0 \leqslant z \leqslant \sqrt{4a^2 - x^2 - y^2}, \quad x^2 + y^2 + (z - a)^2 \geqslant a^2;$$

(4) $I = \iiint\limits_{\Omega} (x + z)\mathrm{d}V$, 其中 Ω 是由曲面 $z = \sqrt{x^2 + y^2}$ 与 $z = \sqrt{1 - x^2 - y^2}$ 所围成

的区域;

(5) $I = \iiint_\Omega (x^2 + y^2 + z)\mathrm{d}V$, 其中 Ω 是由曲线 $\begin{cases} y^2 = 2z \\ x = 0 \end{cases}$ 绕 z 轴旋转一周而成的

曲面与平面 $z = 4$ 所围成的立体;

(6) $\iiint_\Omega (x^2 + y^2)\mathrm{d}V$, 其中 Ω 是由 yOz 平面内曲线 $z = 0, z = 2$ 及 $y^2 - (z-1)^2 = 1$

所围成的平面区域绕 z 轴旋转而成的空间区域;

(7) $\iiint_\Omega (\sqrt{x^2 + y^2 + z^2} + xy^2)\mathrm{d}V$, 其中 $\Omega: x^2 + y^2 + z^2 \leqslant 2z$;

(8) $\iiint_\Omega (z + 2xy)\mathrm{d}V$, 其中 Ω 为由上半椭球面 $x^2 + 4y^2 + z^2 = 1 (z \geqslant 0)$ 与锥面

$z = \sqrt{x^2 + y^2}$ 所围成的区域.

15. 设 $f(x)$ 在 $x = 0$ 点可导, 且 $f(0) = 0, \Omega: x^2 + y^2 + z^2 \leqslant t^2$, 求极限

$$\lim_{t \to 0} \frac{1}{t^4} \iiint_\Omega f(\sqrt{x^2 + y^2 + z^2})\mathrm{d}x\mathrm{d}y\mathrm{d}z.$$

16. (1) 设球体 $x^2 + y^2 + z^2 \leqslant R^2$ 内的密度函数为 $\mu = (x + y + z)^2$, 试计算该球体的

质量;

(2) 由柱面 $x^2 + y^2 = 1$ 与平面 $z = 0, z = 1$ 所围成的柱体的密度函数为 $\mu = |z - x^2 - y^2|$, 试计算该柱体的质量.

17. 设函数 f 连续, 证明:

$$\int_a^b \mathrm{d}x \int_a^x \mathrm{d}y \int_a^y f(x, y, z)\mathrm{d}z = \int_a^b \mathrm{d}z \int_z^b \mathrm{d}y \int_y^b f(x, y, z)\mathrm{d}x.$$

18. 设函数 f 连续, 证明:

$$\int_0^a \mathrm{d}x \int_0^x \mathrm{d}y \int_0^y f(x)f(y)f(z)\mathrm{d}z = \frac{1}{3!} \left(\int_0^a f(x)\mathrm{d}x \right)^3.$$

19. 设函数 $f(x)$ 连续且恒大于零,

$$F(t) = \frac{\iiint_{\Omega(t)} f(x^2 + y^2 + z^2)\mathrm{d}v}{\iint_{D(t)} f(x^2 + y^2)\mathrm{d}\sigma}, \quad G(t) = \frac{\iint_{D(t)} f(x^2 + y^2)\mathrm{d}\sigma}{\int_{-t}^t f(x^2)\mathrm{d}x},$$

其中 $\Omega(t) = \{(x, y, z) | x^2 + y^2 + z^2 \leqslant t^2\}, D(t) = \{(x, y) | x^2 + y^2 \leqslant t^2\}$.

(1) 讨论 $F(t)$ 在区间 $(0, +\infty)$ 内的单调性;

(2) 证明当 $t > 0$ 时, $F(t) > \frac{2}{\pi}G(t)$.

20. 设 f 是 $[0,1]$ 上正的连续函数, M, m 分别为 f 在 $[0,1]$ 上的最大与最小值, 证明:

$$1 \leqslant I = \int_0^1 \frac{\mathrm{d}x}{f(x)} \int_0^1 f(x)\mathrm{d}x \leqslant \frac{(M+m)^2}{4Mm}.$$

21. 设 $D = \{(x,y) : x^2 + y^2 \leqslant a^2\}$, $f(x,y)$ 在 D 内一阶连续可微, 在 ∂D 上为 0, 证明

$$\left| \iint_D f(x,y)\mathrm{d}x\mathrm{d}y \right| \leqslant \frac{\pi}{3} a^3 \max_D (f_x^2 + f_y^2)^{1/2}.$$

22. 设 $f(x,y)$ 在矩形区域 $D = [0,1] \times [0,1]$ 上连续, 且

$$\iint_D f(x,y)\mathrm{d}x\mathrm{d}y = 0, \qquad \iint_D xyf(x,y)\mathrm{d}x\mathrm{d}y = 1.$$

又记

$$A = \iint_D \left| xy - \frac{1}{4} \right| \mathrm{d}x\mathrm{d}y,$$

试计算 A 的值, 并证明存在 $(\xi, \eta) \in D$, 使 $|f(\xi, \eta)| \geqslant \dfrac{1}{A}$.

23. 设 $f(x,y)$ 在闭区域 $D : a \leqslant x \leqslant b, y_1(x) \leqslant y \leqslant y_2(x)$ 上连续可微, 其中 $y_1(x), y_2(x)$ 在 $[a,b]$ 上连续. 若 $f(x, y_1(x)) = 0$, 则存在常数 $C > 0$, 使

$$\iint_D f^2(x,y)\mathrm{d}x\mathrm{d}y \leqslant C \iint_D f_y^2 \mathrm{d}x\mathrm{d}y.$$

24. 设 f 是区域 D 上二元连续可微函数, 对二重积分

$$I = \iint_D (f_x^2 + f_y^2)\mathrm{d}x\mathrm{d}y$$

作可逆变换 $T : x = x(u,v), y = y(u,v)$, 即 $\dfrac{\partial(x,y)}{\partial(u,v)} \neq 0$, 并且

$$\frac{\partial x}{\partial u} = \frac{\partial y}{\partial v}, \quad \frac{\partial x}{\partial v} = -\frac{\partial y}{\partial u},$$

则

$$I = \iint_{T^{-1}(D)} (f_u^2 + f_v^2)\mathrm{d}u\mathrm{d}v.$$

25. 设 $H(x) = \sum\limits_{i,j=1}^{3} a_{i,j} x_i x_j$ 为三阶正定二次型, $A = (a_{i,j})$ 是三阶正定对称矩阵, 求

$$I = \iiint_{H(x) \leqslant 1} \mathrm{e}^{\sqrt{H(x)}} \mathrm{d}x_1 \mathrm{d}x_2 \mathrm{d}x_3.$$

26. 设 $D \subset \mathbb{R}^2$ 为有界区域, $p > 1$. 如果 $|f|^p \in R(D)$, 即 $|f|^p$ 在 D 上 Riemann 可积, 则称 f 在 D 上 p 次可积. 记

$$\|f\|_p = \left(\iint_D |f(x,y)|^p \mathrm{d}x\mathrm{d}y \right)^{\frac{1}{p}},$$

称为 f 的 L^p 范数.

(1) 证明 Hölder 不等式:

$$\|fg\|_1 \leqslant \|f\|_p \|g\|_q, \ \forall f \in L^p(D), \quad g \in L^q(D), \quad p,q > 1, \ \frac{1}{p} + \frac{1}{q} = 1.$$

(2) 证明 Minkowski 不等式:

$$\|f + g\|_p \leqslant \|f\|_p + \|g\|_p.$$

(3) 研究函数空间 $L^p(D)$ 是否是线性空间? 是否能成为距离空间?

(4) 试将上述结果推广到一般的 n 维空间 $\mathbb{R}^n$ 中的有界区域 Ω 上 n 重积分情形.

§4.4 曲线与曲面积分

思考题 4.4.1 曲线积分与曲面积分的背景分别是什么? 为什么要分第一型与第二型? 第一型与第二型有什么区别和联系?

思考题 4.4.2 学过的所有积分的积分区域 (范围) 包括区间、平面区域、n 维空间的区域、曲线与曲面, 这些几何对象有哪些相同与不同之处?

思考题 4.4.3 学过的所有的积分都有哪些相同与不同之处?

思考题 4.4.4 学过的所有积分之间有什么联系? Green 公式、Gauss 公式、Stokes 公式与 Newton-Leibniz 公式之间有什么关系?

思考题 4.4.5 用场论符号如何表达 Gauss 公式和 Stokes 公式? 它们的物理意义是什么?

I 曲线、曲面积分的背景

第一型曲线积分与第一型曲面积分的背景分别是求曲线型构件与曲面型构件的质量, 而第二型曲线积分的背景是求在外力 (向量) 作用下质点沿曲线做功问题, 第二型曲面积分的背景则是计算通过曲面的通量, 如流量、磁通量等. 由此可见, 每一种积分都有它非常确切的物理背景.

第一型积分的背景都是对 (数值的) 密度函数积分, 而第二型积分则是分别对 (向量值的) 力与流速来积分. 与重积分和第一型积分不同的就是功与通量都有方向性, 力与流速都是向量. 第一型是分别关于弧长与面积积分, 而第二型则是关于坐标积分. 当然, 在取定方向后两种类型的积分可以相互转化.

───── II   曲线、曲面积分 ── 流形上的积分

定积分与重积分分别是在区间、平面区域、n 维空间的区域上积分, 而曲线、曲面积分的范围则分别是曲线与曲面, 作为平面或三维空间的子集, 它们均不是区域, 没有内点, 数学上可以统称为流形. 例如, 平面是二维的, 平面曲线局部可以看成直线, 是一维的, 曲线作为平面上的子集没有内点. 同样, 曲面局部上可以看作平面, 它作为三维空间的子集没有内点. 现代积分学的一个重要推广就是研究流形上的微积分.

───── III 第二型曲线、曲面积分的方向性与对称性

作为积分都具有线性性、可加性等. 第一型积分与方向或侧无关, 而对第二型积分而言, 若改变曲线的方向或曲面的侧, 则积分的结果相差一个负号. 同时, 对称性也不同. 第一型积分才有通常说的奇偶对称性 (偶倍奇零), 第二型积分, 在考虑曲线的方向与曲面的侧时, 其对称性质与第一型刚好相反.

例如, 计算 $\int_L P(x,y)\mathrm{d}x$, 如果 L 关于 x 轴对称, 记 L_1 表示 L 在 x 轴上方的部分, 则

$$\int_L P(x,y)\mathrm{d}x = \begin{cases} 2\displaystyle\int_{L_1} P(x,y)\mathrm{d}x, & \text{若 } P(x,-y)=-P(x,y), \\ 0, & \text{若 } P(x,-y)=P(x,y), \end{cases}$$

欲计算 $\displaystyle\int_L Q(x,y)\mathrm{d}y$, 如果 L 关于 y 轴对称, 记 L_1 表示 L 在 y 轴右侧的部分, 则

$$\int_L Q(x,y)\mathrm{d}y = \begin{cases} 2\displaystyle\int_{L_1} Q(x,y)\mathrm{d}y, & \text{若 } Q(-x,y)=-Q(x,y), \\ 0, & \text{若 } Q(-x,y)=Q(x,y). \end{cases}$$

而对于第二型空间曲线积分 $\displaystyle\int_L P(x,y,z)\mathrm{d}x$, 如果 L 关于 yOz 平面对称, 记 L_1 表示 L 在 yOz 平面前侧的部分, 则

$$\int_L P(x,y,z)\mathrm{d}x = \begin{cases} 2\displaystyle\int_{L_1} P(x,y,z)\mathrm{d}x, & \text{若 } P(-x,y,z)=-P(x,y,z), \\ 0, & \text{若 } P(-x,y,z)=P(x,y,z), \end{cases}$$

对其他情况有类似结果.

─── IV　Newton-Leibniz 公式在高维的推广

区域上的重积分与其边界上的第二型曲线积分或曲面积分之间, 曲面上的第二型曲面积分与其边界上的第二型曲线积分之间都有内在联系. 这些联系分别被 Green、Gauss 和 Stokes 发现, 所以分别被称为 Green 公式、Gauss 公式和 Stokes 公式. 它们都是 Newton-Leibniz 公式的推广. 它们的共同点是: 把积分范围上的积分与此范围的边界上的积分联系起来, 刻画了某些积分的一类本质属性 —— 积分只与积分范围的边界有关!

─── V　**场论与 Gauss 公式和 Stokes 公式**

物理学中, 我们已经熟知某些场, 如温度场、密度场、电场等. 其实这些**场**就是在空间区域上的分布和变化规律. 这些规律的表达通常就是空间上的函数.

(1) 设向量场 $\boldsymbol{F} = (P(x,y,z), Q(x,y,z), R(x,y,z))$ 在 Ω 上具有连续偏导数, 称

$$\frac{\partial P(x,y,z)}{\partial x} + \frac{\partial Q(x,y,z)}{\partial y} + \frac{\partial R(x,y,z)}{\partial z}$$

为 $\boldsymbol{F}$ 在点 $M\,(x,y,z)$ 处的**散度** (divergence), 记为 $\mathrm{div}(\boldsymbol{F})$.

散度就是穿出单位体积边界的通量, 可以用散度来判别场中的点是源还是汇, 以及源的 "强弱" 和汇的 "大小".

利用散度场的记号, Gauss 公式可以写成

$$\iint_{\partial\Omega} \boldsymbol{F} \cdot \mathrm{d}\boldsymbol{S} = \iiint_{\Omega} \mathrm{div}(\boldsymbol{F})\mathrm{d}V.$$

这个公式表明, 流速场 $\boldsymbol{F}$ 在单位时间里流出封闭曲面 $\partial\Omega$ 的总流量与此流速场按流量密度 $\mathrm{div}(\boldsymbol{F})$ 在区域 Ω 上散发出去的总量是一致的.

(2) 设向量场 $\boldsymbol{F} = (P(x,y,z), Q(x,y,z), R(x,y,z))$ 在 Ω 上具有连续偏导数, 称向量

$$\left(\frac{\partial R}{\partial y} - \frac{\partial Q}{\partial z}\right)\boldsymbol{i} + \left(\frac{\partial P}{\partial z} - \frac{\partial R}{\partial x}\right)\boldsymbol{j} + \left(\frac{\partial Q}{\partial x} - \frac{\partial P}{\partial y}\right)\boldsymbol{k}$$

为向量场 $\boldsymbol{F}$ 在点 $M\,(x,y,z)$ 的**旋度** (rotation, 或 curl), 记为 $\mathbf{rot}\,\boldsymbol{F}(M)$ 或 $\mathbf{curl}\,\boldsymbol{F}(M)$.

利用旋度的记号, Stokes 公式可写为

$$\iint_{\Sigma} \mathbf{rot}\boldsymbol{F} \cdot \mathrm{d}\boldsymbol{S} = \int_{\partial\Sigma} \boldsymbol{F} \cdot \mathrm{d}\boldsymbol{s}.$$

Stokes 公式的物理意义是: 流速场 $\boldsymbol{F}$ 沿曲面 Σ 的边界曲线 $\partial\Sigma$ 的环流量与 $\boldsymbol{F}$ 绕曲面 Σ 上每一点的法向量 (按右手法则) 的环流量总和相等.

§4.4.1　曲线与曲面积分概念辨析

1. 曲线、曲面积分有哪些基本性质? 积分中值定理是否成立?

2. 第一型与第二型曲线积分的计算方法有哪些?

3. 何谓区域边界的诱导正向?

4. 平面上何为单连通区域与复连通区域? Green 公式对什么样的区域是成立的?

5. Green 公式主要的应用有哪些? 对不封闭的路径, 可以直接应用 Green 公式吗?

6. 平面曲线积分与路径无关的条件是什么? 主要应用有哪些?

7. 何为向量值函数的原函数? 连续的向量值函数必有原函数?

8. 何为调和函数? 有哪些性质?

9. 双侧曲面的定向方法是什么? 为什么第二型曲面积分要定义在双侧曲面上?

10. 第一型与第二型曲面积分的计算方法是什么?

11. 在第二型曲线、曲面积分中如何应用对称性?

12. Gauss 公式对什么样的区域成立? 怎么用?

13. 当曲面不封闭时, 为了应用 Gauss 公式, 我们通常采用的方法是什么?

14. 曲面的右手法则是如何规定的? 通常何种情况下使用 Stokes 公式?

15. 曲线、曲面积分在场论中有哪些应用?

§4.4.2　曲线与曲面积分强化训练

1. 计算积分 $\displaystyle\int_L x^2 \mathrm{d}s$, 其中 $L: x^2 + y^2 + z^2 = a^2, x + y + z = 0$.

2. 计算积分 $\displaystyle\iint_\Sigma z \mathrm{d}S$, 其中 Σ 为锥面 $z = \sqrt{x^2 + y^2}$ 在柱体 $x^2 + y^2 \leqslant 2x$ 内的部分.

3. 求积分 $I = \displaystyle\iint_S f(x, y, z)\mathrm{d}S$, 其中 $S: x^2 + y^2 + z^2 = a^2\, (a > 0)$, 而

$$f(x, y, z) = \begin{cases} x^2 + y^2, & z \geqslant \sqrt{x^2 + y^2}, \\ 0, & z < \sqrt{x^2 + y^2}. \end{cases}$$

4. 在球面 $x^2 + y^2 + z^2 = 1$ 上取三点 $A(1, 0, 0), B(0, 1, 0), C\left(\dfrac{1}{\sqrt{2}}, 0, \dfrac{1}{\sqrt{2}}\right)$ 为顶点的球面三角形 ($\overset{\frown}{AB}, \overset{\frown}{BC}, \overset{\frown}{CA}$ 均为大圆弧), 若球面密度为 $\rho = x^2 + y^2$, 求此球面三角形的质量.

5. 设 S 为椭球面 $\dfrac{x^2}{2} + \dfrac{y^2}{2} + z^2 = 1$ 的上半部分, 点 $P(x, y, z) \in S, \pi$ 为 S 在点 P 处的切平面, $\rho(x, y, z)$ 为点 $O(0, 0, 0)$ 到平面 π 的距离, 求 $\displaystyle\iint_S \dfrac{z}{\rho(x, y, z)} \mathrm{d}S$.

6. 计算曲线积分

$$I = \oint_L \frac{(yx^3 + \mathrm{e}^y)\mathrm{d}x + (xy^3 + x\mathrm{e}^y - 2y)\mathrm{d}y}{9x^2 + 4y^2},$$

其中, L 是椭圆 $\dfrac{x^2}{4} + \dfrac{y^2}{9} = 1$ 沿顺时针一周.

7. 计算曲线积分 $\displaystyle\oint_L \dfrac{-\left(y - \dfrac{1}{2}\right)\mathrm{d}x + x\mathrm{d}y}{x^2 + \left(y - \dfrac{1}{2}\right)^2}$, 其中 L 为从 $A(1,0)$ 经上半单位圆周到

$B(-1,0)$, 再经直线段 $\overrightarrow{BA}$ 回到 A 的封闭曲线.

8. 计算曲线积分 $I = \displaystyle\oint_L \dfrac{x\mathrm{d}y - y\mathrm{d}x}{4x^2 + y^2}$, 其中 L 是以点 $(1,0)$ 为中心、R 为半径的圆周 $(R \neq 1)$ 取逆时针方向.

9. 计算 $I = \displaystyle\int_C \dfrac{y\mathrm{d}x - x\mathrm{d}y}{x^2 + y^2}$, 其中 C 为曲线 $x = \cos^3 t, y = \sin^3 t \left(0 \leqslant t \leqslant \dfrac{\pi}{2}\right)$ 的一段.

10. 求 $I = \displaystyle\int_L \dfrac{(3y - x)\mathrm{d}x + (y - 3x)\mathrm{d}y}{(x + y)^3}$, 其中 L 为由点 $A\left(\dfrac{\pi}{2}, 0\right)$ 沿曲线 $y = \dfrac{\pi}{2}\cos x$ 到点 $B\left(0, \dfrac{\pi}{2}\right)$ 的弧段.

11. 计算曲线积分 $\displaystyle\int_C (xe^x + 3x^2 y)\mathrm{d}x + (x^3 + \sin y)\mathrm{d}y$, 其中 C 是沿曲线 $y = x^2 - 1$ 从点 $A(-1,0)$ 到点 $B(2,3)$ 的一段弧.

12. 求 $I = \displaystyle\int_L [e^x \sin y - b(x + y)]\mathrm{d}x + (e^x \cos y - ax)\mathrm{d}y$, 其中 a, b 为正常数, L 为从点 $A(2a, 0)$ 沿曲线 $y = \sqrt{2ax - x^2}$ 到点 $O(0,0)$ 的弧.

13. 计算曲线积分 $\displaystyle\int_L (y + 3x)^2\mathrm{d}x + (3x^2 - y^2 \sin\sqrt{y})\mathrm{d}y$, 其中 L 为曲线 $y = x^2$ 上由 $A(-1,1)$ 到 $B(1,1)$ 的一段弧.

14. 在过点 $O(0,0)$ 和 $A(\pi, 0)$ 的曲线族 $y = a\sin x(a > 0)$ 中, 求一条曲线 L, 使沿该曲线从 O 到 A 的积分 $\displaystyle\int_L (1 + y^3)\mathrm{d}x + (2x + y)\mathrm{d}y$ 的值最小.

15. 设曲线 $y = x(2 - x)$ 与 x 轴交于原点 $(0,0)$ 及 $A(2,0)$, 曲线在 A 点处的切线交 y 轴于 B 点, 试计算沿直线段 $\overrightarrow{AB}$ 的曲线积分

$$I = \int_{\overrightarrow{AB}} \left(\dfrac{\sin y}{1 + x} - y + 1\right)\mathrm{d}x + [x + 1 + \cos y \cdot \ln(1 + x)]\mathrm{d}y.$$

16. 设曲线积分 $\displaystyle\int_C xy^2\mathrm{d}x + y\phi(x)\mathrm{d}y$ 与路径无关, 其中 $\phi(x)$ 具有连续的导数, 且 $\phi(0) = 0$, 计算 $\displaystyle\int_{(0,0)}^{(1,1)} xy^2\mathrm{d}x + y\phi(x)\mathrm{d}y$ 的值.

17. 确定 λ 的值, 使曲线积分 $\displaystyle\int_C (x^2 + 4xy^\lambda)\mathrm{d}x + (6x^{\lambda-1}y^2 - 2y)\mathrm{d}y$ 在 xOy 平面上与路径无关, 当起点为 $(0,0)$, 终点为 $(3,1)$ 时, 求此曲线积分的值.

18. 设 $f(x)$ 连续可导, $f(0) = 1$, 曲线积分 $\displaystyle\int_C [\sin 2x - yf(x)\tan x]\mathrm{d}x + f(x)\mathrm{d}y$ 与路径无关.

(1) 求 $f(x)$;

(2) 计算 $\displaystyle\int_{(0,0)}^{(\frac{\pi}{4}, \frac{\pi}{4})} [\sin 2x - yf(x)\tan x]\mathrm{d}x + f(x)\mathrm{d}y$.

19. 试求连续可微函数 $\varphi(x)$, 使在右半平面内曲线积分 $\displaystyle\int_{\widehat{AB}} [\cos x - \varphi(x)]\frac{y}{x}\mathrm{d}x + \varphi(x)\mathrm{d}y$ 与路径无关, 其中 $\varphi\left(\dfrac{\pi}{2}\right) = 2$, 且当 $A = (1, 0), B = (\pi, \pi)$ 时, 求该曲线积分的值.

20. 设函数 $f(x), g(x)$ 具有二阶连续导数, 且对平面上任意简单封闭曲线 C, 积分

$$\oint_C [y^2 f(x) + 2ye^x + 2yg(x)]\mathrm{d}x + 2[yg(x) + f(x)]\mathrm{d}y = 0.$$

(1) 求满足条件 $f(0) = g(0) = 0$ 的 $f(x), g(x)$;

(2) 计算沿任一曲线从点 $(0, 0)$ 到点 $(1, 1)$ 的积分.

21. 确定函数 $\alpha(x), \beta(x)$, 使当 $P(x, y) = [x\alpha(x) + \beta(x)]y^2 + 3x^2 y$, $Q(x, y) = y\alpha(x) + \beta(x)$ 时, 曲线积分 $\displaystyle\oint_L P\mathrm{d}x + Q\mathrm{d}y$ 对任何闭曲线 L 都等于 0. 又当 $\alpha(0) = -1, \beta(0) = 0$ 时, 确定出 P, Q.

22. 设 $f(x)$ 具有连续导数, 满足 $f(x) > 0, f(1) = \dfrac{1}{2}$, 且在平面区域 $x > 1$ 内的任一闭曲线 C 上的积分 $\displaystyle\oint_C \left[ye^x f(x) - \dfrac{y}{x}\right]\mathrm{d}x - \ln f(x)\mathrm{d}y = 0$. 试求函数 $f(x)$.

23. 设 $f(x)$ 具有二阶连续导数, $f(1) = 1, f'(1) = 7$, 试确定 $f(x)$, 使曲线积分

$$I = \int_{\widehat{AB}} [x^2 f'(x) - 11xf(x)]\mathrm{d}y - 32f(x)y\mathrm{d}x$$

与路径无关, 并对点 $A(1, 1), B(0, 3)$ 计算曲线积分的值.

24. 计算曲线积分 $\displaystyle\int_C (x^2 + y^2)\mathrm{d}x + 2xy\mathrm{d}y$, 其中 C 是由极坐标方程 $\rho = 2 - \sin\varphi$ 所表示的曲线上从 $\varphi = 0$ 到 $\varphi = \dfrac{\pi}{2}$ 的一段弧.

25. 求积分 $I = \displaystyle\int_{(1,0)}^{(6,8)} \dfrac{x\mathrm{d}x + y\mathrm{d}y}{\sqrt{x^2 + y^2}}$.

26. 验证 $(3x^2 y + 8xy^2)\mathrm{d}x + (x^3 + 8x^2 y + 12ye^y)\mathrm{d}y$ 为某个函数的全微分, 并求它的原函数.

27. 设函数 $P(x, y)$ 在 xOy 平面上具有一阶连续偏导数, 曲线积分 $\displaystyle\int_C P(x, y)\mathrm{d}x + 2xy\mathrm{d}y$ 与路径无关, 又对任意实数 t, 恒有

$$\int_{(0,0)}^{(t,1)} P(x, y)\mathrm{d}x + 2xy\mathrm{d}y = \int_{(0,0)}^{(1,t)} P(x, y)\mathrm{d}x + 2xy\mathrm{d}y,$$

求函数 $P(x,y)$.

28. 设函数 $Q(x,y)$ 在 xOy 平面上具有一阶连续偏导数, 曲线积分 $\int_C 2xy\mathrm{d}x + Q(x,y)\mathrm{d}y$ 与路径无关, 又对任意实数 t, 恒有

$$\int_{(0,0)}^{(t,1)} 2xy\mathrm{d}x + Q(x,y)\mathrm{d}y = \int_{(0,0)}^{(1,t)} 2xy\mathrm{d}x + Q(x,y)\mathrm{d}y,$$

求函数 $Q(x,y)$.

29. 设曲线积分 $\int_L F(x,y)(y\mathrm{d}x + x\mathrm{d}y)$ 与积分路径无关, 且方程 $F(x,y) = 0$ 所确定的隐函数的图像过点 $(1,2)$, 其中 $F(x,y)$ 是可微函数, 求 $F(x,y) = 0$ 所确定的函数.

30. 设 $f(x)$ 为 $(-\infty, +\infty)$ 上连续可微函数, 计算曲线积分

$$\int_L \frac{1 + y^2 f(xy)}{y}\mathrm{d}x + \frac{x}{y^2}[y^2 f(xy) - 1]\mathrm{d}y,$$

其中 L 是从 $A\left(3, \frac{2}{3}\right)$ 到 $B(1,2)$ 的直线段.

31. 计算曲线积分 $I = \oint_L \frac{\cos(\boldsymbol{r}, \boldsymbol{n})}{r}\mathrm{d}s$, 其中 L 为任一逐段光滑的简单闭曲线, $\boldsymbol{r} = (x, y), r = \sqrt{x^2 + y^2}, \boldsymbol{n}$ 是 L 的单位外法向量.

32. 计算曲线积分 $\int_C \frac{-y\mathrm{d}x + x\mathrm{d}y}{4x^2 + y^2}$, 其中 C 是由点 $A(1,0)$ 经上半圆 $y = \sqrt{1 - x^2}$ 到点 $B(-1,0)$, 再沿直线 $x + y = -1$ 到点 $D(1,-2)$ 的路径.

33. 设函数 φ 具有连续导数, 试计算曲线积分 $I = \int_{\overset{\frown}{AMB}} [\varphi(y)\cos x - \pi y]\mathrm{d}x + [\varphi'(y)\sin x - \pi]\mathrm{d}y$, 其中 $\overset{\frown}{AMB}$ 为连接点 $A(\pi, 2)$ 与点 $B(3\pi, 4)$ 的直线段 AB 下方的任意光滑曲线, 且该曲线和直线段 AB 所围成的面积为 6π. 见图 4.3.

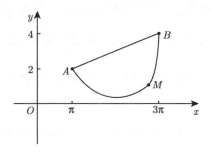

图 4.3

34. 已知曲线积分 $\oint_L \frac{x\mathrm{d}y - y\mathrm{d}x}{f(x) + y^2} = A$ 为非零常数, 其中 $f(x)$ 可微, 且 $f(1) = 16, L$ 为任意包含原点的光滑曲线, 逆时针方向.

(1) 求函数 $f(x)$;

(2) 求积分值.

35. 计算 $I = \iint_{\Sigma} (x+1)\mathrm{d}y\mathrm{d}z + (y+1)\mathrm{d}z\mathrm{d}x + (z+1)\mathrm{d}x\mathrm{d}y$, 其中 Σ 为平面 $x+y+z=1$, $x=0, y=0$ 和 $z=0$ 所围立体表面的外侧.

36. 计算 $\iint_{\Sigma} 2xz\mathrm{d}y\mathrm{d}z + yz\mathrm{d}z\mathrm{d}x - z^2\mathrm{d}x\mathrm{d}y$, 其中 Σ 是由曲面 $z = \sqrt{x^2 + y^2}$ 与 $z = \sqrt{2 - x^2 - y^2}$ 所围立体表面的外侧.

37. 求曲面积分 $I = \iint_{S} yz\mathrm{d}z\mathrm{d}x + 2\mathrm{d}x\mathrm{d}y$, 其中 S 是球面 $x^2 + y^2 + z^2 = 4$ 外侧在 $z \geqslant 0$ 的部分.

38. 计算曲面积分 $I = \iint_{S} (2x+z)\mathrm{d}y\mathrm{d}z + z\mathrm{d}x\mathrm{d}y$, 其中 S 为有向曲面 $z = x^2 + y^2 (0 \leqslant z \leqslant 1)$, 其法向量与 z 轴正向的夹角为锐角.

39. 计算曲面积分 $I = \iint_{\Sigma} x(8y+1)\mathrm{d}y\mathrm{d}z + 2(1-y^2)\mathrm{d}z\mathrm{d}x - 4yz\mathrm{d}x\mathrm{d}y$, 其中 Σ 是由曲 线 $\begin{cases} z = \sqrt{y-1}, 1 \leqslant y \leqslant 3, \\ x = 0 \end{cases}$ 绕 y 轴旋转一周而成的曲面, 其法向量与 y 轴正向的夹角 恒大于 $\frac{\pi}{2}$.

40. 计算曲面积分 $\iint_{S} \dfrac{x\mathrm{d}y\mathrm{d}z + z^2\mathrm{d}x\mathrm{d}y}{x^2 + y^2 + z^2}$, 其中 S 是由曲面 $x^2 + y^2 = R^2$ 及两平面 $z = R$ 和 $z = -R$ $(R > 0)$ 所围立体表面的外侧.

41. 计算 $I = \iint_{\Sigma} \dfrac{ax\mathrm{d}y\mathrm{d}z + (z+a)^2\mathrm{d}x\mathrm{d}y}{\sqrt{x^2 + y^2 + z^2}}$, 其中 $\sum$ 为下半球面 $z = -\sqrt{a^2 - x^2 - y^2}$ 的上侧, a 为大于零的常数.

42. 设对半空间 $x > 0$ 内任意光滑有向封闭曲面 S, 都有 $\iint_{S} xf(x)\mathrm{d}y\mathrm{d}z - xyf(x)\mathrm{d}z\mathrm{d}x - \mathrm{e}^{2x}z\mathrm{d}x\mathrm{d}y = 0$, 其中函数 $f(x)$ 在 $(0, +\infty)$ 内一阶连续可导, 且 $\lim_{x \to 0^+} f(x) = 1$, 求 $f(x)$.

43. 计算积分 $\iint_{S} x^2\mathrm{d}y\mathrm{d}z + y^2\mathrm{d}z\mathrm{d}x + (z^3+x)\mathrm{d}x\mathrm{d}y$, 其中 S 为抛物面 $z = x^2 + y^2 (z \leqslant 1)$ 的下侧.

44. 计算积分 $I = \iint_{\Sigma} (x^2 + \mathrm{e}^{-y^2})\mathrm{d}y\mathrm{d}z - (xy + \sin z^2)\mathrm{d}z\mathrm{d}x + (z^2 - xz)\mathrm{d}x\mathrm{d}y$, 其中 Σ 为抛物面 $z = 2 - x^2 - y^2 (z \geqslant 1)$ 的上侧.

45. 设点 $M(\xi, \eta, \zeta)$ 是椭球面 $\dfrac{x^2}{a^2} + \dfrac{y^2}{b^2} + \dfrac{z^2}{c^2} = 1$ 上第一卦限的点, S 是该椭球面在点 M 处的切平面被三个坐标面所截得的三角形, 法向量与 z 轴正向的交角为锐角. 问 ξ, η, ζ 取何值时, 曲面积分 $I = \iint_{S} x\mathrm{d}y\mathrm{d}z + y\mathrm{d}z\mathrm{d}x + z\mathrm{d}x\mathrm{d}y$ 的值最小? 并求出此最小值.

46. 设 $f(x,y,z)$ 为连续函数, S 为曲面 $z = \dfrac{1}{2}(x^2 + y^2)$ 介于 $z = 2$ 与 $z = 8$ 之间的部分, 取上侧, 求 $I = \displaystyle\iint_S [yf(x,y,z)+x]\mathrm{d}y\mathrm{d}z + [xf(x,y,z)+y]\mathrm{d}z\mathrm{d}x + [2xyf(x,y,z)+z]\mathrm{d}x\mathrm{d}y$.

47. 设函数 $f(u)$ 具有连续导数, Σ 是 $z = 1 + \sqrt{x^2+y^2}(1 \leqslant z \leqslant 2)$, 取外侧, 计算曲面积分

$$\iint_{\Sigma} \left[\frac{1}{y+2}f\left(\frac{x+1}{y+2}\right) + 3xy^2 + \mathrm{e}^z \right] \mathrm{d}y\mathrm{d}z$$
$$+ \left[\frac{1}{x+1}f\left(\frac{x+1}{y+2}\right) + 3x^2y - y \right] \mathrm{d}z\mathrm{d}x + (z - x^2 - y^2)\mathrm{d}x\mathrm{d}y.$$

48. 计算曲面积分 $I = \displaystyle\iint_S (y^2+xz)\mathrm{d}y\mathrm{d}z + (z^2+y)\mathrm{d}z\mathrm{d}x + (x^2-z)\mathrm{d}x\mathrm{d}y$, 其中 $S : z = 2 - \sqrt{x^2+y^2}\,(0 \leqslant z \leqslant 2)$ 的上侧.

49. 计算曲面积分

$$I = \iint_S \frac{\mathrm{e}^{x^2+y^2}\mathrm{d}y\mathrm{d}z + yz\mathrm{d}z\mathrm{d}x + 2z\mathrm{d}x\mathrm{d}y}{\sqrt{x^2+y^2+z^2}},$$

其中 $S : z = \sqrt{R^2 - x^2 - y^2}$ 的上侧.

50. 计算曲面积分 $I = \displaystyle\iint_{\Sigma} x^2\mathrm{d}y\mathrm{d}z + y^2\mathrm{d}z\mathrm{d}x + (z^3+x)\mathrm{d}x\mathrm{d}y$, 其中 Σ 为抛物面 $z = x^2 + y^2\,(0 \leqslant z \leqslant 1)$, 取下侧.

51. 计算曲线积分 $I = \displaystyle\oint_C (z-y)\mathrm{d}x + (x-z)\mathrm{d}y + (x-y)\mathrm{d}z$, 其中 C 是曲线 $\begin{cases} x^2 + y^2 = 1, \\ x - y + z = 2, \end{cases}$ 从 z 轴正向往 z 轴负向看, C 的方向是顺时针的.

52. 计算 $I = \displaystyle\oint_L (y^2-z^2)\mathrm{d}x + (2z^2-x^2)\mathrm{d}y + (3x^2-y^2)\mathrm{d}z$, 其中 L 是平面 $x+y+z = 2$ 与柱面 $|x| + |y| = 1$ 的交线, 从 z 轴正向看去, L 为逆时针方向.

53. 证明在整个 xOy 平面上, $(\mathrm{e}^x \sin y - my)\mathrm{d}x + (\mathrm{e}^x \cos y - mx)\mathrm{d}y$ 是某个函数的全微分, 求这样一个函数并计算积分 $I = \displaystyle\int_L (\mathrm{e}^x \sin y - my)\mathrm{d}x + (\mathrm{e}^x \cos y - mx)\mathrm{d}y$, 其中 L 是从 $(0,0)$ 到 $(1,1)$ 的任意一条道路.

54. 设函数 $f(x)$ 在 $(-\infty, +\infty)$ 内具有一阶连续导数, L 是上半平面 $(y > 0)$ 内的有向分段光滑曲线, 起点为 (a,b), 终点为 (c,d). 记 $I = \displaystyle\int_L \frac{1}{y}[1+y^2f(xy)]\mathrm{d}x + \frac{x}{y^2}[y^2f(xy)-1]\mathrm{d}y$.

(1) 证明曲线积分 I 与路径 L 无关;

(2) 当 $ab = cd$ 时, 求 I 的值.

55. 已知平面区域 $D = \{(x,y) | 0 \leqslant x \leqslant \pi, 0 \leqslant y \leqslant \pi\}$, L 为 D 的正向边界. 试证:

(1) $\displaystyle\oint_L x\mathrm{e}^{\sin y}\mathrm{d}y - y\mathrm{e}^{-\sin x}\mathrm{d}x = \oint_L x\mathrm{e}^{-\sin y}\mathrm{d}y - y\mathrm{e}^{\sin x}\mathrm{d}x$;

(2) $\oint_L x\mathrm{e}^{\sin y}\mathrm{d}y - y\mathrm{e}^{-\sin x}\mathrm{d}x \geqslant 2\pi^2$.

56. 设 C 是圆周 $(x-1)^2 + (y-1)^2 = 1$, 取逆时针方向, $f(x)$ 为正值连续函数, 试证:
$$I = \oint_C xf(y)\mathrm{d}y - \frac{y}{f(x)}\mathrm{d}x \geqslant 2\pi.$$

57. 设 L 是逐段光滑的简单闭曲线, $f(x, y)$ 在 L 上连续, 证明
$$u(x, y) = \oint_L f(\xi, \eta)\ln \sqrt{(x-\xi)^2 + (y-\eta)^2}\mathrm{d}s$$

当 $x^2 + y^2 \to +\infty$ 时, 趋于零的充要条件是
$$\oint_L f(\xi, \eta)\mathrm{d}s = 0.$$

58. 设函数 $u(x, y, z), v(x, y, z)$ 二阶连续可微, 有界闭区域 Ω 具有光滑边界, 证明

(1) $\iiint_\Omega \Delta u \mathrm{d}V = \iint_{\partial\Omega} \frac{\partial u}{\partial n}\mathrm{d}S$, 其中 $\Delta u = u_{x^2} + u_{y^2} + u_{z^2}$ 为 Laplace 算子, $\mathrm{d}\dfrac{\partial u}{\partial n}$ 是 $u(x, y, z)$ 沿外法线方向的方向导数;

(2) $\iiint_\Omega (u\Delta v - v\Delta u)\mathrm{d}V = \iint_{\partial\Omega} \left(u\dfrac{\partial v}{\partial n} - v\dfrac{\partial u}{\partial n} \right)\mathrm{d}S$;

(3) 若在 Ω 内 $\Delta u \equiv 0$, 且在边界上 $u \equiv 0$, 则在 Ω 内 $u \equiv 0$.

第5章 反常积分与含参变量积分

思考题 5.1 引入无穷积分与无界函数积分的背景分别是什么?

思考题 5.2 反常积分主要的研究任务是什么?

思考题 5.3 反常重积分与一元的反常积分有什么明显不同之处? 原因是什么?

思考题 5.4 含参变量反常积分的主要研究任务是什么? 遇到的困难是什么? 又是如何克服困难的?

思考题 5.5 举例说明如何应用含参变量积分来求反常积分的值.

● 反常积分概念的引入

定积分, 即 Riemann 积分是在被积函数有界且积分区间为有限闭区间的限制下定义的, 但无论是从数学自身的角度还是从实际应用方面来看, 有时需要取消这些限制, 这就自然导致了反常积分概念的产生. 反常积分包括无穷 (限) 积分和无界函数积分 (即瑕积分) 两种. 1823 年, Cauchy 在他的《无穷小分析教程概论》中论述了在积分区间的某些值处函数值变为无穷或积分区间趋于 ∞ 时的反常积分, 他还结合物理意义提出积分主值的概念. 反常积分的概念后来又被推广到反常重积分与含参变量的反常积分. 在反常积分和含参变量反常积分的性质以及收敛性研究等方面, Cauchy、Abel、Dirichlet 以及 Weierstrass 等数学家做了大量的工作.

特别要指出的是, 有一些重要的反常积分, 如泊松 (Poisson) 积分 $\int_0^{+\infty} e^{-x^2} dx$、$\Gamma$ 函数 $\int_0^{+\infty} x^{s-1} e^{-x} dx$ 等在概率论与数理统计, $\int_{-\infty}^{+\infty} \sin x^2 dx$ 在光学等学科中有重要的应用, 这也是反常积分受到重视的原因之一. 而这些积分的计算往往与含参变量的反常积分有密切关系.

● 反常积分的重点和难点

能够算出来的反常积分是极少数, 所以直接按定义判断反常积分的收敛性是困难的,研究反常积分的各种收敛判别法是至关重要的, 这也是我们学习反常积分的重点和难点. 拿到一个反常积分, 先要观察是否有瑕点, 若有瑕点, 就要将反常积分分为无界函数的积分与无穷积分的和. 然后再看被积函数是否定号. 若定号, 则应用非负函数的反常积分判别法; 否则先判别绝对收敛性, 若绝对收敛则必收敛, 若不是绝对收敛, 则要再直接判别是否收敛. 这时候通常的方法是用定义、Cauchy 收敛准则、A-D 判别法等, 这时候的收敛即为条件收敛.

● 反常重积分与反常积分的异同

反常重积分也是重积分的推广, 即去掉积分区域有界与被积函数有界这两个限制, 其基本思想与上面叙述的反常积分是类似的. 但是, 反常重积分的收敛性定义的要求是很高的.

以无穷积分为例. 设 D 为平面 $\mathbb{R}^2$ 上的无界区域, $f(x,y)$ 在 D 上有定义 (图 5.1). **任取一条**包围原点的封闭光滑曲线 γ, 它每一有界部分的曲线的面积为 0, 且 γ 将 D 割出一个有界子区域, 记为 D_γ, 并要求 $f(x,y)$ 在 D_γ 上都是 (Riemann) 可积的, 且当 $d(\gamma)$ 趋于无穷大, 即 D_γ 趋于 D 时, $\iint_{D_\gamma} f(x,y)\mathrm{d}x\mathrm{d}y$ 的极限 $I = \lim\limits_{d(\gamma)\to+\infty} \iint_{D_\gamma} f(x,y)\mathrm{d}x\mathrm{d}y$ 存在, 而且该极限值与 γ 的选取无关. 其中, $d(\gamma) = \inf\left\{\sqrt{x^2+y^2}\,\big|(x,y)\in\gamma\right\}$ 为 γ 到坐标原点的距离. 这里的 D_γ 差不多是 D 的任意一个可求面积的有界子集.

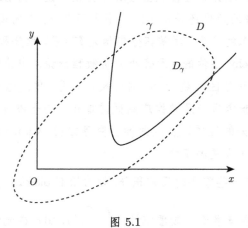

图 5.1

而对反常积分 $\int_{-\infty}^{+\infty} f(x)\mathrm{d}x$ 来说, D_γ 只是任意有限区间. 这种定义的差别导致了反常重积分与反常积分一个显著的不同, 即反常重积分没有条件收敛的概念, 亦即反常重积分的收敛与绝对收敛是等价的, 但反常 (定) 积分则不然, 即收敛与绝对收敛是不等价的. 在证明反常重积分收敛蕴含绝对收敛 (参见《数学分析》定理 17.11, 周民强等, 2014) 时, 你可以看到 D_γ **任意性**所起到的作用.

─── ● 引入含参变量积分的意义

　　实际应用中涉及的反常积分常带有参数, 研究积分对参数的依赖关系是含参变量积分的主要内容. 含参变量积分也是我们构造新函数的重要方法之一. 含参变量积分包括含参变量常义积分和含参变量反常积分. 对于含参变量反常积分而言, 只有对固定参数的收敛性 (逐点收敛) 还不足以保证含参变量积分所定义的作为参数的函数的相关分析性质成立. 例如, 若 $f(x, y)$ 连续, 且对每个 $y \in I$, 反常积分 $\int_a^{+\infty} f(x, y)\mathrm{d}x$ 收敛, 这时未必有函数 $I(y) \doteq \int_a^{+\infty} f(x, y)\mathrm{d}x$ 在 I 上连续. 举例如下:

　　考虑含参变量反常积分

$$\int_0^{+\infty} 2xy\mathrm{e}^{-yx^2}\mathrm{d}x.$$

容易证明, 其收敛域为 $[0, +\infty)$, 于是我们得到了定义在 $[0, +\infty)$ 上的函数, 记为

$$I(y) = \int_0^{+\infty} 2xy\mathrm{e}^{-yx^2}\mathrm{d}x, \quad y \in [0, +\infty).$$

那么, $I(y)$ 在 $[0, +\infty)$ 上连续吗?

　　显然, $I(0) = 0$, 当 $y > 0$ 时, 用 Newton-Leibniz 公式易得 $I(y) = 1$, 所以 $I(y)$ 在 $y = 0$ 处不连续.

　　为了研究含参变量积分定义的函数的性质, 一致收敛性概念应运而生. 一致收敛的判断与反常积分收敛判别法有类似之处, 但根本不同之处就在于 "一致性" 的要求. 当然, 如果我们要证明含参变量积分所定义的函数在开区间上连续, 或可微, 可以将一致收敛减弱为内闭一致收敛.

─── ● 反常积分的计算

　　以计算 Dirichlet 积分

$$I = \int_0^{+\infty} \frac{\sin x}{x}\mathrm{d}x$$

为例, 考察如何通过引入参数和积分号下求导数的方法来计算反常积分.

　　引进参数 α, 考虑含参变量反常积分:

$$I(\alpha) = \int_0^{+\infty} \mathrm{e}^{-\alpha x}\frac{\sin x}{x}\mathrm{d}x, \quad \alpha \geqslant 0.$$

记

$$f(x, \alpha) = \begin{cases} \mathrm{e}^{-\alpha x}\dfrac{\sin x}{x}, & x \neq 0, \\ 1, & x = 0. \end{cases}$$

显然 $f(x, \alpha)$ 与 $f_\alpha(x, \alpha) = -\mathrm{e}^{-\alpha x}\sin x$ 都在 $[0, +\infty) \times [0, +\infty)$ 上连续.

利用积分 $\displaystyle\int_0^{+\infty}\mathrm{e}^{-\alpha x}\frac{\sin x}{x}\mathrm{d}x$ 关于 α 在 $[0,+\infty)$ 上的一致收敛性, 知道 $I(\alpha)$ 在 $[0,+\infty)$ 上连续, 从而

$$I = I(0) = \lim_{\alpha\to 0+} I(\alpha).$$

下面利用积分号下求导的方法求解 $I(\alpha)$. 考虑

$$\int_0^{+\infty} f_\alpha(x,\alpha)\mathrm{d}x = -\int_0^{+\infty}\mathrm{e}^{-\alpha x}\sin x\mathrm{d}x.$$

易证 $\displaystyle\int_0^{+\infty} f_\alpha(x,\alpha)\mathrm{d}x = -\int_0^{+\infty}\mathrm{e}^{-\alpha x}\sin x\mathrm{d}x$ 在 $(0,+\infty)$ 内闭一致收敛, 于是

$$I'(\alpha) = -\int_0^{+\infty}\mathrm{e}^{-\alpha x}\sin x\mathrm{d}x = \left[\frac{\mathrm{e}^{-\alpha x}(\alpha\sin x + \cos x)}{1+\alpha^2}\right]\Bigg|_0^{+\infty} = -\frac{1}{1+\alpha^2}, \quad \forall\alpha > 0.$$

所以,

$$I(\alpha) = -\arctan\alpha + C, \quad \forall\alpha \geqslant 0.$$

由于在 $(0,+\infty)$ 上

$$|I(\alpha)| = \left|\int_0^{+\infty}\mathrm{e}^{-\alpha x}\frac{\sin x}{x}\mathrm{d}x\right| \leqslant \int_0^{+\infty}\mathrm{e}^{-\alpha x}\mathrm{d}x = \frac{1}{\alpha},$$

因此 $\displaystyle\lim_{\alpha\to+\infty} I(\alpha) = 0$, 所以 $C = \dfrac{\pi}{2}$, 从而

$$I(\alpha) = -\arctan\alpha + \frac{\pi}{2}, \ \forall\alpha \geqslant 0.$$

于是 Dirichlet 积分的值为

$$\int_0^{+\infty}\frac{\sin x}{x}\mathrm{d}x = I(0) = \frac{\pi}{2}.$$

§5.1　反　常　积　分

　　思考题 5.1.1　研究反常积分的敛散性为什么先从非负的被积函数的情况开始?

　　思考题 5.1.2　无穷积分与无界函数积分的收敛性判别法之间有无类似之处与相互关联?

　　思考题 5.1.3　Riemann 积分的性质是否都能推广到反常积分?

　　思考题 5.1.4　无界函数的积分是否可以作为 Riemann 和的极限?

—— I   非负函数的反常积分

反常积分与定积分相比, 多了一步取极限, 即对变上限或变下限积分取极限. 例如, $f(x)$ 的无穷积分 $\int_a^{+\infty} f(x)\mathrm{d}x$ 定义为 $\lim\limits_{A\to+\infty} \int_a^A f(x)\mathrm{d}x$, 记 $F(A) = \int_a^A f(x)\mathrm{d}x$, 则当 $f(x)$ 非负时, $F(A)$ 关于 A 是单调递增的, 因此 $A \to +\infty$ 时, 极限的存在性等价于 $F(A)$ 有上界. 此时比较判别法等应运而生. 所以非负函数的反常积分收敛性的判别要简单得多.

—— II   无穷积分与瑕积分的关系

无界函数的积分与无穷积分都是定积分对积分限的极限, 且两者是可以相互转化的, 所以它们的判别法是类似的, 只是为了方便起见, 通常教材上会只给出结论, 并把证明留给读者完成.

例如, 若 $x = b$ 是 $f(x)$ 的瑕点, 令 $x = b - \dfrac{1}{y}$, 或 $y = \dfrac{1}{b-x}$, 则无界函数的积分可化为无穷积分:

$$\int_a^b f(x)\mathrm{d}x = \lim_{\eta\to 0+} \int_a^{b-\eta} f(x)\mathrm{d}x = \lim_{\eta\to 0+} \int_{\frac{1}{b-a}}^{\frac{1}{\eta}} \frac{1}{y^2} f\left(b-\frac{1}{y}\right)\mathrm{d}y = \int_{\frac{1}{b-a}}^{+\infty} \frac{1}{y^2} f\left(b-\frac{1}{y}\right)\mathrm{d}y.$$

当 $f(x)$ 非负时, $\dfrac{1}{y^2} f\left(b - \dfrac{1}{y}\right)$ 也是非负的, 因此由无穷积分的有界判别法和比较判别法, 相应地可得出无界函数积分的有界判别法和比较判别法, 等等.

当然, 无界函数积分, 有些收敛判别法也可以从极限存在性直接得出, 不必先化为无穷积分.

—— III   定积分与反常积分性质的比较

定积分的换元法、分部积分法和 Newton-Leibniz 公式等对收敛的反常积分也成立.
但也有不少定积分的性质对反常积分是不成立的.

(1) 绝对可积性对反常积分不成立. 例如, $\int_1^{+\infty} \dfrac{\sin x}{x}\mathrm{d}x$ 是条件收敛的, 即它自身收敛, 但 $\int_1^{+\infty} \dfrac{|\sin x|}{x}\mathrm{d}x$ 发散.

(2) 反常积分 $\int_a^{+\infty} f(x)\mathrm{d}x$ 和 $\int_a^{+\infty} g(x)\mathrm{d}x$ 收敛, $\int_a^{+\infty} f(x)g(x)\mathrm{d}x$ 未必收敛. 例如, $\int_1^{+\infty} \dfrac{\sin x}{\sqrt{x}}\mathrm{d}x$ 收敛, 但 $\int_1^{+\infty} \dfrac{\sin^2 x}{x}\mathrm{d}x$ 发散.

(3) 积分中值定理对无穷积分 $\displaystyle\int_a^{+\infty} f(x)\mathrm{d}x$ 显然没有直接的对应结果.

请读者自己去详细整理.

Ⅳ   反常积分与和式极限

区间为 $[a,b]$ 的瑕积分并不是在开区间上的 Riemann 积分, 即无界函数的积分不可以像定积分那样作为 Riemann 和的极限. 事实上, 定积分可积的必要条件是函数有界. 而无界函数的所有 Riemann 和的集合一定是无界的, 即对任意的分割 T, Darboux 和 $S(T)$ 或 $s(T)$ 一定是无穷大.

事实上, 假定 $f(x)$ 在 $[a,b]$ 上有定义, 但无界, 则对任意分割 $T: a = x_0 < x_1 < \cdots < x_n = b$, 必存在某区间 $\Delta_j = [x_{j-1}, x_j]$, 使得 f 在 Δ_j 上无界. 于是对任何正数 G, 对任何 $1 \leqslant i \leqslant n$, $i \neq j$, 任取 $\xi_i \in \Delta_i$, 再取 $\xi_j \in \Delta_j$, 使得

$$|f(\xi_j)| > \frac{\left|\sum\limits_{i\neq j} f(\xi_i)\Delta x_i\right| + G}{\Delta x_j},$$

则 $\left|\sum(T)\right| = \left|\sum\limits_{i=1}^n f(\xi_i)\Delta x_i\right| > G$.

当然, 并非每个 Riemann 和都是无界的. 下面的例子是对这个问题的一个旁注.

例 5.1.1   假设 $f(x)$ 在 $(0,1)$ 上单调, 反常积分 $\displaystyle\int_0^1 f(x)\mathrm{d}x$ 收敛. 则有

$$\lim_{n\to\infty} \frac{1}{n}\left[f\left(\frac{1}{n}\right) + f\left(\frac{2}{n}\right) + \cdots + f\left(\frac{n-1}{n}\right)\right] = \int_0^1 f(x)\mathrm{d}x.$$

证明   不妨设 $f(x)$ 非负单调增加, 且以 1 为瑕点. 则有不等式

$$\int_0^{1-\frac{1}{n}} f(x)\mathrm{d}x \leqslant \frac{1}{n}\left[f\left(\frac{1}{n}\right) + f\left(\frac{2}{n}\right) + \cdots + f\left(\frac{n-1}{n}\right)\right] \leqslant \int_0^{1-\xi_n} f(x)\mathrm{d}x + \xi_n f\left(\frac{n-1}{n}\right),$$

这里取 $0 < \xi_n < \dfrac{1}{n}$, 且使得当 $n \to \infty$ 时, $\xi_n f\left(\dfrac{n-1}{n}\right) \to 0$. 于是结论得证.

§5.1.1   反常积分概念辨析

1. 如何定义无穷积分与瑕积分?
2. 可以用 Newton-Leibniz 公式计算反常积分的值吗?
3. 对于非负函数的反常积分, 其收敛判别法主要有哪些?
4. 对于一般函数的反常积分, 其判别法主要有哪些?
5. 为什么要引入绝对收敛的概念?

6. 若 $\int_a^{+\infty} f(x)\mathrm{d}x$ 绝对收敛, $\int_a^{+\infty} g(x)\mathrm{d}x$ 条件收敛, 问能否断定 $\int_a^{+\infty} (f(x) + g(x))\mathrm{d}x$ 收敛? 条件收敛? 或绝对收敛? 或不一定?

7. 判别一般函数的反常积分的收敛性的通常步骤包括哪些?

8. 何为反常积分的 Cauchy 主值? 有什么作用?

9. 何为 p 积分? 其收敛性的结论是什么? 它们在一般反常积分的敛散性判别中有什么作用?

10. 设 f 在 $[a, +\infty)$ 上连续, 则 $\int_a^{+\infty} f(x)\mathrm{d}x$ 收敛与 $\lim\limits_{x\to+\infty} f(x) = 0$ 之间有何联系?

11. 若 $f(x)$ 非负连续, 且 $\int_a^{+\infty} f(x)\mathrm{d}x$ 收敛, 是否必有 $\lim\limits_{x\to+\infty} f(x) = 0$?

12. 若 $f(x)$ 在 $[a, +\infty)$ 上无界, 积分 $\int_a^{+\infty} f(x)\mathrm{d}x$ 是否必发散?

13. 设 f 在 $[a, +\infty)$ 上连续, $\int_0^{+\infty} f(x)\mathrm{d}x$ 绝对收敛, 则 $\int_0^{+\infty} f^2(x)\mathrm{d}x$ 是否必收敛?

14. 设 f 在 $[a, +\infty)$ 上连续, $\int_0^{+\infty} f^2(x)\mathrm{d}x$ 收敛, 问 $\int_0^{+\infty} f(x)\mathrm{d}x$ 是否绝对收敛?

15. 若 $f(x)$ 在 $(-\infty, +\infty)$ 上连续, 且 $\int_{-\infty}^{+\infty} f(x)\mathrm{d}x$ 收敛, 下面的变限积分求导公式是否成立?

$$\frac{\mathrm{d}}{\mathrm{d}x} \int_{-\infty}^x f(t)\mathrm{d}t = f(x), \quad \frac{\mathrm{d}}{\mathrm{d}x} \int_x^{+\infty} f(t)\mathrm{d}t = -f(x), \quad \forall x \in (-\infty, +\infty).$$

16. 设 f 在 $[a, b)$ 上连续, 若 $\int_a^b |f(x)|\mathrm{d}x$ 收敛, 问 $\int_a^b f^2(x)\mathrm{d}x$ 是否收敛?

17. 设 f 在 $[a, b)$ 上连续, 若 $\int_a^b f^2(x)\mathrm{d}x$ 收敛, 是否 $\int_a^b |f(x)|\mathrm{d}x$ 必收敛?

18. 若反常积分 $\int_a^b f(x)\mathrm{d}x$ 和 $\int_a^b g(x)\mathrm{d}x$ 都收敛 (b 为瑕点), 是否 $\int_a^b f(x)g(x)\mathrm{d}x$ 也收敛?

19. 何为平方可积? 它与反常积分的自身收敛有什么关系?

20. 如何定义反常重积分? 为什么反常重积分的定义比一元函数的反常积分要复杂?

21. 反常重积分有条件收敛的概念吗? 为什么?

22. 设 D 为 $\mathbb{R}^2$ 上具有分段光滑边界的无界区域, 且在 D 上成立

$$|f(x, y)| \geqslant g(x, y) \geqslant 0, \quad \forall (x, y) \in D.$$

那么, 当 $\iint_D g(x, y)\mathrm{d}x\mathrm{d}y$ 发散时, $\iint_D f(x, y)\mathrm{d}x\mathrm{d}y$ 是否发散?

23. 反常重积分的变量代换公式是否成立?

§5.1.2　反常积分强化训练

一、反常积分的计算

1. 计算下列反常积分:

(1) $\displaystyle\int_1^{+\infty}\frac{\arctan x}{x^3}\mathrm{d}x$;

(2) $\displaystyle\int_1^{+\infty}\frac{\arctan x}{x^2}\mathrm{d}x$;

(3) $\displaystyle\int_1^{+\infty}\frac{\mathrm{d}x}{x^4(1+x^2)}$;

(4) $\displaystyle\int_0^{+\infty}\frac{1}{1+\mathrm{e}^x}\mathrm{d}x$;

(5) $\displaystyle\int_0^{+\infty}\frac{x\mathrm{e}^x}{(1+\mathrm{e}^x)^2}\mathrm{d}x$;

(6) $\displaystyle\int_0^{+\infty}\mathrm{e}^{-x}|\sin x|\mathrm{d}x$;

(7) $\displaystyle\int_a^b\frac{\mathrm{d}x}{\sqrt{(x-a)(b-x)}}$;

(8) $\displaystyle\int_0^1(\ln x)^n\mathrm{d}x$.

2. 计算下列反常积分:

(1) $\displaystyle\int_3^{+\infty}\frac{\mathrm{d}x}{(x-1)^4\sqrt{x^2-2x}}$;

(2) $\displaystyle\int_0^{\frac{\pi}{6}}\frac{\mathrm{d}x}{\cos x\sqrt{\sin x}}$;

(3) $\displaystyle\int_1^2\left[\frac{1}{x\ln^2 x}-\frac{1}{(x-1)^2}\right]\mathrm{d}x$.

3. 计算下列积分:

(1) $I=\displaystyle\int_0^{\pi}x\ln\sin x\mathrm{d}x$;

(2) $I=\displaystyle\int_0^{\frac{\pi}{2}}x\cot x\mathrm{d}x$.

4. 计算反常重积分 $\displaystyle\iint_{\mathbb{R}^2}\mathrm{e}^{-\left(\frac{x^2}{a^2}+\frac{y^2}{b^2}\right)}\mathrm{d}x\mathrm{d}y$, 并由此求出 Poisson 积分 $\displaystyle\int_0^{+\infty}\mathrm{e}^{-x^2}\mathrm{d}x$.

5. 计算反常重积分 $\displaystyle\iint_{x^2+y^2\leqslant 1}\ln\frac{1}{\sqrt{x^2+y^2}}\mathrm{d}x\mathrm{d}y$.

二、反常积分的敛散性判别题

1. 讨论 (非负函数) 反常积分的敛散性.

(1) $\displaystyle\int_1^{+\infty}\frac{x\arctan x}{1+x^3}\mathrm{d}x$;

(2) $\displaystyle\int_0^{\pi}\frac{\mathrm{d}x}{\sqrt{\sin x}}$;

(3) $\displaystyle\int_0^{+\infty}\frac{\mathrm{d}x}{\sqrt{x}(1+x^2)}$;

(4) $\displaystyle\int_1^{+\infty}\ln\frac{x^2}{x^2-1}\mathrm{d}x$;

(5) $\displaystyle\int_1^{+\infty}\ln\left(\cos\frac{1}{x}+\sin\frac{1}{x}\right)\mathrm{d}x$;

(6) $\displaystyle\int_0^{+\infty}\left[\frac{1}{\sqrt{x}}-\sqrt{\ln\left(1+\frac{1}{x}\right)}\right]\mathrm{d}x$;

(7) $\displaystyle\int_0^{+\infty}\left[\ln\left(1+\frac{1}{x}\right)-\frac{1}{x+1}\right]\mathrm{d}x$.

2. 讨论 (非负函数、含参数) 反常积分的敛散性.

(1) $\displaystyle\int_0^{\frac{\pi}{2}}\frac{1-\cos x}{x^p}\mathrm{d}x$;

(2) $\displaystyle\int_0^{+\infty}\frac{\ln(1+x)}{x^p}\mathrm{d}x$.

3. 讨论反常积分的敛散性 (包括绝对收敛和条件收敛).

(1) $\displaystyle\int_0^{+\infty} \frac{\sin x}{\sqrt{x+\cos x}}\mathrm{d}x$;

(2) $\displaystyle\int_3^{+\infty} \frac{\ln\ln x}{\ln x}\sin x\mathrm{d}x$.

4. 讨论 (含参数) 反常积分的敛散性 (包括绝对收敛和条件收敛).

(1) $\displaystyle\int_1^{+\infty} \frac{\sin x}{x^p}\mathrm{d}x$;

(2) $\displaystyle\int_0^{+\infty} \frac{\mathrm{e}^{\cos x}\sin x}{x^p}\mathrm{d}x$;

(3) $\displaystyle\int_0^{+\infty} \frac{\mathrm{e}^{\cos x}\sin 2x}{x^p}\mathrm{d}x$;

(4) $\displaystyle\int_0^{+\infty} \frac{\sin(x^2)}{x^p}\mathrm{d}x$;

(5) $\displaystyle\int_0^1 \frac{1}{x^p}\sin\frac{1}{x}\mathrm{d}x$;

(6) $\displaystyle\int_0^{+\infty} \frac{\sin x\cos\frac{1}{x}}{x^p}\mathrm{d}x$;

(7) $\displaystyle\int_1^{+\infty} \frac{x^q\sin x}{1+x^p}\mathrm{d}x(p\geqslant 0)$.

5. 讨论反常重积分的敛散性.

(1) $\displaystyle\iint_{[0,1]\times[0,1]} \frac{\mathrm{d}x\mathrm{d}y}{(x+y)^q}$;

(2) $\displaystyle\iint_{\mathbb{R}^2} \frac{\mathrm{d}x\mathrm{d}y}{(1+|x|^p)(1+|y|^p)}$;

(3) $\displaystyle\iint_{x+y\geqslant 1} \frac{\sin x\sin y\mathrm{d}x\mathrm{d}y}{(x+y)^p}$.

三、反常积分证明题

1. 设 $f(x)$ 在 $(-\infty,+\infty)$ 内闭可积, $\displaystyle\int_{-\infty}^{+\infty} f^2(x)\mathrm{d}x$ 收敛, 证明: 对任何实数 a, 反常积分 $\displaystyle\int_{-\infty}^{+\infty} |f(x)f(x+a)|\mathrm{d}x$ 也收敛.

2. 设 $f(x)$ 在 $(-\infty,+\infty)$ 内闭可积, 并且 $\lim\limits_{x\to+\infty} f(x)=A$, $\lim\limits_{x\to-\infty} f(x)=B$ 都存在, 且是有限数, 证明: 对任意实数 a, 反常积分 $\displaystyle\int_{-\infty}^{+\infty} [f(x+a)-f(x)]\mathrm{d}x$ 也收敛.

3. 设 $f(x)$ 在 $[a,+\infty)$ 上可导, 导函数 $f'(x)$ 在 $[a,+\infty)$ 上有界, 且反常积分 $\displaystyle\int_a^{+\infty} f(x)\mathrm{d}x$ 收敛, 则 $\lim\limits_{x\to+\infty} f(x)=0$.

4. 若反常积分 $\displaystyle\int_a^{+\infty} f(x)\mathrm{d}x$ 收敛, 且 $f(x)$ 单调, 则 $\lim\limits_{x\to+\infty} f(x)=0$.

5. 若反常积分 $\displaystyle\int_a^{+\infty} f(x)\mathrm{d}x$ 收敛, 且 $xf(x)$ 单调, 则 $\lim\limits_{x\to+\infty} xf(x)\ln x=0$.

6. 证明: 对任何实数 a, 成立恒等式

$$\int_0^{+\infty} \frac{\mathrm{d}x}{(1+x^2)(1+x^\alpha)} = \int_1^{+\infty} \frac{\mathrm{d}x}{1+x^2} = \frac{\pi}{4}.$$

并由此计算积分:

(1) $\displaystyle\int_0^{+\infty} \frac{\mathrm{d}x}{(1+x^2)(1+x^6)}$;

(2) $\displaystyle\int_0^{\frac{\pi}{2}} \frac{\mathrm{d}x}{1+\tan^{100}x}$.

7. 证明以下估值:

(1) $\dfrac{1}{29} < \displaystyle\int_1^{+\infty} \dfrac{x^{30}+1}{x^{60}+1}\mathrm{d}x < \dfrac{1}{29} + \dfrac{1}{59}$;

(2) $\dfrac{\pi}{10} < \displaystyle\int_0^2 \dfrac{\mathrm{d}x}{(4+\sqrt{\sin x})\sqrt{4-x^2}} < \dfrac{\pi}{8}$.

8. 证明反常积分 $\displaystyle\int_0^{+\infty} \dfrac{\sqrt{x}\cos x}{10+x}$ 条件收敛.

9. (1) 证明积分 $\displaystyle\int_0^{+\infty} \dfrac{\ln x}{1+x^2}\mathrm{d}x$ 收敛并求其值;

(2) 证明积分 $\displaystyle\int_0^{+\infty} \dfrac{x\ln x}{(1+x^2)^2}\mathrm{d}x$ 收敛并求其值;

(3) 证明 $\displaystyle\int_1^{+\infty} \left(\dfrac{1}{[x]} - \dfrac{1}{x}\right)\mathrm{d}x = \gamma$, 其中 γ 为 Euler 常数.

10. 设 $f(x)$ 在 $[1,+\infty)$ 内的任何有限区间上可积, 并且反常积分 $\displaystyle\int_1^{+\infty} xf(x)\mathrm{d}x$ 收敛, 证明反常积分 $\displaystyle\int_1^{+\infty} f(x)\mathrm{d}x$ 也收敛.

11. 设函数 $f \in C(0,1)$, 且 $\sqrt{x}f(x)$ 在 $(0,1)$ 内有界, 记

$$g(x) = \int_{\frac{1}{2}}^x f(t)\mathrm{d}t,$$

证明: $g(x)$ 在 $(0,1)$ 内一致连续.

12. 设函数 $f(x)$ 在 $(-\infty,+\infty)$ 上有界, 且连续可导, 又对于任意实数 x, 有 $|f(x) + f'(x)| \leqslant 1$, 试证明: $|f(x)| \leqslant 1$.

13. 设 $f(x), g(x)$ 在 $[a,+\infty)$ 上连续可微, $f'(x) \geqslant 0$, $f(+\infty) = 0$, 且 $g(x)$ 在 $[a,+\infty)$ 上有界. 证明:

$$\int_a^{+\infty} f(x)g'(x)\mathrm{d}x$$

收敛.

14. 设 $f(x)$ 在 $[0,1]$ 上连续可微, 且 $f'(x) > 0, x \in [0,1]$. 证明: 反常积分

$$\int_0^1 \dfrac{f(x) - f(0)}{x^p}\mathrm{d}x$$

在 $p < 2$ 时收敛, $p > 2$ 时发散.

15. 设 $f(x)$ 在 $[a,+\infty)$ 上为内闭可积的正函数, 且有 $\displaystyle\lim_{x\to+\infty} \dfrac{\ln f(x)}{\ln x} = p$. 则当 $-\infty \leqslant p < -1$ 时, 反常积分 $\displaystyle\int_a^{+\infty} f(x)\mathrm{d}x$ 收敛; 而当 $-1 < p \leqslant +\infty$ 时, 反常积分 $\displaystyle\int_a^{+\infty} f(x)\mathrm{d}x$ 发散.

16. 设 $\displaystyle\int_a^{+\infty} f(x)\mathrm{d}x$ 条件收敛, 证明:

(1) $\displaystyle\int_a^{+\infty}[|f(x)|\pm f(x)]\mathrm{d}x$ 发散;

(2) $\displaystyle\lim_{x\to+\infty}\frac{\displaystyle\int_a^x[|f(x)|+f(x)]\mathrm{d}x}{\displaystyle\int_a^x[|f(x)|-f(x)]\mathrm{d}x}=1.$

17. 设 $f(x)$ 在 $[a,+\infty)$ 上单调、连续可微, $f(+\infty)=0$, 证明:

$$\int_a^{+\infty} f'(x)\sin^2 x\mathrm{d}x$$

收敛.

18. 设 $f(x)$ 在 $[0,+\infty)$ 上连续且平方可积, 即 $\displaystyle\int_0^{+\infty} f^2(t)\mathrm{d}t$ 可积. 令 $g(x)=\displaystyle\int_0^x f(t)\mathrm{d}t$, 证明: $\dfrac{g(x)}{x}$ 在 $[0,+\infty)$ 上平方可积, 且成立

$$\int_0^{+\infty}\frac{g^2(x)}{x^2}\mathrm{d}x\leqslant 4\int_0^{+\infty} f^2(x)\mathrm{d}x.$$

19. 设 $f(x)$ 在 $[a,+\infty)$ 上单调减少、连续可微, $f(+\infty)=0$, 证明: 反常积分 $\displaystyle\int_a^{+\infty} f(x)\mathrm{d}x$ 收敛的充要条件是 $\displaystyle\int_a^{+\infty} xf'(x)\mathrm{d}x$ 收敛.

20. 设 $f(x)$ 在 $[a,+\infty)$ 上可导, 且反常积分 $\displaystyle\int_a^{+\infty} f(x)\mathrm{d}x$ 收敛, 证明: 存在趋于正无穷大的数列 $\{x_n\}$, 使 $\displaystyle\lim_{n\to+\infty} f'(x_n)=0.$

21. 设 f 在 $[0,+\infty)$ 上二阶可微, f, f'' 在 $[0,+\infty)$ 上平方可积, 证明 f' 在 $[0,+\infty)$ 上也平方可积.

22. 设 f 在 $[0,+\infty)$ 上连续可微, $xf(x), f'(x)$ 在 $[0,+\infty)$ 上平方可积, 证明:

(1) f 在 $[0,+\infty)$ 上也平方可积;

(2) 成立不等式

$$\int_0^{+\infty} f^2(x)\mathrm{d}x\leqslant 2\int_0^{+\infty} x^2 f^2(x)\mathrm{d}x\int_0^{+\infty}[f'(x)]^2\mathrm{d}x;$$

(3) 在上述不等式中等号成立的充要条件是 $f(x)=a\mathrm{e}^{-bx^2}$, 其中 $b>0$.

23. 设 $f(x)$ 是区间 $(a,b]$ 上的非负不增函数, 若反常积分 $\displaystyle\int_a^b f(x)\mathrm{d}x$ 收敛, 则

(1) $\displaystyle\lim_{u\to 0+} f(a+u)u=0;$

(2) $\displaystyle\lim_{n\to\infty}\sum_{i=1}^n\frac{b-a}{n}f\left(a+\frac{b-a}{n}i\right)=\int_a^b f(x)\mathrm{d}x;$

(3) 上述结果 (2) 对区间 $(a, b]$ 一般的分割是否成立?

24. 证明反常重积分 $\displaystyle\iint_{x\geqslant 1, y\geqslant 1} \frac{(x^2 - y^2)\mathrm{d}x\mathrm{d}y}{(x^2 + y^2)^2}$ 发散.

§5.2　含参变量积分

思考题 5.2.1　含参变量积分的主要研究内容是什么?

思考题 5.2.2　含参变量积分有哪些主要的分析性质? 要得到这些性质, 对含参变量常义积分与反常积分所需要的条件相同吗?

思考题 5.2.3　对含参变量反常积分, 为什么需要一致收敛性条件? 一致收敛性是保证分析性质成立的充分必要条件吗?

思考题 5.2.4　含参变量积分的分析性质有什么作用?

思考题 5.2.5　含参变量积分是产生新的特殊函数的重要方法, 请举例说明一些重要的特殊函数及其性质.

── I　含参变量积分的主要研究内容

定积分研究可积性与计算, 反常积分研究收敛性与计算, 而含参变量积分主要研究积分对参数的连续依赖性、可积性与可微性等. 例如, 我们要研究含参变量定积分 $\displaystyle\int_a^b f(x, y)\mathrm{d}y$ 所定义的函数

$$I(x) = \int_a^b f(x, y)\mathrm{d}y$$

和含参变量反常积分 $\displaystyle\int_a^{+\infty} f(x, y)\mathrm{d}y$ 所定义的函数

$$J(x) = \int_a^{+\infty} f(x, y)\mathrm{d}y$$

的分析性质, 当然, 首先要求出它们的定义域, 这个任务分别属于定积分与反常积分的范畴, 因为求 $I(x)$ 的定义域就等价于求那些参数 x 的全体, 使得积分 $\displaystyle\int_a^b f(x, y)\mathrm{d}y$ 有意义, 而求 $J(x)$ 的定义域则等价于求那些参数 x 的全体, 使得反常积分 $\displaystyle\int_a^{+\infty} f(x, y)\mathrm{d}y$ 收敛. 而关于 $I(x)$ 和 $J(x)$ 的连续性等, 对于 $I(x)$ 来说比较简单, 而对于 $J(x)$ 要得到连续性等分析性质, 只有收敛性是不够的, 还需要所谓的一致收敛性. 这些都构成了含参变量积分的主要研究内容.

II 含参变量积分的分析性质

含参变量积分的分析性质即指上面定义的 $I(x)$ 和 $J(x)$ 的连续性、可积性与可微性.

1. 含参变量常义积分的性质

关于含参变量常义积分 $I(x)$ 的研究, 条件比较简单.

(1) 设 $f(x,y)$ 在闭矩形 $D = [a,b] \times [c,d]$ 上连续, 则函数 $I(x)$ 在区间 $[a,b]$ 上连续.
这一结果蕴含极限运算与积分运算可以交换次序:

$$\lim_{y \to y_0} \int_a^b f(x,y)\mathrm{d}x = \lim_{y \to y_0} I(y) = I(y_0) = \int_a^b f(x,y_0)\mathrm{d}x = \int_a^b \lim_{y \to y_0} f(x,y)\mathrm{d}x.$$

(2) 设 $f(x,y)$ 在 $[a,b] \times [c,d]$ 上连续, 则 $I(x)$ 在 $[a,b]$ 上可积, 且积分次序可以交换,

$$\int_a^b \mathrm{d}x \int_c^d f(x,y)\mathrm{d}y = \int_c^d \mathrm{d}y \int_a^b f(x,y)\mathrm{d}x.$$

(3) 设 $f(x,y), f_x(x,y)$ 都在 $[a,b] \times [a,b]$ 上连续, 则 $I(x)$ 在 $[a,b]$ 上可导, 并且在 $[a,b]$ 上成立

$$\frac{\mathrm{d}I(x)}{\mathrm{d}x} = \frac{\mathrm{d}}{\mathrm{d}x} \int_c^d f(x,y)\mathrm{d}y = \int_c^d \frac{\partial}{\partial x} f(x,y)\mathrm{d}y.$$

即求导运算与积分运算可以交换次序.

2. 含参变量反常积分的性质

关于含参变量反常积分 $J(x)$ 的分析性质, 一致收敛性条件至关重要.

(1) 设 $f(x,y)$ 在 $X \times [c,+\infty)$ 上连续, $\int_c^{+\infty} f(x,y)\mathrm{d}y$ 关于 $x \in X$ 一致收敛, 则函数 $J(x)$ 在 X 上连续, 即

$$\lim_{x \to x_0} \int_c^{+\infty} f(x,y)\mathrm{d}y = \int_c^{+\infty} \lim_{x \to x_0} f(x,y)\mathrm{d}y, \ \forall x_0 \in X.$$

也就是说, 极限运算与积分运算可以交换次序.

(2) 设 $f(x,y)$ 在 $[a,b] \times [c,+\infty)$ 上连续, $\int_c^{+\infty} f(x,y)\mathrm{d}y$ 关于 $x \in [a,b]$ 一致收敛, 则函数 $J(x)$ 在 $[a,b]$ 上可积, 且可以交换积分次序, 即

$$\int_a^b \mathrm{d}x \int_c^{+\infty} f(x,y)\mathrm{d}y = \int_c^{+\infty} \mathrm{d}y \int_a^b f(x,y)\mathrm{d}x.$$

(3) 设 $f(x,y), f_x(x,y)$ 都在 $X \times [c,+\infty)$ 上连续, $\int_c^{+\infty} f(x,y)\mathrm{d}y$ 对任意 $x \in X$ 收敛, $\int_c^{+\infty} f_x(x,y)\mathrm{d}y$ 关于 $x \in X$ 一致收敛, 则函数 $J(x)$ 在 X 上可导, 且有

$$J'(x) = \int_c^{+\infty} f_x(x,y)\mathrm{d}y.$$

即

$$\frac{\mathrm{d}}{\mathrm{d}x}\int_c^{+\infty}f(x,y)\mathrm{d}y=\int_c^{+\infty}\frac{\partial}{\partial x}f(x,y)\mathrm{d}y,$$

也就是说, 求导运算与积分运算可交换.

III　一致收敛性条件的作用

前面已经看到, 对于含参变量的反常积分来说, 收敛性并不能保证 $J(x)$ 的连续性, 自然也不能保证其可导性. 对比 $I(x)$ 和 $J(x)$, 后者实际上是要对变上限定积分的上限再取极限, 由于 $J(x)$ 比 $I(x)$ 多了一步取极限, 导致收敛性并不能保证 $J(x)$ 的连续性. 于是人们提出了比 (逐点) 收敛性更强的一种收敛性. 这就是一致收敛性.

一般来说, 一致收敛性是保证 $J(x)$ 连续的充分而非必要的条件. 下面的结果部分地说明一致收敛性的必要性.

(1) (**Dini 定理**)　设 $f(x,y)$ 在 $[a,b]\times[c,+\infty)$ 上连续且保持定号, 若 $J(x)$ 在 $[a,b]$ 上连续, 那么含参变量的反常积分 $\int_a^{+\infty}f(x,y)\mathrm{d}y$ 关于 x 在 $[a,b]$ 上一致收敛.

这里在 $f(x,y)$ 不变号的情况下说明一致收敛性是 $J(x)$ 连续的必要条件.

(2) 设 $f(x,y)$ 在 $[a,b]\times[c,+\infty)$ 上连续, 则 $J(x)$ 在 $[a,b]$ 上连续的充要条件是含参变量的反常积分 $\int_c^{+\infty}f(x,y)\mathrm{d}y$ 关于 x 在 $[a,b]$ 上拟一致收敛.

拟一致收敛　若 $\forall\,\varepsilon>,\ m\geqslant c$, 存在 $C>m$, 对每个 $x\in[a,b]$, 存在 $n_x\in[m,C]$, 使得

$$\left|\int_c^{+\infty}f(x,y)\mathrm{d}y-\int_c^{n_x}f(x,y)\mathrm{d}y\right|<\varepsilon.$$

IV　含参变量积分的分析性质的作用

根据含参变量积分的性质定理, 我们首先可以直接判断出由这些含参变量积分所定义的函数的连续性、可积性与可导性, 其次, 利用交换次序定理, 可以求一些重要 (含参变量) 积分的值. 例如, 计算 Dirichlet 积分的值

$$I=\int_0^{+\infty}\frac{\sin x}{x}\mathrm{d}x=\frac{\pi}{2},$$

计算积分

$$I(x)=\int_0^{+\infty}\mathrm{e}^{-t^2}\cos(xt)\mathrm{d}t=\frac{\sqrt{\pi}}{2}\mathrm{e}^{-\frac{x^2}{4}},$$

$$\int_0^{+\infty}\frac{\mathrm{e}^{-ax}-\mathrm{e}^{-bx}}{x}\mathrm{d}x=\ln\frac{b}{a},\quad 0<a<b,$$

等.

V 含参变量积分定义的特殊函数

含参变量积分定义了不少特殊函数. 举例如下.

(1) 椭圆积分:

$$F(k,\varphi) = \int_0^\varphi \frac{\mathrm{d}\theta}{\sqrt{1 - k^2 \sin^2 \theta}}, \ E(k,\varphi) = \int_0^\varphi \sqrt{1 - k^2 \sin^2 \theta}\mathrm{d}\theta, \quad 0 < k < 1, 0 \leqslant \varphi \leqslant \frac{\pi}{2}.$$

(2) Euler 积分定义的 B 函数与 Γ 函数:

$$\mathrm{B}(p,q) = \int_0^1 x^{p-1}(1-x)^{q-1}\mathrm{d}x, \ \Gamma(s) = \int_0^{+\infty} x^{s-1}\mathrm{e}^{-x}\mathrm{d}x, \quad s \in (0, +\infty).$$

(3) 含参变量 Dirichlet 积分:

$$I_{n,m}(\alpha) = \int_0^{+\infty} \mathrm{e}^{-\alpha x} \frac{\sin^n x}{x^m}\mathrm{d}x,$$

等.

§5.2.1 含参变量积分概念辨析

1. 设 $f(x,y), f_x(x,y)$ 在 $[a,b] \times [c,d]$ 上连续, $a(x), b(x)$ 在 $[c,d]$ 上可导, 且 $a \leqslant a(x), b(x) \leqslant b$, 请写出含参变量常义积分求导公式 $\dfrac{\mathrm{d}}{\mathrm{d}x} \displaystyle\int_{a(x)}^{b(x)} f(x,y)\mathrm{d}y$.

2. 含参变量反常积分的一致收敛的定义是什么? 非一致收敛的正面陈述是什么?

3. 含参变量反常积分的一致收敛的判别方法有哪些? 使用这些方法时一般按何种先后顺序?

4. 何为内闭一致收敛性? 什么情况下用到内闭一致收敛性?

5. 设 n 是自然数, $p > 0$, 分别写出 $B(n,p)$ 和 $B(p, 1-p)$.

6. 指出下列错误的原因:

(1) $\displaystyle\int_0^{+\infty} \frac{1 - \mathrm{e}^{-x}}{x}\cos x\mathrm{d}x = \int_0^{+\infty}\mathrm{d}x\int_0^1 \mathrm{e}^{-xy}\cos x\mathrm{d}y = \int_0^1 \mathrm{d}y\int_0^{+\infty}\mathrm{e}^{-xy}\cos x\mathrm{d}x =$

$\displaystyle\int_0^1 \frac{y\mathrm{d}y}{1 + y^2} = \frac{1}{2}\ln 2;$

(2) $\displaystyle\lim_{y \to 0}\int_0^1 \frac{x}{y^2}\mathrm{e}^{-\frac{x^2}{y^2}}\mathrm{d}x = \int_0^1 \left(\lim_{y \to 0}\frac{x}{y^2}\mathrm{e}^{-\frac{x^2}{y^2}}\right)\mathrm{d}x = \int_0^1 0\mathrm{d}x = 0;$

(3) $\displaystyle\lim_{y \to 0}\int_0^1 \frac{2xy^2\mathrm{d}x}{(x^2 + y^2)^2} = 0.$

§5.2.2　含参变量积分强化训练

1. 求导数

(1) $f(x) = \displaystyle\int_x^{x^2} \mathrm{e}^{-xy^2} \mathrm{d}y$;

(2) $f(x) = \displaystyle\int_{\sin x}^{\cos x} \mathrm{e}^x \sqrt{1-y^2} \mathrm{d}y$;

(3) $f(x) = \displaystyle\int_0^x \mathrm{d}t \int_{t^2}^{x^2} g(t,s)\mathrm{d}s$, 求 $f'(x), f''(x)$, 其中 $g(t,s)$ 连续;

(4) $f(x) = \displaystyle\int_0^x g(x+y)\mathrm{d}y$, 其中, $g(x)$ 连续.

2. 设 $f(x) = \displaystyle\int_\pi^{2\pi} \frac{y\sin(xy)}{y-\sin y}\mathrm{d}y$, 求积分 $\displaystyle\int_0^1 f(x)\mathrm{d}x$.

3. 求 $f(x) = \displaystyle\int_0^x \mathrm{d}t \int_t^x \mathrm{e}^{-s^2}\mathrm{d}s$.

4. 求积分 $f(x) = \displaystyle\int_0^{\frac{\pi}{2}} \ln(\sin^2 t + x^2 \cos^2 t)\mathrm{d}t, x \in (0, +\infty)$.

5. 求 $F(y) = \displaystyle\int_0^{\frac{\pi}{2}} \frac{\arctan(y\tan x)}{\tan x}\mathrm{d}x, y \in (-\infty, +\infty)$.

6. 求积分 $J = \displaystyle\int_0^1 \frac{\ln(1+x)}{1+x^2}\mathrm{d}x$.

7. 求函数 $f(x) = \displaystyle\int_{\sin x}^{\cos x} \mathrm{e}^{(1+t)^2}\mathrm{d}x$ 在 $\left[0, \dfrac{\pi}{2}\right]$ 上的最大值与最小值.

8. 设 $f(x) = \displaystyle\int_0^1 \frac{\mathrm{e}^{-x^2(1+y^2)}}{1+y^2}\mathrm{d}y$, $g(x) = \left(\displaystyle\int_0^x \mathrm{e}^{-y^2}\mathrm{d}y\right)^2$, 证明: 当 $x \geqslant 0$ 时, $f(x) + g(x)$ 为常数, 并求出这个常数.

9. 计算下列积分:

(1) $I(\alpha) = \displaystyle\int_0^{+\infty} \mathrm{e}^{-x^2} \cos\alpha x \mathrm{d}x$;　　　　(2) $I(\alpha) = \displaystyle\int_0^{+\infty} \frac{\arctan \alpha x}{x(1+x^2)}\mathrm{d}x$;

(3) $I = \displaystyle\int_0^{+\infty} \frac{\mathrm{e}^{-\alpha x^2} - \mathrm{e}^{-\beta x^2}}{x^2}\mathrm{d}x(0 < \alpha < \beta)$;

(4) $I = \displaystyle\int_0^{+\infty} \frac{\mathrm{e}^{-\alpha x} - \mathrm{e}^{-\beta x}}{x} \sin mx \mathrm{d}x\,(0 < \alpha < \beta, m \neq 0)$.

10. 利用欧拉积分计算:

(1) $I = \displaystyle\int_0^{+\infty} \frac{\sqrt[4]{x}}{(1+x)^2}\mathrm{d}x$;　　　　(2) $I = \displaystyle\int_0^{\frac{\pi}{2}} \sin^4 x \cos^6 x \mathrm{d}x$;

(3) $I = \displaystyle\int_0^a x^2 \sqrt{a^2 - x^2}\mathrm{d}x\,(a > 0)$;　　　　(4) $I = \displaystyle\int_{-\infty}^{+\infty} x^2 \mathrm{e}^{-x^4}\mathrm{d}x$;

(5) $I = \displaystyle\int_{-\infty}^{+\infty} x\mathrm{e}^{-x^2+2x}\mathrm{d}x$;　　　　(6) $I = \displaystyle\int_0^{+\infty} \sqrt{a}\mathrm{e}^{-ax^2}\mathrm{d}x$;

(7) $I = \displaystyle\int_0^{+\infty} \mathrm{e}^{-(x^2 + \frac{a^2}{x^2})} \mathrm{d}x \, (a > 0)$;

(8) $I = \displaystyle\int_0^{+\infty} \dfrac{x^{r-1}}{(1 + x^p)^q} \mathrm{d}x$, 其中 p, q, r 都是正数, 且 $pq > r$;

(9) $I = \displaystyle\int_{-1}^1 (1 + x)^a (1 - x)^b \mathrm{d}x \, (a, b > 0)$;

(10) $I = \displaystyle\int_0^{+\infty} \dfrac{1}{x^2} (\mathrm{e}^{-\alpha x^2} - 1) \mathrm{d}x$, 其中 $\alpha \geqslant 0$.

11. 设
$$K(x, y) = \begin{cases} x(1 - y), & x \leqslant y, \\ y(1 - x), & x > y, \end{cases}$$

对任何连续函数 $v(x)$, 记 $u(x) = \displaystyle\int_0^1 K(x, y) v(y) \mathrm{d}y$, 证明:

$$u''(x) = -v(x), \quad u(0) = u(1) = 0.$$

12. 设 $f(x)$ 在 $[0, 1]$ 上连续, 证明:

$$\lim_{t \to 0} \int_0^1 \dfrac{t}{t^2 + x^2} f(x) \mathrm{d}x = \dfrac{\pi}{2} f(0).$$

13. 证明下列反常积分在指定的范围内一致收敛:

(1) $\displaystyle\int_0^{+\infty} \mathrm{e}^{-(1+x^3)t} \cos t \, \mathrm{d}t, \, x \in [0, +\infty)$;

(2) $\displaystyle\int_0^{+\infty} \dfrac{\mathrm{d}x}{(1 + x^2)(1 + x^p)}, \, p \in (-\infty, +\infty)$;

(3) $\displaystyle\int_0^1 x^{p-1}(1 - x) \mathrm{d}x, \, p \in (0, +\infty)$ 内闭一致收敛;

(4) $\displaystyle\int_0^{+\infty} \mathrm{e}^{-(a+u^2)t} \sin t \, \mathrm{d}t$ 在 $u \in [0, +\infty)$ 内一致收敛 $(a > 0)$;

(5) $\displaystyle\int_0^{+\infty} \mathrm{e}^{-(a+u^2)t} \sin t \, \mathrm{d}u$ 在 $t \in [0, +\infty)$ 内一致收敛 $(a > 0)$.

14. 证明下列反常积分在指定的范围内一致收敛:

(1) $\displaystyle\int_0^{+\infty} \dfrac{\sin px}{x} \mathrm{d}x, \, p \in [1, +\infty)$; (2) $\displaystyle\int_0^{+\infty} \dfrac{\sin x^2}{1 + x^p} \mathrm{d}x, \, p \in [0, +\infty)$;

(3) $\displaystyle\int_0^{+\infty} \dfrac{x \sin px}{1 + x^2} \mathrm{d}x, \, p \in [a, +\infty), \, a > 0$; (4) $\displaystyle\int_0^{+\infty} \mathrm{e}^{-px} \dfrac{\sin x}{x} \mathrm{d}x, \, p \in [0, +\infty)$.

15. 证明: 含参变量积分 $\displaystyle\int_0^{+\infty} x \mathrm{e}^{-xy} \mathrm{d}y$,

(1) 在 $[\alpha_0, +\infty)$ 上一致收敛 $(\alpha_0 > 0)$; (2) 在 $(0, +\infty)$ 上非一致收敛.

16. 证明: $F(y) = \displaystyle\int_0^\pi \dfrac{\sin x}{x^y (\pi - x)^{2-y}} \mathrm{d}x$ 在 $(0, 2)$ 上连续.

17. 证明: $F(y) = \displaystyle\int_1^{+\infty} y\mathrm{e}^{-y^2 x}\mathrm{d}x$ 在 $(0,+\infty)$ 内连续, 但在 $y=0$ 点不连续.

18. 证明: 函数 $F(y) = \displaystyle\int_0^{+\infty} \dfrac{\cos x \mathrm{d}x}{1+(x+y)^2}$ 在 $\mathbb{R}$ 上可导.

19. 证明: 当 $b \neq 0$ 时,

$$F(a) = \int_0^{+\infty} \frac{1}{t}(1-\mathrm{e}^{-at})\cos bt\,\mathrm{d}t$$

在 $[0,+\infty)$ 上连续, 在 $(0,+\infty)$ 上可导, 并求出 $F(a)$.

20. 设 $f(x) = \displaystyle\int_0^{+\infty} \dfrac{\mathrm{e}^{-tx}}{1+t^2}\mathrm{d}t, x \geqslant 0$.

(1) 证明 $f(x)$ 在 $[0,+\infty)$ 上连续, 且 $\displaystyle\lim_{x\to 0} f(x) = \dfrac{\pi}{2}$, $\displaystyle\lim_{x\to +\infty} f(x) = 0$.

(2) 证明 $f(x)$ 在 $(0,+\infty)$ 内二阶可导, 且满足方程 $y'' + y = \dfrac{1}{x}, x > 0$.

21. 证明 $\ln\Gamma(s)$ 是凸函数.

22. 证明 $F(y) = \displaystyle\int_0^{+\infty} \dfrac{\sin yx^2}{x}\mathrm{d}x$ 在 $(0,+\infty)$ 上非一致收敛, 但在 $(0,+\infty)$ 上连续.

23. 证明 $\displaystyle\int_1^{+\infty} \mathrm{e}^{-\frac{1}{x^2}(x-\frac{1}{a})^2}\mathrm{d}x$ 在 $(0,1]$ 上一致收敛, 但 Weierstrass 判别法失效.

24. 研究下列含参变量反常积分的一致收敛性:

(1) $\displaystyle\int_0^{+\infty} \mathrm{e}^{-yx}\sin x\mathrm{d}x$, (a) $y\in[\delta,+\infty),\delta>0$, (b) $y\in(0,+\infty)$;

(2) $\displaystyle\int_0^{+\infty} x\ln x\mathrm{e}^{-tx}\mathrm{d}x$, (a) $t\in[t_0,+\infty),t_0>0$, (b) $t\in(0,+\infty)$;

(3) $\displaystyle\int_0^{+\infty} \dfrac{\alpha\mathrm{d}x}{1+\alpha^2x^2}, \alpha\in(0,1)$;

(4) $\displaystyle\int_0^2 \dfrac{x^t}{\sqrt[3]{(x-1)(x-2)}}\mathrm{d}x, |t|<\dfrac{1}{2}$.

25. 讨论含参变量积分的连续性:

(1) 讨论 $I(\alpha) = \displaystyle\int_0^{+\infty} \dfrac{\sin(1-\alpha^2)x}{x}\mathrm{d}x, \alpha\in\mathbb{R}$ 的连续性;

(2) 讨论函数 $f(y) = \displaystyle\int_0^{+\infty} \dfrac{\arctan x}{x^y(2+x^3)}\mathrm{d}x$ 的连续性.

第6章 级 数

思考题 6.1 "级数"主要是研究什么的?

思考题 6.2 无穷级数的历史背景是什么?

思考题 6.3 函数的无穷和能像有限和那样保持通项的分析性质, 如连续性、可微性与可积性吗?

思考题 6.4 人们为什么要将函数展开为幂级数? 或傅里叶 (Fourier) 级数?

思考题 6.5 级数的收敛或一致收敛的判别法与反常积分的收敛或一致收敛判别法有什么相似性?

思考题 6.6 一个不可微的, 或非周期的函数能展成无穷次可微的且周期的三角函数的叠加, 即三角级数吗?

● 级数概念的出现

级数, 又称无穷级数, 是较为明确涉及无穷表达式的数学概念, 其他明确涉及无穷表达式的数学概念还包括无穷乘积、无穷连分数与连分式的和等. 尽管严格处理无穷问题是近代数学的贡献, 但远在古希腊时期级数概念已经出现, 并用于数学表达. 亚里士多德 (Aristotle, 384BC~322BC) 就知道公比小于 1 (大于 0) 的几何级数可以求出和数, Archimedes 求出了公比为 $r < 1$ 的几何级数的和. 14 世纪的法国神学家奥雷姆 (Oresme, 1320~1382) 证明了调和级数 $1 + \dfrac{1}{2} + \cdots + \dfrac{1}{n} + \cdots$ 的和为无穷大, 并研究了一些收敛级数和发散级数. 但直到微积分发明的时代, 级数才作为一个独立的概念被提出来.

● 无穷和的应用

无穷级数通常包括数项级数和函数项级数, 前者研究级数的收敛性判别, 后者则重点研究函数项级数所确定的和函数的分析性质. 因此级数是微积分的重要组成部分. 实际上, 在微积分的初创时期, 数学家打破对无穷的禁忌, 逐渐应用无穷级数作为表示数量的工具, 同时研究各种无穷级数的求和问题. 数学家通过微积分的基本运算与级数运算的纯形式的结合, 得到了一些初等函数的幂级数展开式. 幂级数就是无穷次多项式, 而多项式是最简单的一类函数, 幂级数的基本想法就是用多项式去近似一般的 (无穷次可微) 函数, 因此是最简单的一类函数项级数. 1669 年 Newton 在他的《分析学》中给出了 $\sin x, \cos x, \arcsin x, \arctan x$ 和 e^x 的级数展开. Leibniz 也在 1673 年独立地得到了 $\sin x, \cos x$ 和 $\arctan x$ 的幂级数. 在这个时期级数还被用来计算一些特殊的量, 如 π 和 e 等. 17 世纪后期和 18 世纪, 为了适应航海、天文学和地理学的发展, 对函数表的精确度要求越来越高, 数学家们开始寻求较好的插值方法. Newton 和格雷戈里 (Gregory, 1638~1675) 给出了著名的内插公式, 1721 年 Taylor 提出了函数展开为无穷级数的一般方法, 建立了著名的 Taylor 定理. 18 世纪末, Lagrange 在研究 Taylor 级数时给出了带有 Lagrange 余项的 Taylor 定理. Maclaurin、Bernoulli、Euler、斯特林 (Stirling, 1692~1770) 等都对级数理论的早期发展做了大量的工作.

• 级数收敛概念的提出

任意的无穷和都有意义吗? 早在 18 世纪, 人们即开始用幂级数来表示函数, 用于求解微分方程. 这时 Cauchy 已经开始对级数的收敛性表示了担忧, 但这个时期级数的收敛和发散问题没有引起数学界足够重视. 直到 1812 年, Gauss 在其《无穷级数的一般研究》中第一个对级数的收敛性作出重要而严密的探讨, 1821 年 Cauchy 在其《分析教程》给出了级数收敛和发散的确切定义, 并建立了判别级数收敛的 Cauchy 准则以及正项级数收敛的根值判别法和比值判别法, 推导出交错级数的 Leibniz 判别法. Cauchy 的研究结果一开始就引起了科学界很大的轰动, 据说 Cauchy 在巴黎科学院宣读第一篇关于级数收敛性的论文时, 德高望重的 Laplace 大感困惑, 会后急匆匆赶回家去检查他那五大卷《天体力学》里所使用的级数, 结果发现他所使用的级数幸好都是收敛的.

• 函数项级数与和函数的重要意义

函数项级数的研究为函数的研究开辟新天地. 例如, 1872 年, Weierstrass 就用函数项级数构造了处处连续但处处不可导这样出乎意外的函数. 函数的级数展开也给数学与科技应用提供了新工具. Cauchy 在函数项级数中给出了确定收敛区间的方法, 但他在《分析教程》中忽视了一致收敛性而立即断言和函数的分析性质. 这一错误后来被 Abel 发现. Abel 一直强调分析中定理的严格证明, 在 1826 年最早使用一致收敛的思想, 证明了连续函数列的一个一致收敛级数的和在收敛区域内部连续. Stokes 和德国数学家赛德尔 (Seidel) 也认识到函数项级数的一致收敛性概念的作用, 1842 年 Weierstrass 给出一致收敛概念的准确表述, 并建立了逐项积分和微分的条件. Dirichlet 在 1837 年证明了绝对收敛级数的性质, 并和 Riemann 分别给出例子, 说明条件收敛级数通过重新排序, 其和可以等于任何已知数. 到 19 世纪末无穷级数收敛的许多法则都已经建立起来.

—— ● Fourier 级数的引入

18 世纪中叶以来, Euler、d'Alembert、Lagrange 和克莱罗 (Clairaut) 等在研究天文学和物理学中的问题时, 相继得到了某些函数的三角级数表达式, 然而他们没有抓住建立 Fourier 级数理论的大好机会, 主要原因在于旧观念的束缚. 首先他们认为, 三角函数是无穷次可微的, 所以不是无穷次可微的函数不能有三角级数的展开; 其次, 不是周期的函数也不行. 后来, 到了 19 世纪, 首先是法国数学家 Fourier 逐渐认识到不仅只是周期函数, 非周期函数也可以表示成三角级数的形式, 并开始寻求如何把所有类型的函数都表示成三角级数的方法, 因为函数的 Fourier 级数并非在整个定义域上, 而是在某个指定的区间上展开即可.

Fourier 在研究热传导问题时创立了 Fourier 级数理论. 1807 年, Fourier 向法国科学院提交了一篇关于热传导问题的论文, 提出了任意周期函数都可以用三角级数表示的想法, 成为 Fourier 分析的起源, 但当时这篇论文并没有被采纳. 1822 年, Fourier 发表了他的经典著作《热的解析理论》, 书中研究的主要问题是吸热或放热物体内部任何点处的温度随时间和空间的变化规律, 同时也系统地研究了函数的三角级数表示问题, 并断言 "任意 (实际上有一定条件) 函数都可以展成三角级数". 他列举了大量函数并运用图形来说明函数的这种级数表示的普遍性. 不过 Fourier 从没有对 "任意" 函数可以展成 Fourier 级数这一断言给出过任何完全的证明, 也没有指明一个函数可以展成三角级数必须满足的条件. Dirichlet 第一个给出函数的 Fourier 级数收敛于它自身的充分条件, Riemann 也对 Fourier 级数的研究做出了贡献, 他建立了重要的局部性定理, 并证明了 Fourier 级数的一些性质. 德国数学家 Heine、Cantor 以及匈牙利数学家 Fejér 等许多数学家都为 Fourier 级数理论的发展做了大量的工作.

§6.1 常数项级数

思考题 6.1.1 数项级数的收敛是如何定义的?

思考题 6.1.2 我们知道, 级数收敛性归结为数列的收敛性. 我们也早就已经研究过数列, 特别是收敛的各种判别法, 为何现在还要专门研究级数及其收敛性?

思考题 6.1.3 数项级数的主要研究内容与结果是什么?

思考题 6.1.4 对于级数比较判别法而言, 是否存在普遍适用的比较级数?

───── I　无穷和的意义

　　有限项求和是我们熟知的, 无穷和, 即数项级数, 是什么意思? 从有限到无限或无穷, 是一个本质的变化, 高等数学有别于初等数学的本质就在于无穷的出现. 我们自然还是通过有限和的极限这个工具来认识无限. 借助数列极限的概念, 人们定义无限和为有限和的极限, 只有极限存在的时候才是有意义的. 即数项级数的收敛定义为部分和数列的收敛. 具体来说, 级数 $\sum\limits_{n=1}^{\infty} a_n$ 称为收敛的, 即是有意义的, 是指数列 $\{S_n\}$ 收敛, 其中 $S_n = \sum\limits_{k=1}^{n} a_k$ 为级数的前 n 项和. 例如, 级数

$$a_1 - a_1 + a_2 - a_2 + \cdots + a_n - a_n + \cdots$$

并不一定是有意义的, 当且仅当 $a_n \to 0(n \to \infty)$ 时才是有意义的, 即级数是收敛的. 同时, 有限和所具有的性质, 例如, 结合律、分配律对无穷和就未必成立.

───── II　专门研究级数的收敛性的意义

　　虽然级数收敛性归结为数列的收敛性, 但还是非常有必要专门研究级数的收敛性的. 根本的原因是部分和数列 $\{S_n\}$ 的通项 S_n 的表达式不容易求出来, 很难直接对 S_n 来讨论它的收敛性. 级数的收敛判别法多是针对级数的通项 a_n 来给出的. 例如, 正项级数的比较判别法、比式判别法、根式判别法以及交错级数判别法、A-D 判别法等.

───── III　数项级数的主要研究内容

　　数项级数的主要研究内容就是级数的收敛性, 主要结果就是若干收敛判别法. 包括: 正项级数的比较判别法、比式判别法、根式判别法、拉贝 (Raabe) 判别法、积分判别法以及任意项级数的 Cauchy 收敛准则、交错级数判别法、A-D 判别法等.

───── IV　正项级数收敛判别法的不断细化

　　正项级数收敛判别法可以做得越来越精细, 但没有最精细的判别法, 即对任何正项级数都适用的判别法. 事实上, 采用几何级数作为比较级数, 则得到根值判别法和比值判别法; 采用 p 级数作为比较级数, 则可得 Raabe 判别法; 采用级数 $\sum\limits_{n=2}^{\infty} \dfrac{1}{n \ln^p n}$ 作为比较级数则可得贝特朗 (Bertrand) 判别法和 Gauss 判别法. 还可以用 $\sum\limits_{n=3}^{\infty} \dfrac{1}{n \ln n (\ln \ln n)^p}$ 等作为比较级数 $\cdots\cdots$ (《数学分析习题课讲义》, 谢惠民等, 2003). 由此可见, 比较判别法可以做得越来越精细. 还可以证明, 对每个收敛的正项级数, 总存在比它收敛得更慢的级数.

例如, 设正项级数 $\sum\limits_{n=1}^{\infty} x_n$ 收敛, 其余项记为 r_n, 再令 $y_n = \sqrt{r_{n-1}} - \sqrt{r_n}$, 则级数 $\sum\limits_{n=1}^{\infty} y_n$ 收敛, 其余项 $r_n' = \sqrt{r_n} \to 0$, 并且该级数比 $\sum\limits_{n=1}^{\infty} x_n$ 收敛得要慢, 因为

$$\frac{x_n}{y_n} = \frac{r_{n-1} - r_n}{\sqrt{r_{n-1}} - \sqrt{r_n}} = \sqrt{r_{n-1}} + \sqrt{r_n} \to 0.$$

§6.1.1 常数项级数概念辨析

1. 级数收敛的必要条件是什么?

2. 收敛级数有哪些基本性质?

3. 正项级数收敛的充要条件是什么? 判别法有哪些? 这些判别法是充要条件吗?

4. 判别正项级数收敛的比较原则与其极限形式是否等价?

5. 正项级数收敛判别法 "根式判别法" 和 "比式判别法" 孰优孰劣?

6. 判别正项级数敛散的 Raabe 判别法内容是什么? 通常什么情况下才用该判别法? Raabe 判别法是否比 "根式判别法" 和 "比式判别法" 更精确?

7. 积分判别法内容是什么? 什么情况下应用积分判别法?

8. 何为级数的绝对收敛与条件收敛? 绝对收敛蕴含条件收敛吗? 两者是什么样关系? 为什么要引入这两个概念?

9. 条件收敛的级数是否一定含有无穷多不同符号的项?

10. 判别交错级数的常用方法是什么?

11. 何为 A-D 判别法? 什么情况下应用 A-D 判别法?

12. Leibniz 判别法、Abel 判别法和 Dirichlet 判别法之间有什么关系?

13. 判别一般项级数敛散性的通常步骤是什么?

14. 若 $\sum\limits_{n=1}^{\infty} a_n$ 收敛, 问 $\sum\limits_{n=1}^{\infty} (a_n + a_{n+1})$ 是否收敛? 又逆命题是否成立? 如果不成立, 你可以附加什么样的条件, 就可以保证逆命题成立?

15. 正项级数 $\sum\limits_{n=1}^{\infty} a_n$ 和 $\sum\limits_{n=1}^{\infty} b_n$ 都收敛或都发散, 问级数 $\sum\limits_{n=1}^{\infty} \min\{a_n, b_n\}$ 和 $\sum\limits_{n=1}^{\infty} \max\{a_n, b_n\}$ 敛散性如何?

16. 对正项级数 $\sum\limits_{n=1}^{\infty} a_n$, 若有 "$\forall n \in \mathbb{N}, \frac{a_{n+1}}{a_n} < 1$", 能否断言 $\sum\limits_{n=1}^{\infty} a_n$ 收敛? 反之如何?

17. 若数项级数 $\sum\limits_{n=1}^{\infty} u_n$ 收敛, 且 $r = \lim\limits_{n \to \infty} \sqrt[n]{|u_n|}$ 存在, 是否必有 $r < 1$?

18. 正项级数 $\sum\limits_{n=1}^{\infty} a_n$ 与 $\sum\limits_{n=1}^{\infty} a_n^2$ 的敛散性之间有什么关系? 又若 $\sum\limits_{n=1}^{\infty} a_n$ 为任意项级数, 结果又如何?

19. 若级数 $\sum\limits_{n=1}^{\infty} u_n^2$ 和 $\sum\limits_{n=1}^{\infty} v_n^2$ 都收敛, 问级数 $\sum\limits_{n=1}^{\infty} (u_n + v_n)^2$ 是否也收敛?

20. 若级数 $\sum\limits_{n=1}^{\infty} a_n$ 收敛, $\lim\limits_{n\to\infty} b_n = 1$, 问级数 $\sum\limits_{n=1}^{\infty} a_n b_n$ 是否收敛?

21. 命题 "$\sum\limits_{n=2}^{\infty}(a_n - a_{n-1})$ 收敛当且仅当 $\lim\limits_{n\to\infty} a_n$ 收敛" 是真命题吗? 又命题 "$\sum\limits_{n=2}^{\infty} |a_n - a_{n-1}|$ 收敛当且仅当 $\lim\limits_{n\to\infty} a_n$ 收敛" 是真命题吗?

22. 若 $\sum\limits_{n=1}^{\infty} a_n$ 和 $\sum\limits_{n=1}^{\infty} b_n$ 皆收敛, 那么 $\sum\limits_{n=1}^{\infty} a_n b_n$ 是否必收敛? 又若 a_n, b_n 皆非负, 结论又如何?

23. 若级数 $a_1 + (a_2 + a_3) + (a_4 + a_5 + a_6) + \cdots$ 发散, 问级数 $a_1 + a_2 + a_3 + a_4 + \cdots$ 是否也发散?

24. 有限和的加法结合律和交换律对级数 (无穷和) 是否成立?

25. 何为级数的重排? Riemann 重排定理是什么?

26. 何谓级数的 Cauchy 乘积与正方形乘积? 两级数收敛蕴含乘积级数的收敛性吗?

27. 无穷个数相乘都有意义吗? 无穷乘积 $\prod\limits_{n=1}^{\infty} p_n$ 收敛是如何定义的?

28. 无穷乘积 $\prod\limits_{n=1}^{\infty} p_n$ 收敛的必要条件是什么?

29. 无穷乘积 $\prod\limits_{n=1}^{\infty} p_n$ 收敛性可以转化为无穷级数的收敛性吗?

30. 无穷乘积绝对收敛又是怎样定义的? 绝对收敛必定收敛吗?

§6.1.2　常数项级数强化训练

一、证明

1. 设 $\sum\limits_{n=1}^{\infty} a_n$ 是正项级数, 且 $\lim\limits_{n\to\infty} \dfrac{\ln \frac{1}{a_n}}{\ln n} = q > 1$, 求证 $\sum\limits_{n=1}^{\infty} a_n$ 收敛.

2. 设级数 $\sum\limits_{n=1}^{\infty} a_n$ 收敛, r_n 是余项, 则级数 $\sum\limits_{n=1}^{\infty} \dfrac{a_n}{r_{n-1}}$ 发散, 级数 $\sum\limits_{n=1}^{\infty} \dfrac{a_n}{r_{n-1}^{1-\sigma}}(0 < \sigma < 1)$ 收敛.

3. 若正项级数 $\sum\limits_{n=1}^{\infty} a_n$ 收敛, $\{a_n\}$ 单调递减, 求证:

(1) $\lim\limits_{n\to\infty} \sum\limits_{k=\left[\frac{n}{2}\right]}^{n} a_k = 0$; 　　　　　　　(2) $\lim\limits_{n\to\infty} n a_n = 0$.

4. 设 $a_1 = 2, a_{n+1} = \dfrac{1}{2}\left(a_n + \dfrac{1}{a_n}\right), n = 1, 2, \cdots$. 证明:

(1) 数列 $\{a_n\}$ 收敛; 　　　　　　　(2) 级数 $\sum\limits_{n=1}^{\infty}\left(\dfrac{a_n}{a_{n+1}} - 1\right)$ 收敛.

5. 设正项级数 $\sum\limits_{n=1}^{\infty} a_n$ 收敛, 求证: $\lim\limits_{n\to\infty} \dfrac{\sum\limits_{k=1}^{n} k a_k}{n} = 0$.

6. 设正项级数 $\sum\limits_{n=1}^{\infty} a_n$ 发散, $S_n = \sum\limits_{k=1}^{n} a_k$. 求证: 级数 $\sum\limits_{n=1}^{\infty} \dfrac{a_n}{S_n^p}$ 当 $p > 1$ 时收敛, 当

$p \leqslant 1$ 时发散.

7. 设正项级数 $\sum\limits_{n=1}^{\infty} a_n$ 收敛, $r_n = \sum\limits_{k=n}^{\infty} a_k$. 求证: 级数 $\sum\limits_{n=1}^{\infty} \dfrac{a_n}{r_n^p}$ 当 $p < 1$ 时收敛, 当 $p \geqslant 1$ 时发散.

8. 设 $p > 1$. 求证: $\sum\limits_{n=1}^{\infty} \dfrac{1}{(n+1)n^{1/p}} < p$.

9. 设正项级数 $\sum\limits_{n=1}^{\infty} a_n$ 收敛, 则存在单调递增的无穷大序列 $\{b_n\}$, 使级数 $\sum\limits_{n=1}^{\infty} a_n b_n$ 也收敛.

10. 设 $\{x_n\}$ 是单调递增的正项数列, 则级数 $\sum\limits_{n=1}^{\infty}\left(1 - \dfrac{x_n}{x_{n+1}}\right)$ 收敛当且仅当数列 $\{x_n\}$ 有界.

11. 设级数 $\sum\limits_{n=1}^{\infty} a_n$ 满足 $a_n \to 0, n \to \infty$ 且 $\sum\limits_{n=1}^{\infty}(a_{2n-1} + a_{2n})$ 收敛, 证明级数 $\sum\limits_{n=1}^{\infty} a_n$ 收敛.

12. 设 $a_n = \displaystyle\int_0^{\frac{\pi}{4}} \tan^n x \mathrm{d}x, b_n = \dfrac{a_n + a_{n+2}}{n}$, 证明 $\sum\limits_{n=1}^{\infty} b_n$ 收敛.

13. 设 $a_n = \mathrm{e}^{\frac{1}{\sqrt{n}}} - 1 - \dfrac{1}{\sqrt{n}}$, 证明级数 $\sum\limits_{n=1}^{\infty}(-1)^{n-1} a_n$ 条件收敛.

14. 设函数 $f(x)$ 在 $x = 0$ 的某邻域内有二阶连续导数, 且 $\lim\limits_{x \to 0} \dfrac{f(x)}{x} = 0$. 证明级数 $\sum\limits_{n=1}^{\infty} \sqrt{n} f\left(\dfrac{1}{n}\right)$ 绝对收敛.

15. 设 $a_1 = 1, a_2 = 2$, 当 $n \geqslant 3$ 时, 有 $a_n = a_{n-1} + a_{n-2}$.

(1) 证明不等式: $0 < \dfrac{3}{2} a_n \leqslant a_{n+1} \leqslant 2a_n$;   (2) 判别级数 $\sum\limits_{n=1}^{\infty} \dfrac{1}{a_n}$ 的敛散性.

16. 设 $|a_n| \leqslant 1, n = 1, 2, \cdots$, 并且 $|a_n - a_{n-1}| \leqslant \dfrac{1}{4}|a_{n-1}^2 - a_{n-2}^2|, n = 3, 4, 5, \cdots$, 证明:

(1) 级数 $\sum\limits_{n=2}^{\infty}(a_n - a_{n-1})$ 绝对收敛;   (2) 数列 $\{a_n\}$ 收敛.

17. 给定两个收敛级数 $\sum\limits_{n=1}^{\infty} a_n$ 和 $\sum\limits_{n=1}^{\infty} a_n'$, 后者叫做比前者收敛慢的, 如果前者的余项 r_n 比后者的余项 r_n' 是高阶无穷小, 即 $\lim\limits_{n \to \infty} \dfrac{r_n}{r_n'} = 0$. 证明: 对每个收敛级数, 可作一个比它收敛慢的级数.

18. 给定两个发散级数 $\sum\limits_{n=1}^{\infty} a_n$ 和 $\sum\limits_{n=1}^{\infty} a_n'$, 后者叫做比前者发散慢的, 如果后者的部分和 S_n' 比前者的部分和 S_n 是低阶无穷大, 即 $\lim\limits_{n \to \infty} \dfrac{S_n'}{S_n} = 0$. 证明: 对每个发散级数, 可作一个比它发散慢的级数.

19. 证明级数 $1 + \dfrac{1}{2} + \dfrac{1}{3} - \dfrac{1}{4} - \dfrac{1}{5} - \dfrac{1}{6} + \dfrac{1}{7} + \cdots$ 条件收敛.

20. 若级数 $\sum\limits_{n=1}^{\infty} a_n^2$ 收敛, 则无穷乘积 $\prod\limits_{n=1}^{\infty} \cos a_n$ 收敛.

二、讨论级数的敛散性

1. 判别下列正项级数的敛散性:

(1) $\sum\limits_{n=1}^{\infty} n^{\alpha} \sin \dfrac{\pi}{\sqrt{n}}$;

(2) $\sum\limits_{n=1}^{\infty} \dfrac{1}{1+p^n}$ $(p > 0)$;

(3) $\sum\limits_{n=1}^{\infty} \dfrac{a^n}{1+a^n}$ $(a > 0)$;

(4) $\sum\limits_{n=1}^{\infty} \left(1 - \cos \dfrac{\pi}{n}\right)$;

(5) $\sum\limits_{n=1}^{\infty} \left(\dfrac{1}{n} - \ln \dfrac{n+1}{n}\right)$;

(6) $\sum\limits_{n=1}^{\infty} \left(\mathrm{e}^{\frac{1}{n^2}} - \cos \dfrac{1}{n}\right)$;

(7) $\sum\limits_{n=1}^{\infty} \left(\sqrt[n]{a} - \sqrt{1 + \dfrac{1}{n}}\right)$ $(a > 0)$;

(8) $\sum\limits_{n=1}^{\infty} 2^{(-1)^n - n}$;

(9) $\sum\limits_{n=1}^{\infty} \dfrac{\mathrm{e}^n n!}{n^n}$;

(10) $\sum\limits_{n=1}^{\infty} \dfrac{1}{n^{\alpha} \ln^{\beta} n}$;

(11) $\sum\limits_{n=1}^{\infty} \left[\left(n + \dfrac{1}{2}\right) \ln \left(1 + \dfrac{1}{n}\right) - 1\right]$;

(12) $\sum\limits_{n=1}^{\infty} a^{\ln n}$ $(a > 0)$;

(13) $\sum\limits_{n=1}^{\infty} \dfrac{1}{3 \cdot \sqrt{3} \sqrt[3]{3} \cdots \sqrt[n]{3}}$;

(14) $\sum\limits_{n=1}^{\infty} \left[\dfrac{(2n-1)!!}{(2n)!!}\right]^p$ (p 为实数);

(15) $\sum\limits_{n=1}^{\infty} \int_0^{\frac{\pi}{n}} \dfrac{\sin x}{1+x} \mathrm{d}x$;

(16) $\sum\limits_{n=1}^{\infty} \dfrac{1}{\displaystyle\int_0^n \sqrt[4]{1+x^4}\,\mathrm{d}x}$;

(17) $\sqrt{2} + \sqrt{2 - \sqrt{2}} + \sqrt{2 - \sqrt{2 + \sqrt{2}}} + \cdots$;

(18) $\sum\limits_{n=1}^{\infty} \dfrac{x^n}{(1+x)(1+x^2)\cdots(1+x^n)}$ $(x > 0)$;

(19) $\sum\limits_{n=1}^{\infty} \dfrac{1}{x_n^2}$, 这里 x_n 是方程 $x = \tan x$ 的正根, 并且按递增的顺序排列;

(20) $\sum\limits_{n=1}^{\infty} \dfrac{1}{x_n}$, 这里 x_n 是方程 $x = \tan \sqrt{x}$ 的正根, 并且按递增的顺序排列.

2. 判别下列级数的敛散性:

(1) $\sum\limits_{n=1}^{\infty} (-1)^{n-1} \ln \left(1 + \dfrac{1}{\sqrt{n}}\right)$;

(2) $\sum\limits_{n=1}^{\infty} (-1)^{n-1} \dfrac{\ln n}{n^{\alpha}}$;

(3) $\sum\limits_{n=1}^{\infty} (-1)^{n-1} \dfrac{(2n-1)!!}{(2n)!!}$;

(4) $\sum\limits_{n=1}^{\infty} (-1)^{n-1} \dfrac{\sin n}{n}$;

(5) $\sum\limits_{n=1}^{\infty} (-1)^{n-1} \left(1 + \dfrac{1}{2} + \cdots + \dfrac{1}{n}\right) \dfrac{\sin n}{n}$;

(6) $1 - \dfrac{1}{2} + \dfrac{1}{3^p} - \dfrac{1}{4} + \dfrac{1}{5^p} - \dfrac{1}{6} + \cdots$.

3. 判别级数的绝对收敛、条件收敛与发散性:

(1) $\sum\limits_{n=1}^{\infty} \dfrac{(-1)^{n-1}}{n^p + \frac{1}{n}}$;

(2) $\sum\limits_{n=1}^{\infty} \dfrac{(-1)^{n-1}}{n^{p+\frac{1}{n}}}$;

(3) $\sum\limits_{n=1}^{\infty} (-1)^{n-1} \dfrac{\sin n}{n^p}$;

(4) $\sum\limits_{n=1}^{\infty} (-1)^{n-1} \left[\dfrac{(2n-1)!!}{(2n)!!}\right]^p$ (p 为实数);

(5) $\sum\limits_{n=1}^{\infty} \dfrac{\sin\left(n+\dfrac{1}{n}\right)}{n^p}$;

(6) $\sum\limits_{n=1}^{\infty} \sin \dfrac{n^2+n\alpha+\beta}{n}\pi$ $(\alpha,\beta \geqslant 0)$;

(7) $\sum\limits_{n=1}^{\infty} \ln\left[1+\dfrac{(-1)^n}{n^p}\right]$;

(8) $\sum\limits_{n=1}^{\infty} \dfrac{(-1)^{n-1}}{[n+(-1)^{n-1}]^p}$.

4. 判别下列无穷乘积的敛散性:

(1) $\prod\limits_{n=1}^{\infty} \left[1+\left(\dfrac{1}{2}\right)^{2^n}\right]$;

(2) $\prod\limits_{n=1}^{\infty} \left(1-\dfrac{1}{4n^2}\right)$;

(3) $\prod\limits_{n=1}^{\infty} \left(\dfrac{n^2-1}{n^2+1}\right)^p$ (p 为实数).

5. 设函数 $f(x)$ 在区间 $[0,1]$ 上定义, 在 $x=0$ 的右邻域内有连续的一阶导数, 且 $f(0)=0$. 若 $u_n = \sum\limits_{k=1}^{n} f\left(\dfrac{k}{n^4}\right)$, 试讨论级数 $\sum\limits_{k=1}^{\infty} u_n$ 的敛散性.

6. 设 $\sum\limits_{n=1}^{\infty} a_n$ 收敛, 讨论级数 $\sum\limits_{n=1}^{\infty} \dfrac{(-1)^n a_n}{n}$ 的敛散性.

7. 从点 $P_1(1,0)$ 作 x 轴的垂线, 交抛物线 $y=x^2$ 于点 $Q_1(1,1)$; 再从 Q_1 作这条抛物线的切线与 x 轴交于点 P_2. 然后又从点 P_2 作 x 轴的垂线, 交抛物线于 Q_2. 依次重复上述过程, 得到一系列的点 $P_1, Q_1, P_2, Q_2, \cdots, P_n, Q_n, \cdots$.

(1) 求 $\overline{OP_n}$;

(2) 求级数 $\overline{Q_1P_1} + \overline{Q_2P_2} + \cdots + \overline{Q_nP_n} + \cdots$.

8. 设 $0 < p_1 < p_2 < \cdots < p_n < \cdots$, 求证: 级数 $\sum\limits_{n=1}^{\infty} \dfrac{1}{p_n}$ 收敛的充要条件为级数 $\sum\limits_{n=1}^{\infty} \dfrac{n}{p_1+p_2+\cdots+p_n}$ 收敛. 若去掉单调性要求, 结论还成立吗?

§6.2 函数项级数

思考题 6.2.1 函数项级数 (函数列) 的基本问题是什么?

思考题 6.2.2 研究函数列与函数项级数的分析性质的主要工具是什么?

思考题 6.2.3 判别函数项级数的一致收敛与数项级数的收敛的方法有什么类似之处?

思考题 6.2.4 何为幂级数? 为什么要将函数展开为幂级数?

思考题 6.2.5 何为函数的 Taylor 级数展开? 它与 Taylor 公式有什么联系与区别?

思考题 6.2.6 函数的幂级数展开有什么不足之处?

I　函数项级数 (函数列) 的基本问题

函数列的基本问题是研究极限函数的分析性质, 函数项级数的基本问题是研究和函数的分析性质, 这里, 分析性质是指连续性、可积性与可导性等.

(1) 一般来说, 设函数列 $\{f_n(x)\}$ 在 D 上连续, 且 $f_n(x) \to f(x)\ (n \to \infty), \forall x \in D$, 那么 $f(x)$ 未必在 D 上连续.

同样地, 对于函数项级数 $\sum\limits_{n=1}^{\infty} u_n(x)$, 设其和函数为 $S(x)$, 那么, 由每一项 $u_n(x)$ 在 D 上连续, 未必蕴含 $S(x)$ 必然在 D 上连续.

(2) 函数列 $\{f_n(x)\}$ 在 D 上可积或可导, $f(x)$ 未必在 D 上可积或可导.

根据线性性质, 有限个可积函数之和仍然可积, 有限个可微函数之和仍然可微, 且可以逐项求积和逐项求导, 但对于无限个函数的和, 即函数项级数的和函数就未必能保持可积性与可导性.

(3) 函数项级数的基本问题, 就是研究和函数的连续性、可积性与可导性; 进一步, 还有研究和函数的积分与导数的求法, 即和函数的积分是否等于通项积分的和, 和函数的导数是否等于通项导数的和, 也就是是否可以逐项求积和逐项求导. 对函数列情况类似. 一般来说, 以上的结论都是未必成立的. 下面看几个不成立的反例.

反例 1　设 $f_n(x) = x^n$ 在 $(-1, 1]$ 上连续且可导, 其极限函数

$$f(x) = \lim_{n \to \infty} f_n(x) = \begin{cases} 0, & -1 < x < 1, \\ 1, & x = 1 \end{cases}$$

在 $x = 1$ 不连续, 当然也不可导.

反例 2　函数项级数 $\sum\limits_{n=1}^{\infty} x^n \ln x$ 的和函数为

$$S(x) = \begin{cases} 0, & x = 1, \\ \dfrac{x \ln x}{1 - x}, & x \neq 1, \end{cases}$$

而 $\lim\limits_{x \to 1^-} S(x) = -1 \neq S(1)$, 所以 $S(x)$ 在 $(0, 1]$ 上不连续.

反例 3　设 $f_n(x) = \dfrac{1}{n} \arctan x^n, x \in \mathbb{R}$, $\lim\limits_{n \to \infty} f_n(x) = 0$, 所以 $f'(x) = 0$, 而 $f_n'(x) = \dfrac{x^{n-1}}{1 + x^{2n}}$, 当 $x = 1$ 时, $f_n'(1) = \dfrac{1}{2}$, 所以 $\lim\limits_{n \to \infty} f_n'(x) \neq f'(x)$.

反例 4　函数项级数 $\sum\limits_{n=1}^{\infty} \dfrac{\sin nx}{n}$ 不能逐项求导, 因为逐项求导后所得的函数项级数 $\sum\limits_{n=1}^{\infty} \cos nx$ 处处发散.

反例 5 设 $f_n(x) = \begin{cases} 1, & \text{若 } x \cdot n! \text{为整数}, \\ 0, & \text{其他}. \end{cases}$

显然, 对每一个 $n \in \mathbb{N}_+$, $f_n(x)$ 在 $[0,1]$ 上有界, 只有有限个不连续点 $x = \dfrac{k}{n!}, 0 \leqslant k \leqslant n!$. 因而是可积的. 但 $\{f_n(x)\}$ 的极限函数 $f(x)$ 是Dirichlet 函数, 它在 $[0,1]$ 上是不可积的.

┌──── II **研究函数项级数分析性质的主要工具就是一致收敛概念**

1. 一致收敛的概念

由于函数列与函数项级数的收敛性并不能保证连续性、可积性与可导性等性质, 寻找比收敛性更强的收敛性以保证连续性、可积性与可导性等性质成立就非常必要. 这个条件就是一致收敛性.

函数列一致收敛的定义 设 $S_n(x), n = 1, 2, \cdots, S(x)$ 都是 $D \subset \mathbb{R}$ 的函数, 若对任意给定的 $\varepsilon > 0$, 存在仅与 ε 有关的正整数 $N(\varepsilon)$, 使当 $n > N(\varepsilon)$ 时, 对于一切 $x \in D$, 成立 $|S_n(x) - S(x)| < \varepsilon$, 则称 $\{S_n(x)\}$ 在 D 上**一致收敛**于 $S(x)$, 记为

$$S_n(x) \overset{D}{\rightrightarrows} S(x), \quad n \to \infty.$$

函数项级数一致收敛的定义 若函数项级数 $\sum\limits_{n=1}^{\infty} u_n(x)$ 的部分和函数序列 $\{S_n(x)\}$ 在 D 上一致收敛于 $S(x)$, 即

$$\forall \varepsilon > 0, \exists N, \forall n > N, \forall x \in D : \left| \sum_{k=1}^{n} u_k(x) - S(x) \right| = |S_n(x) - S(x)| < \varepsilon,$$

则称函数项级数 $\sum\limits_{n=1}^{\infty} u_n(x)$ 在 D 上一致收敛于 $S(x)$.

2. 函数列一致收敛的判别方法:

(1) 定义法.

(2) 函数列一致收敛的充要条件一 ——Cauchy 收敛准则.

(3) 函数列一致收敛的充要条件二 —— 确界法则.

设函数列 $\{S_n(x)\}$ 在 D 上点态收敛于 $S(x)$, 记

$$d(S_n, S) = \sup_{x \in D} |S_n(x) - S(x)|,$$

则 $\{S_n(x)\}$ 在 D 上一致收敛于 $S(x)$ 的充要条件是

$$\lim_{n \to \infty} d(S_n, S) = 0.$$

(4) 函数列一致收敛的充要条件三 —— 序列法则.

设函数列 $\{S_n(x)\}$ 在集合 D 上点态收敛于 $S(x)$, 则 $\{S_n(x)\}$ 在 D 上一致收敛于 $S(x)$ 的充要条件是: 对任意数列 $\{x_n\} \subset D$, 成立

$$\lim_{n\to\infty} [S_n(x_n) - S(x_n)] = 0.$$

函数列一致收敛的充要条件三是充要条件二的序列说法, 常用来证明函数序列的非一致收敛性.

(5) 函数列一致收敛的充分条件:

如果存在非负的无穷小数列 a_n, 使得 $|S_n(x) - S(x)| \leqslant a_n$, $x \in D$, 则 $\{S_n(x)\}$ 在 D 上一致收敛于 $S(x)$.

这里 a_n 是 $|S_n(x) - S(x)|$ 的一个上界: $\sup\limits_{x\in D} |S_n(x) - S(x)| \leqslant a_n$, 如果能够观察出这样一个无穷小上界, 可以避免求确界的麻烦. 例如, 对

$$S_n(x) = \frac{x}{1 + n^2 x^2}, \ \ S(x) = 0, \ x \in (-\infty, +\infty),$$

则根据平均值不等式易得 $|S_n(x) - S(x)| \leqslant \dfrac{1}{2n} \to 0$, 故 $S_n(x)$ 在 $(-\infty, +\infty)$ 上一致收敛于 0. 当然也可以求得上确界 $d(S_n, S) = \dfrac{1}{2n}$ 在 $x = \pm\dfrac{1}{n}$ 处取到.

如果上述的 a_n 不易观察出来, 那就只好硬算出上确界取之为 a_n.

3. 函数项级数一致收敛的判别

(1) 定义法 (充要条件).

(2) 函数项级数一致收敛的 Cauchy 收敛准则 (充要条件).

(3) 求出部分和数列, 再应用函数列的一致收敛判别法.

使用此方法的前提是部分和数列容易求出来. 例如, 对几何级数, $\sum\limits_{n=1}^{\infty} \dfrac{x^2}{(1+x^2)^{n-1}}$, $x \in (-\infty, +\infty)$, 其部分和容易求出: $S_n(x) = 1 - (1+x^2)^n$, 这时的函数项级数问题实际上已经转化为函数列问题.

(4) 余项估计法.

要使用此法, 需余项 $r_n(x) = S_n(x) - S(x)$ 容易估计. 例如, 对交错级数 $\sum\limits_{n=1}^{\infty} (-1)^{n-1} u_n(x)$, 其余项的估计是已知的: $|r_n(x)| = |S_n(x) - S(x)| \leqslant |u_{n+1}(x)|$.

(5) 优级数判别法 (充分条件).

对函数项级数 $\sum\limits_{n=1}^{\infty} u_n(x) (x \in D)$, 若存在收敛的正项级数 $\sum\limits_{n=1}^{\infty} M_n$, 使得

$$|u_n(x)| \leqslant M_n, \quad \forall x \in D, \forall n \in \mathbb{N}_+,$$

则 $\sum\limits_{n=1}^{\infty} u_n(x)$ 在 D 上一致收敛.

这里, 数项级数 $\sum\limits_{n=1}^{\infty} M_n$ 称为函数项级数 $\sum\limits_{n=1}^{\infty} u_n(x)(x \in D)$ 的**优级数**.

(6) A-D 判别法 (充分条件).

如果函数项级数 $\sum\limits_{n=1}^{\infty} u_n(x)(x \in D)$ 具有形式 $\sum\limits_{n=1}^{\infty} a_n(x)b_n(x)$ $(x \in D)$, 即 $u_n(x) = a_n(x)b_n(x), \forall n \in \mathbb{N}_+$, 且满足如下两个条件之一, 则它在 D 上一致收敛:

① **Abel 判别法**

函数列 $\{a_n(x)\}$ 对每一固定的 $x \in D$ 关于 n 是单调的, 且 $\{a_n(x)\}$ 在 D 上一致有界, 即存在正常数 M, 使得

$$|a_n(x)| \leqslant M, \quad \forall x \in D, \quad \forall n \in \mathbb{N}_+;$$

同时, $\sum\limits_{n=1}^{\infty} b_n(x)$ 在 D 上一致收敛.

② **Dirichlet 判别法**

$\{a_n(x)\}$ 对每一固定的 $x \in D$ 关于 n 是单调的, 且 $\{a_n(x)\}$ 在 D 上一致收敛于 0; 同时, 函数项级数 $\sum\limits_{n=1}^{\infty} b_n(x)$ 的部分和序列在 D 上一致有界:

$$\left| \sum_{k=1}^{n} b_k(x) \right| \leqslant M, \quad \forall x \in D, \quad \forall n \in \mathbb{N}_+.$$

III 函数列、函数项级数的分析性质

1. 连续性定理

(1) 设函数列 $\{S_n(x)\}$ 在 $[a,b]$ 上一致收敛于 $S(x)$, 且每一项 $S_n(x)$ 都在 $[a,b]$ 上连续, 则 $S(x)$ 在 $[a,b]$ 上连续, 即 $\forall x_0 \in [a,b]$, 有

$$\lim_{n\to\infty} \lim_{x\to x_0} S_n(x) = \lim_{n\to\infty} S_n(x_0) = S(x_0) = \lim_{x\to x_0} S(x) = \lim_{x\to x_0} \lim_{n\to\infty} S_n(x).$$

即两个极限过程与次序无关.

(2) 设函数项级数 $\sum\limits_{n=1}^{\infty} u_n(x)$ 在 $[a,b]$ 上一致收敛, 且每一项 $u_n(x)$ 都在 $[a,b]$ 上连续, 则和函数 $S(x)$ 在 $[a,b]$ 上连续, 即对于函数项级数, 求极限运算与无穷求和可交换次序:

$$\lim_{x\to x_0} \sum_{n=1}^{\infty} u_n(x) = \sum_{n=1}^{\infty} \lim_{x\to x_0} u_n(x).$$

(3) 但要注意, 一致收敛性是保证 $S(x)$ 在 $[a,b]$ 上连续的充分而非必要的条件. 例如, 函数列 $\{x^n\}$ 在 $(-1,1)$ 上非一致收敛, 但极限函数 $S(x) \equiv 0$ 连续.

下面是关于这个问题的进一步讨论.

首先给出 Dini 定理, 它指出在一定的条件下一致收敛是保证 $S(x)$ 连续性的必要条件; 其次, 引入比一致收敛弱的拟一致收敛概念, 说明它才是保证 $S(x)$ 连续性的充要条件.

(4) (函数项级数的 Dini 定理)　设对任意给定的 $n \in \mathbb{N}$, 函数 $u_n(x)$ 在 $[a,b]$ 上连续, 对任意给定的 $x \in [a,b]$, 级数 $\sum_{n=1}^{\infty} u_n(x)$ 是正项级数或负项级数, 且其和函数 $S(x)$ 在 $[a,b]$ 上连续, 则 $\sum_{n=1}^{\infty} u_n(x)$ 在 $[a,b]$ 上一致收敛于 $S(x)$.

对函数列有类似结果, 请读者自己给出.

(5) 阿尔采拉–博雷尔 (Arzela-Borel) 定理.

首先给出**拟一致收敛的定义**: 设函数列 $\{S_n(x)\}$ 在 $[a,b]$ 上收敛于 $S(x)$, 若 $\forall \varepsilon > 0$ 和 $N \geqslant 1$, 存在 $[a,b]$ 的有限开区间的覆盖 $I_i, i = 1, 2, \cdots, k$, 以及 $n_i > N, i = 1, 2, \cdots, k$, 使得

$$|S_{n_i}(x) - S(x)| < \varepsilon, \ \forall x \in I_i \cap [a,b].$$

则称函数列 $\{S_n(x)\}$ 在 $[a,b]$ 上**拟一致收敛**于 $S(x)$.

Arzela-Borel 定理　设函数列 $S_n(x)$ 在 $[a,b]$ 上连续, 则 $S(x)$ 在 $[a,b]$ 上连续的充要条件是 $S_n(x)$ 在 $[a,b]$ 上拟一致收敛于 $S(x)$.

证明参见《数学分析习题课讲义》命题 14.2.3 (谢惠民等, 2003). 对函数项级数可作类似讨论.

2. 可积性定理

(1) 设函数列 $\{S_n(x)\}$ 在 $[a,b]$ 上一致收敛于 $S(x)$, 且每一项 $S_n(x)$ 都在 $[a,b]$ 上连续, 则 $S(x)$ 在 $[a,b]$ 上连续, 且

$$\int_a^b S(x)\mathrm{d}x = \lim_{n \to \infty} \int_a^b S_n(x)\mathrm{d}x.$$

进一步, 函数列 $\left\{ \int_a^x S_n(t)\mathrm{d}t \right\}$ 在 $[a,b]$ 上一致收敛于函数 $\int_a^x S(t)\mathrm{d}t$.

(2) 设函数列 $\{S_n(x)\}$ 在 $[a,b]$ 上一致收敛于 $S(x)$, 且每一项 $S_n(x)$ 都在 $[a,b]$ 上可积, 则 $S(x)$ 在 $[a,b]$ 上可积, 且

$$\int_a^b S(x)\mathrm{d}x = \lim_{n \to \infty} \int_a^b S_n(x)\mathrm{d}x.$$

(3) (逐项积分定理)　设函数项级数 $\sum_{n=1}^{\infty} u_n(x)$ 在 $[a,b]$ 上一致收敛, 且每一项 $u_n(x)$ 都在 $[a,b]$ 上连续 (可积), 则和函数 $S(x)$ 在 $[a,b]$ 上连续 (可积), 且

$$\int_a^b S(x)\mathrm{d}x = \int_a^b \sum_{n=1}^{\infty} u_n(x)\mathrm{d}x = \sum_{n=1}^{\infty} \int_a^b u_n(x)\mathrm{d}x,$$

即积分运算与无限求和运算可交换次序. 进一步, 函数项级数

$$\sum_{n=1}^{\infty} \int_a^x u_n(t)\mathrm{d}t$$

在 $[a,b]$ 上一致收敛于

$$\int_a^x \sum_{n=1}^{\infty} u_n(t)\mathrm{d}t = \int_a^x S(t)\mathrm{d}t.$$

3. 可导性定理

(1) 设函数列 $\{S_n(x)\}$ 满足:

(a) 对每个 n, 函数 $S_n(x)$ 在 $[a,b]$ 上连续可导;

(b) 函数列 $\{S_n(x)\}$ 在 $[a,b]$ 上点态收敛于 $S(x)$;

(c) 函数列 $\{S_n'(x)\}$ 在 $[a,b]$ 上一致收敛于 $\sigma(x)$, $n=1,2,\cdots$.

则 $S(x)$ 在 $[a,b]$ 上可导, 且

$$S'(x) = \sigma(x),$$

即求导运算与求极限运算可交换次序:

$$\left(\lim_{n\to\infty} S_n(x)\right)' = \lim_{n\to\infty} S_n'(x).$$

(2) (逐项求导定理) 设级数 $\sum\limits_{n=1}^{\infty} u_n(x)$ 满足:

(a) 对每个 n, 函数 $u_n(x)(n=1,2,\cdots)$ 在 $[a,b]$ 上连续可导;

(b) 函数项级数 $\sum\limits_{n=1}^{\infty} u_n(x)$ 在 $[a,b]$ 上点态收敛于 $S(x)$;

(c) 函数项级数 $\sum\limits_{n=1}^{\infty} u_n'(x)$ 在 $[a,b]$ 上一致收敛于 $\sigma(x)$.

则 $S(x) = \sum\limits_{n=1}^{\infty} u_n(x)$ 在 $[a,b]$ 上可导, 且 $S'(x) = \sigma(x)$, 即

$$S'(x) = \left(\sum_{n=1}^{\infty} u_n(x)\right)' = \sum_{n=1}^{\infty} u_n'(x) = \sigma(x),$$

即求导运算与无限求和运算可交换次序.

—— IV 判别函数项级数的一致收敛与数项级数的收敛的方法对比

一致收敛自然是收敛的, 但反之未必成立. 在级数收敛判别法中, 有些收敛判别法有对应的一致收敛判别法, 有些则是没有对应的一致收敛判别法.

例如, Cauchy 收敛准则、比较判别法、Leibniz 判别法以及 A-D 判别法等都有一致收敛判别法, 而正项级数的 Cauchy 判别法、d'Alembert 判别法、积分判别法和 Raabe 判别法等没有相应的一致收敛判别法.

V 幂级数

形如 $\sum\limits_{n=0}^{\infty} a_n(x-x_0)^n$, $x \in D$ 的函数项级数称为幂级数. 这是一类特殊的函数项级数, 其通项都是幂函数, 因此可以看作无穷次多项式, 在函数项级数中属于比较简单的一类, 其收敛性、一致收敛性的判别以及和函数性质都特别简单明了. 因此, 如果能把一个函数表示为一个幂级数, 也就是作为某一个幂级数的和函数, 是非常有意义的.

1. 收敛与一致收敛的结论简单明了

(1) 收敛域是指收敛点的全体所成的集合, 它一定是一个以 x_0 为中心, 某个非负数 R 为半径的区间, 其中, R 称为**收敛半径**, 可以用如下公式求得

$$R = \left(\overline{\lim_{n\to\infty}} \sqrt[n]{|a_n|} \right)^{-1}.$$

$(x_0 - R, x_0 + R)$ 称为收敛区间, 至于端点 $x_0 - R$ 和 $x_0 + R$ 是否在收敛域中要视具体情况而定. 特殊情况下, $R = 0$, 收敛区间为空集, 收敛域为单点集 $\{x_0\}$.

进一步, 在收敛域内我们还有更多的信息, 这就是

(2) Cauchy-Hadamard 定理:

幂级数 $\sum\limits_{n=0}^{\infty} a_n x^n$ 当 $|x| < R$ 时绝对收敛; 当 $|x| > R$ 时发散. 当然, 同样地, 在 $x = \pm R$ 时没有一般的结果, 收敛性要视具体情况而定.

(3) Abel 第一定理:

如果 ξ 是上述幂级数的收敛点, 则当 $|x| < |\xi|$ 时, 该幂级数绝对收敛; 如果点 η 是发散点, 则当 $|x| > |\eta|$ 时, 该幂级数发散.

(4) Abel 第二定理:

幂级数在其收敛区间 $(-R, R)$ 上内闭一致收敛.

又若该幂级数在 $x = R$ 处收敛, 则它在任意闭区间 $[a, R] \subset (-R, R]$ 上一致收敛.

2. 幂级数的分析性质简单明了

(1) 幂级数在它的收敛域上连续;

(2) 幂级数在包含于收敛域内的任意闭区间上可以逐项积分;

(3) 幂级数在收敛域区间内可以逐项求导.

3. 几点值得注意的方面

(1) 虽然逐项积分或逐项求导后所得的幂级数的收敛半径不变, 但收敛域可能变化. 一般来说, 逐项积分后, 收敛域可能扩大, 即收敛区间的端点可能由原来级数的发散点变为逐项积分后的级数的收敛点; 类似地, 逐项求导后, 收敛域可能缩小. 参见下面的例子.

(2) 因为幂级数逐项求导后不改变收敛半径, 所以幂级数的和函数在收敛区间内有任意阶导数.

(3) 逐项积分定理和逐项求导定理常用来求幂级数的和函数.

── VI Taylor 级数展开与 Taylor 公式

(1) Taylor 公式是指将 $n+1$ 次可导函数表示为 n 次 Taylor 多项式 $P_n(x)$ 与余项 $r_n(x)$ 的和, 而 Taylor 级数则是将无穷次可导函数表示为无穷次 Taylor 多项式.

假设函数 $f(x)$ 在 x_0 的某个邻域 $O(x_0, r)$ 内可表示成幂级数

$$f(x) = \sum_{n=0}^{\infty} a_n (x - x_0)^n, \quad x \in O(x_0, r), \tag{6.2.1}$$

即 $f(x)$ 是这个幂级数的和函数, 则

$$a_k = \frac{f^{(k)}(x_0)}{k!}, \quad k = 0, 1, 2, \cdots,$$

也就是说, 幂级数的系数 $\{a_n\}$ 由和函数 $f(x)$ 唯一确定, 称为 $f(x)$ 在点 x_0 处的 **Taylor 系数**.

反过来, 设函数 $f(x)$ 在 x_0 的某个邻域 $O(x_0, r)$ 内任意阶可导, 则可以求出 $f(x)$ 在 x_0 的所有的 Taylor 系数 $a_k = \frac{f^{(k)}(x_0)}{k!}, k = 0, 1, 2, \cdots$, 并作出幂级数 $\sum_{n=0}^{\infty} \frac{f^{(n)}(x_0)}{n!}(x - x_0)^n$.

特别地, $x_0 = 0$ 处的 Taylor 级数

$$\sum_{n=0}^{\infty} \frac{f^{(n)}(0)}{n!} x^n \tag{6.2.2}$$

称之为 Maclaurin 级数.

(2) 一个自然的问题是: 是否必存在正数 ρ, 使得 $f(x)$ 在 x_0 点的 Taylor 级数在 $O(x_0, \rho)$ 内收敛, 且收敛于 $f(x)$? 一般来说, 这个结论不成立.

反例 1 考虑函数

$$f(x) = \sum_{n=0}^{\infty} \frac{\sin(2^n x)}{n!},$$

这是由函数项级数 (非幂级数) 定义的函数, 它在 $(-\infty, +\infty)$ 上任意次可导, 且

$$f^{(2k)}(0) = 0, \ f^{(2k+1)}(0) = \sum_{n=0}^{\infty} \frac{(2^n)^{2k+1} \sin \frac{(2k+1)\pi}{2}}{n!} = (-1)^k \sum_{n=0}^{\infty} \frac{(2^{2k+1})^n}{n!} = (-1)^k e^{2^{2k+1}},$$

因此它的Maclaurin 级数是

$$\sum_{k=0}^{\infty} \frac{(-1)^k e^{2^{2k+1}}}{(2k+1)!} x^{2k+1}.$$

但是, 这个Maclaurin 级数仅在 $x = 0$ 点收敛.

反例 2　设
$$f(x) = \begin{cases} \mathrm{e}^{-\frac{1}{x^2}}, & x \neq 0, \\ 0, & x = 0, \end{cases}$$

则可以证明 $f^{(n)}(0) = 0$. 因此 $f(x)$ 的 Maclaurin 级数为
$$S(x) = 0 + 0x + \frac{0}{2!}x^2 + \frac{0}{3!}x^3 + \cdots + \frac{0}{n!}x^n + \cdots = 0,$$

处处收敛, 但只要 $x \neq 0$, 就有 $S(x) \neq f(x)$. 因此, 尽管 $f(x)$ 在 $x = 0$ 处任意次可导, 且 $f(x)$ 的 Maclaurin 级数处处收敛, 但除 $x = 0$ 外, 均不收敛于 $f(x)$.

(3) Taylor 展开的条件. 设 $f(x)$ 在 $O(x_0, r)$ 内有 $n + 1$ 阶导数, 则有 Taylor 公式
$$f(x) = \sum_{k=0}^{n} \frac{f^{(k)}(x_0)}{k!}(x - x_0)^k + r_n(x),$$

其中 $r_n(x)$ 是余项. 于是, 当 $f(x)$ 在 $O(x_0, r)$ 内任意次可导时, 它能在 $O(x_0, \rho)(0 < \rho \leqslant r)$ 内展成 Taylor 级数的充分必要条件是
$$\lim_{n \to \infty} r_n(x) = 0, \ \forall \, x \in O(x_0, \rho).$$

§6.2.1　函数项级数概念辨析

1. 若函数列 $\{f_n(x)\}$ 和 $\{g_n(x)\}$ 均在 D 上一致收敛, 问它们经过四则运算后是否仍然在 D 上一致收敛?

2. 若 $\lim\limits_{n \to \infty} f_n(x) = f(x) > 0, \forall x \in D$, 则存在 $N > 0$, 使当 $n > N$ 时, $f_n(x) > 0, \forall x \in D$, 对吗?

3. 函数项级数一致收敛的必要条件是什么?

4. 函数列 $\{f_n(x)\}$ 在 (a, b) 上内闭一致收敛, 是否蕴含函数列 $\{f_n(x)\}$ 在 (a, b) 内处处收敛? 一致收敛?

5. 设 $\sum\limits_{n=1}^{\infty} u_n(x)$ 与 $\sum\limits_{n=1}^{\infty} v_n(x)$ 都在 D 上一致收敛, 且 $\forall n \in \mathbb{N}, x \in D$, 有 $u_n(x) \leqslant w_n(x) \leqslant v_n(x)$, 能否断言 $\sum\limits_{n=1}^{\infty} w_n(x)$ 在 D 上一致收敛?

6. 一致收敛的级数可否条件收敛?

7. 优级数判别法 $(M-$ 判别法$)$ 的逆命题是否成立? 即若 $\sum\limits_{n=1}^{\infty} u_n(x)$ 在 D 上一致收敛, 则必存在收敛的数项级数 $\sum\limits_{n=1}^{\infty} M_n$, 使得 $|u_n(x)| \leqslant M_n, \ \forall n \in \mathbb{N}, \ \forall x \in D$?

8. 用优级数判别法判定为一致收敛的级数可否是条件收敛的级数? 用 Abel 判别法或 Dirichlet 判别法判别为一致收敛的级数可否是条件收敛的级数?

9. (1) 试叙述极限函数连续性定理; (2) 如下它的逆命题是否成立: 若在区间 I 上 $\{f_n(x)\}$ 一致收敛于连续函数 $f(x)$, 则存在 $N \in \mathbb{N}$, 当 $n > N$ 时, $\{f_n(x)\}$ 在 I 上皆连续?

10. 极限函数连续性定理的如下逆命题是否成立: 若在区间 I 上 $\{f_n(x)\}$ 收敛于 $f(x)$, 且 $\{f_n(x)\}$ 与 $f(x)$ 在 I 上皆连续, 则收敛必为一致的?

11. 在讨论和函数或极限函数的分析性质时, 往往可用内闭一致收敛取代一致收敛性, 为什么可以这样做?

12. 若 $\sum\limits_{n=0}^{\infty} |u_n(x)|$ 在数集 D 上一致收敛, 是否蕴含 $\sum\limits_{n=0}^{\infty} u_n(x)$ 在数集 D 上一致收敛?

13. 作为特殊的函数项级数, 幂级数的收敛域如何确定?

14. 设 $\sum\limits_{n=0}^{\infty} a_n x^n$ 的收敛半径为 $R > 0$, 问 $\sum\limits_{n=0}^{\infty} a_n R^n$ 一定收敛?

15. 设 $\sum\limits_{n=0}^{\infty} a_n x^n$ 的收敛半径为 $R > 0$, 且 $\sum\limits_{n=0}^{\infty} a_n R^n$ 收敛, 则 $\sum\limits_{n=0}^{\infty} a_n x^n$ 在 $[0, R]$ 上必一致收敛?

16. 设 $\sum\limits_{n=0}^{\infty} a_n x^n$ 的收敛半径为 $R > 0$, 且 $\sum\limits_{n=0}^{\infty} a_n x^n$ 在 $[0, R)$ 上一致收敛, 则 $\sum\limits_{n=0}^{\infty} a_n x^n$ 在 $[0, R]$ 上必一致收敛?

17. 设 $\sum\limits_{n=0}^{\infty} a_n x^n$ 的收敛半径为 $R > 0$, 且 $\sum\limits_{n=0}^{\infty} a_n R^n$ 收敛, 则 $\sum\limits_{n=0}^{\infty} \left(\int_0^x a_n t^n \mathrm{d}t \right)$ 在 $x = R$ 处可能收敛也可能发散?

18. 设 $\sum\limits_{n=0}^{\infty} a_n x^n$ 的收敛半径为 $R > 0$, $\sum\limits_{n=0}^{\infty} \left(\lim\limits_{x \to R-} a_n x^n \right)$ 存在, 是否蕴含

$$\lim_{x \to R-} \left(\sum_{n=0}^{\infty} a_n x^n \right) = \sum_{n=0}^{\infty} \left(\lim_{x \to R-} a_n x^n \right)?$$

19. 设 $\sum\limits_{n=0}^{\infty} a_n x^n$ 的收敛半径为 $R > 0$, $\lim\limits_{x \to R-} \left(\sum\limits_{n=0}^{\infty} a_n x^n \right)$ 存在, 是否蕴含

$$\lim_{x \to R-} \left(\sum_{n=0}^{\infty} a_n x^n \right) = \sum_{n=0}^{\infty} \left(\lim_{x \to R-} a_n x^n \right)?$$

20. 求函数项级数的和函数的主要方法有哪些?

21. 若函数 $f(x)$ 能在 x_0 点展成 n 阶 Taylor 公式, 能否断言, 当 n 充分大时, $f(x) \approx \sum\limits_{k=0}^{n} \dfrac{f^{(k)}(x_0)}{k!} (x - x_0)^k$?

22. 若函数 $f(x)$ 能在 x_0 点展成 Taylor 级数, 能否断言, 当 n 充分大时, $f(x) \approx \sum\limits_{k=0}^{n} \dfrac{f^{(k)}(x_0)}{k!} (x - x_0)^k$?

23. 设幂级数 $\sum\limits_{n=0}^{\infty} a_n x^n$ 在收敛区间 $(-R, R)$ 内的和函数为 $S(x)$, 试问 $S(x)$ 在 $x = 0$ 处能否展成 Taylor 级数? 如能, 这个 Taylor 级数是否就是 $\sum\limits_{n=0}^{\infty} a_n x^n$?

24. 函数 $f(x)$ 在某点 x_0 展开为幂级数的条件是什么? 把函数展开为幂级数主要有哪些方法?

§6.2.2　函数项级数强化训练

一、计算题

1. 求下列函数项级数的收敛区域:

(1) $\sum\limits_{n=1}^{\infty} \dfrac{x^n}{1+x^{2n}}$;　　　　　　　　　　(2) $\sum\limits_{n=1}^{\infty} \dfrac{n}{n+1}\left(\dfrac{x}{2x+1}\right)^n$;

(3) $\sum\limits_{n=1}^{\infty} (-1)^{n-1}\dfrac{\ln^n x}{n}$;　　　　　　(4) $\sum\limits_{n=1}^{\infty} \left(\dfrac{x}{\sin x}\right)^n$;

(5) $\sum\limits_{n=1}^{\infty} \left(1+\dfrac{1}{n}\right)^{-n^2}(x+1)^{-n}$;　　(6) $\sum\limits_{n=1}^{\infty} \dfrac{x^n}{3^{\sqrt{n}}}$;

(7) $\sum\limits_{n=1}^{\infty} \sin\dfrac{1}{3n}\left(\dfrac{3+x}{3-2x}\right)^n$;　　　(8) $\sum\limits_{n=1}^{\infty} n\left(x+\dfrac{1}{n}\right)^n$.

2. 设 $\sum\limits_{n=1}^{\infty} a_n x^n$ 和 $\sum\limits_{n=1}^{\infty} b_n x^n$ 的收敛半径分别为 R_a 和 R_b, 试讨论下列各情形级数 $\sum\limits_{n=1}^{\infty} c_n x^n$ 的收敛半径大小:

(1) $c_n = a_n + b_n$;　　　　(2) $c_n = a_n b_n$;　　　　(3) $c_n = \sum\limits_{k=0}^{n} a_k b_{n-k}$;

(4) $c_n = \max\{|a_n|, |b_n|\}$;　　(5) $c_n = \max\{a_n, b_n\}$.

3. 求下列函数项级数的收敛域及其和函数:

(1) $\sum\limits_{n=1}^{\infty} \dfrac{(x-3)^n}{n3^n}$;　　　(2) $\sum\limits_{n=1}^{\infty} (2n+1)x^n$;　　　(3) $\sum\limits_{n=0}^{\infty} \dfrac{(-1)^n}{(2n)!}$;

(4) $\sum\limits_{n=1}^{\infty} \dfrac{x^n}{n(n+1)(n+2)!}$;　(5) $\sum\limits_{n=1}^{\infty} \dfrac{x^{n-1}}{n!}$;　　(6) $1+\sum\limits_{n=1}^{\infty} \dfrac{(2n-1)!!}{(2n)!!}x^n$;

(7) $\sum\limits_{n=1}^{\infty} (-1)^{n-1}n^2 x^n$;　　(8) $\sum\limits_{n=1}^{\infty} \dfrac{x^{2n-1}}{1\cdot3\cdot5\cdots(2n-1)}$;　(9) $\sum\limits_{n=1}^{\infty} \dfrac{2^n x^{2n-1}}{1+x^{2n}}$.

4. 求极限 $\lim\limits_{x\to 0+} \sum\limits_{n=1}^{\infty} \dfrac{(-1)^{n-1}}{n}e^{-nx}$.

5. 设 $\sum\limits_{n=1}^{\infty} a_n$ 收敛, 求极限 $\lim\limits_{x\to 0+} \sum\limits_{n=1}^{\infty} \dfrac{a_n}{n^x}$.

6. 级数求和:

(1) $\sum\limits_{n=1}^{\infty} \dfrac{2n+1}{3^n}$;　　　　　　　　　　(2) $\sum\limits_{n=2}^{\infty} \dfrac{1}{(n^2-1)2^n}$;

(3) $\sum\limits_{n=0}^{\infty} \dfrac{(-1)^n(n^2-n+1)}{2^n}$;　　　(4) $\sum\limits_{n=1}^{\infty} \dfrac{(-1)^{\frac{n(n-1)}{2}}}{n}$.

7. 将函数在原点展开成幂级数:

(1) $f(x) = \dfrac{1}{4}\ln\dfrac{1+x}{1-x} + \dfrac{1}{2}\arctan x - x$;　　(2) $f(x) = \arctan\dfrac{1+x}{1-x}$;

(3) $f(x) = \arctan\dfrac{2x}{1-x^2}$;　　　　　　(4) $f(x) = \ln(1+x+x^2+x^3)$;

(5) $f(x) = \ln(x + \sqrt{1 + x^2})$;　　　　　(6) $f(x) = \ln\sqrt{\dfrac{1+x}{1-x}}$;

(7) $f(x) = \dfrac{x}{(1-x)(1-x^2)}$;　　　　　(8) $f(x) = \sin^3 x$;

(9) $f(x) = a^x$;　　　　　　　　　　　(10) $f(x) = \dfrac{x}{\sqrt{1+x^2}}$.

8. 将下列函数在指定点展开成幂级数, 并指出其收敛域:

(1) $f(x) = \sin x$, $x_0 = \dfrac{\pi}{6}$;　　　　　(2) $f(x) = \ln x$, $x_0 = 3$;

(3) $f(x) = \dfrac{1}{x+2}$, $x_0 = 2$;　　　　　(4) $f(x) = \dfrac{1}{x^2 - x - 2}$, $x_0 = 1$;

(5) $f(x) = \dfrac{x-1}{x^2+2x}$, $x_0 = -1$;　　　　　(6) $f(x) = \dfrac{1}{x^2}$, $x_0 = 1$.

9. 将 $f(x) = \ln x$ 展成关于 $\dfrac{x-1}{x+1}$ 的幂级数.

10. 将函数 $f(x) = \arctan \dfrac{1-2x}{1+2x}$ 展开成 Maclaurin 级数, 并求级 $\displaystyle\sum_{n=0}^{\infty} \dfrac{(-1)^n}{2n+1}$ 的和.

11. 设 $f(x) = \begin{cases} \dfrac{1+x^2}{x}\arctan x, & x \neq 0, \\ 1, & x = 0, \end{cases}$ 试将 $f(x)$ 展开成 Maclaurin 级数, 并求

级数 $\displaystyle\sum_{n=1}^{\infty} \dfrac{(-1)^n}{1-4n^2}$ 的和.

12. 确定 λ 的取值范围, 使得成立

$$\frac{\mathrm{e}^x + \mathrm{e}^{-x}}{2} \leqslant \mathrm{e}^{\lambda x^2}, \ \forall \, x \in \mathbb{R}.$$

二、证明题

1. 设函数
$$S(x) = \frac{1}{2}\tan\frac{x}{2} + \frac{1}{2^2}\tan\frac{x}{2^2} + \cdots + \frac{1}{2^n}\tan\frac{x}{2^n} + \cdots$$

(1) 证明 $S(x)$ 在 $\left[\dfrac{\pi}{6}, \dfrac{\pi}{2}\right]$ 上连续;

(2) 计算 $\displaystyle\int_{\frac{\pi}{6}}^{\frac{\pi}{2}} S(x)\mathrm{d}x$.

2. 证明: $f(x) = \displaystyle\sum_{n=0}^{\infty} \dfrac{\mathrm{e}^{-nx}}{1+n^2}$ 在 $[0, +\infty)$ 上连续, 在 $(0, +\infty)$ 上可微.

3. 证明: $f(x) = \displaystyle\sum_{n=1}^{\infty} \dfrac{\cos nx}{n^2}$ 在 $(0, \pi]$ 上可导.

4. 对每个 $n = 1, 2, \cdots$, $f_n : \mathbb{R} \to \mathbb{R}$ 连续, 对所有 x, $|f_n'(x)| \leqslant 1$. 令
$$g(x) = \lim_{n\to\infty} f_n(x),$$

证明 $g : \mathbb{R} \to \mathbb{R}$ 连续.

5. 令 $\{f_n\}$ 为一个 $[0,1] \to \mathbb{R}$ 的连续映射序列, 满足

$$\int_0^1 [f_n(x) - f_m(x)]^2 \mathrm{d}x \to 0,\ \text{当}\ n, m \to \infty.$$

令 $K : [0, 1] \times [0, 1] \to \mathbb{R}$ 是连续的. 以

$$g_n(x) = \int_0^1 K(x, y) f_n(y) \mathrm{d}y$$

定义 $g_n : [0, 1] \to \mathbb{R}$. 证明序列 $\{g_n\}$ 一致收敛.

6. 令 f 是 $\mathbb{R}$ 上的一个连续实值函数, 满足

$$|f(x)| \leqslant \frac{C}{1 + x^2},$$

其中 C 是一个正常数. 以

$$F(x) = \sum_{n=-\infty}^{\infty} f(x + n)$$

定义 $\mathbb{R}$ 上的函数 F.

(1) 证明 F 是连续的且是具有周期为 1 的周期函数.

(2) 证明: 若 G 是连续的且是以 1 为周期的周期函数, 则

$$\int_0^1 F(x)G(x)\mathrm{d}x = \int_{-\infty}^{\infty} f(x)G(x)\mathrm{d}x.$$

7. 设 $\{f_n(x)\}, \{g_n(x)\}$ 均在 I 上一致收敛, 且对每个 $n, f_n(x), g_n(x)$ 在 I 上有界, 证明 $\{f_n(x) \cdot g_n(x)\}$ 在 I 上一致收敛.

8. 设 $f \in C^{\infty}(\mathbb{R})$, 记 $f_n(x) = f^{(n)}(x)$. 假定存在 $p > 1$, 使得

$$|f_n(x) - f_{n-1}(x)| \leqslant \frac{1}{n \ln^p n},\ \forall n \geqslant 2.$$

证明: $\{f_n(x)\}$ 在 $\mathbb{R}$ 上一致收敛, 并求出极限函数.

9. 设 $\{f_n(x)\}$ 为 $[a, b]$ 上的有界函数列, 且一致收敛于 $f(x)$. 求证:

$$\lim_{n \to \infty} \sup_{a \leqslant x \leqslant b} f_n(x) = \sup_{a \leqslant x \leqslant b} f(x).$$

10. 设函数列 $\{f_n(x)\}$ 在 $[a, b]$ 上收敛, 且存在常数 K, 使得下列条件成立:

$$|f_n(x) - f_n(y)| \leqslant K|x - y|,\ \forall x, y \in [a, b], n = 1, 2, \cdots$$

证明: $f_n(x)$ 在 $[a, b]$ 上一致收敛.

11. 设函数项级数 $\sum_{n=1}^{\infty} u_n(x)$ 在区间 I 上一致收敛于 $f(x)$, 且对每个 $n, u_n(x)$ 在 I 上一致连续, 求证 f 在 I 上一致连续.

12. 设函数 $f(x)$ 在 $[0, 1]$ 上连续, 且 $f(1) = 0$, 记 $F_n(x) = f(x)x^n, n = 1, 2, \cdots$, 证明: 函数列 $\{F_n(x)\}$ 在 $[0, 1]$ 上一致收敛.

13. 设 $S(x) = \sum\limits_{n=1}^{\infty} \dfrac{\operatorname{sgn}(x-x_n)}{2^n}$，其中 $\{x_n\}$ 是给定的数列. 证明 $S(x)$ 的间断点集是 $\{x_n\}$.

14. 设函数列 $\{f_n(x)\}$ 在 $[a,b]$ 上收敛于 $f(x)$，且对每个 $x, \{f_n(x)\}$ 是单调递增数列，则 $f(x)$ 是 $[a,b]$ 上的下半连续函数，即对每个给定的 $x_0 \in [a,b], \forall \varepsilon > 0, \exists \delta > 0$，使得当 $x \in [a,b], |x - x_0| < \delta$ 时，有 $f(x) > f(x_0) - \varepsilon$.

15. 设 $f_n(x)$ 在 $[a,b]$ 上一致收敛于 $f(x)$，若 $\forall n \in \mathbb{N}, f_n(x)$ 在 $[a,b]$ 上 Riemann 可积，求证 $f(x)$ 在 $[a,b]$ 上也 Riemann 可积.

16. 设幂级数 $\sum\limits_{n=0}^{\infty} a_n x^n$ 的收敛半径为 $R \in (0,1)$，且数列 $\{a_n\}$ 单调有界，求证: 幂级数 $\sum\limits_{n=0}^{\infty} a_n x^n$ 在 $[-R, R]$ 上一致收敛.

17. 证明: $\sum\limits_{n=1}^{\infty} x^n \ln x$ 在 $[0,1]$ 上非一致收敛，但对任意 $0 < a < 1$，在 $[0,a]$ 上一致收敛，且 $\displaystyle\int_0^1 \sum\limits_{n=1}^{\infty} x^n \ln x \mathrm{d}x = 1 - \sum\limits_{n=1}^{\infty} \dfrac{1}{n^2} = 1 - \dfrac{\pi^2}{6}$.

18. 设 $S(x) = \sum\limits_{n=1}^{\infty} \dfrac{x^n}{n^2}, x \in (0,1)$，试证明 $S(x) + S(1-x) + \ln x \ln(1-x) = \sum\limits_{n=1}^{\infty} \dfrac{1}{n^2} = \dfrac{\pi^2}{6}$.

19. 证明: $\sum\limits_{n=0}^{\infty} x^n \sin \pi x$ 在 $[0,1]$ 上非一致收敛，但对任意 $0 < a < 1$，在 $[0,a]$ 上一致收敛，且 $\sum\limits_{n=1}^{\infty} \displaystyle\int_0^x t^n \sin \pi t \mathrm{d}t$ 在 $[0,1]$ 上一致收敛于 $\displaystyle\int_0^x \dfrac{\sin \pi t}{1-t} \mathrm{d}t$. 进一步,

$$\sum\limits_{n=1}^{\infty} \int_0^x t^n \sin \pi t \mathrm{d}t = \int_0^x \left(\sum\limits_{n=1}^{\infty} t^n \sin \pi t \right) \mathrm{d}t = \int_0^x \dfrac{\sin \pi t}{1-t} \mathrm{d}t, \ \forall x \in [0,1),$$

$$\sum\limits_{n=1}^{\infty} \int_0^1 t^n \sin \pi t \mathrm{d}t = \int_0^1 \dfrac{\sin \pi t}{1-t} \mathrm{d}t.$$

20. 设 $\dfrac{1}{1-x-x^2}$ 的 Maclaurin 级数为 $\sum\limits_{n=0}^{\infty} a_n x^n$，证明: $\sum\limits_{n=1}^{\infty} \dfrac{a_{n+1}}{a_n a_{n+2}}$ 收敛.

21. 设 $\sum\limits_{n=1}^{\infty} u_n(x)$ 在 (a,b) 内闭一致收敛，对每个 $n \in \mathbb{N}, u_n(x)$ 在 (a,b) 内连续，且部分和数列 $\{S_n(x)\}$ 在 $[a,b]$ 上一致有界，证明: $S(x)$ 在 $[a,b]$ 上可积，且 $\displaystyle\int_a^b S(x)\mathrm{d}x = \sum\limits_{n=1}^{\infty} \int_a^b u_n(x)\mathrm{d}x$.

22. 设 $a_n > 0, n \in \mathbb{N}$，且存在极限 $\lim\limits_{x \to R-} \sum\limits_{n=0}^{\infty} a_n x^n = S$，其中 $R > 0$. 试证 $\sum\limits_{n=0}^{\infty} a_n R^n = S$.

三、讨论题

1. 讨论下列函数列在给定区间上的一致收敛性:

(1) $f_n(x) = \dfrac{n + x^2}{nx}, x \in (0,1)$;

(2) $f_n(x) = \dfrac{\ln(1 + e^{nx})}{n}, x \in (-\infty, +\infty)$;

(3) $f_n(x) = \dfrac{x^n}{1+x^n}$, ① $0 \leqslant x \leqslant a < 1$, ② $0 \leqslant x \leqslant 1$, ③ $1 < a \leqslant x < +\infty$;

(4) $f_n(x) = \left(1 + \dfrac{x}{n}\right)^n$, ① $x \in [-a, a], a > 0$, ② $x \in (-\infty, +\infty)$.

2. 讨论下列函数项级数在给定区间上的一致收敛性:

(1) $\sum\limits_{n=1}^{\infty} \dfrac{\cos nx}{\sqrt{n^2+x^2}}$, ① $x \in \mathbb{R}$, ② $x \in [2(k-1)\pi + a, 2k\pi - a]$, $0 < a < \pi$, $k \in \mathbb{Z}$;

(2) $\sum\limits_{n=1}^{\infty} \dfrac{\sin x \cos nx}{\sqrt{n^2+x^2}}, x \in (-\infty, +\infty)$;

(3) $\sum\limits_{n=1}^{\infty} (-1)^n(1-x)x^n, \ x \in [0,1]$;

(4) $\sum\limits_{n=1}^{\infty} (1-x)x^n, \ x \in [0,1]$;

(5) $\sum\limits_{n=0}^{\infty} \dfrac{x^n}{n!}\mathrm{e}^{-x}, \ x \in [0,+\infty)$.

3. 讨论函数列 $f_n(x) = x^n - x^{n+1}, g_n(x) = x^n - x^{2n}$ 在 $[0,1]$ 上一致收敛性和极限函数在 $[0,1]$ 上的连续性.

4. 讨论下列级数 $\sum\limits_{n=1}^{\infty} u_n(x)$ 的可导性, 几阶可导:

(1) $u_n(x) = \arctan \dfrac{x}{n^2}, \ x \in \mathbb{R}$;

(2) $u_n(x) = \dfrac{\cos nx}{n^2}, \ x \in \mathbb{R}$;

(3) $u_n(x) = \mathrm{e}^{-n^2 x}, \ x \in (0,+\infty)$;

(4) $u_n(x) = \dfrac{1}{n^x}, x \in (1+\infty)$;

(5) $u_n(x) = n\mathrm{e}^{-nx}$;

(6) $u_n(x) = \dfrac{1}{n^p + n^q x^2}, x \in \mathbb{R}, p > 1$.

§6.3 Fourier 级数

思考题 6.3.1 为什么要研究 Fourier 级数? 和 Taylor 级数展开相比, Fourier 级数展开有什么优、缺点?

思考题 6.3.2 区间 $[a,b]$ 上的任何一个可积函数都可以展开为 Fourier 级数?

思考题 6.3.3 设 $f(x)$ 在 $[0,\pi]$ 上可积, 它的 Fourier 级数一定可以为正弦级数或余弦级数? 如果 $f(x)$ 在 $[-\pi,\pi]$ 上可积, 它的 Fourier 级数一定是正弦级数或余弦级数?

思考题 6.3.4 如果 $f(x)$ 在 $[-\pi,\pi]$ 上可积, 那么 $f(x)$ 与它的 Fourier 级数一定 (逐点) 相等吗?$f(x)$ 与它的 Fourier 级数在 $[-\pi,\pi]$ 上的积分一定相等吗?

思考题 6.3.5 $[-\pi,\pi]$ 上可积且绝对可积的函数的 Fourier 系数都是 0, 则这个函数一定恒为 0?

思考题 6.3.6 何为 Fourier 级数的均方收敛?

── I **Fourier 级数的引入背景**

周期现象, 如日月轮回、潮起潮落、钟摆、交流电等, 是自然界的常见现象. 最简单的周期函数就是通常的简谐波

$$x(t) = A\sin(\omega t + \varphi).$$

容易证明, 两个频率相同的简谐波叠加的结果还是简谐波, 但不同频率的简谐波的叠加就不再是简谐波, 但仍然是周期波, 只是比较复杂. 例如 $2\sin 2t + \sin 3t$ 就是一个周期为 2π 的周期波.

反过来, 我们自然要问: 一般的周期波是否能分解为简谐波的叠加? 即分解为频率为基波频率整数倍的正弦波? 即把周期函数 $x(t)$ 表示为

$$x(t) = \sum_{n=0}^{\infty} A_n \sin(n\omega t + \varphi_n),$$

或记为

$$\frac{a_0}{2} + \sum_{n=1}^{\infty} (a_n \cos nt + b_n \sin nt).$$

若能做到这点, 就可以通过对各个简谐波的分析, 来探讨周期函数的性质. 法国数学家 Fourier 在研究偏微分方程的边值问题时提出了三角级数展开概念, 他用正弦函数和余弦函数作为基函数构成的函数项级数, 即三角级数, 来表示任何周期函数, 从而极大地推动了偏微分方程理论的发展, 因此后世就称这样的三角级数为 Fourier 级数.

和 Taylor 级数展开相比, Fourier 级数展开的条件要低得多. Taylor 展开要求函数任意次可导, 余项要趋于 0, 并且往往所得结果仅在一点的某邻域内成立. 而 Fourier 级数展开, 几乎只要 Riemann 可积, 甚至不需要周期性条件. Fourier 级数的逐点收敛性定理有些复杂, 连续函数的 Fourier 级数在某些点可能发散 (《微积分学教程》, 菲赫金哥尔茨, 1978). 因此, 要保证收敛性, 仅有连续性还不够, 还要求分段光滑. 但逐项求积与逐项求导定理很简单, 平均收敛定理特别简单、漂亮, 且在现代数学中具有重要意义.

── II **Fourier 级数逐点收敛定理**

如果 $f(x)$ 在 $[-\pi, \pi]$ 上可积, 那么 $f(x)$ 与它的 Fourier 级数未必 (逐点) 相等, 但 $f(x)$ 与它的 Fourier 级数在 $[-\pi, \pi]$ 上的积分一定相等. 具体来说是以下结果.

1. 关于逐点收敛性

设函数 $f(x)$ 在 $[-\pi, \pi]$ 上可积或绝对可积 (在 $[-\pi, \pi]$ 上 Riemann 可积, 或在瑕积分意义下绝对可积), 且满足下列条件之一, 则 $f(x)$ 的 Fourier 级数在每个点 $x \in [-\pi, \pi]$ 处收敛于 $\dfrac{f(x+) + f(x-)}{2}$.

　　(1) (**Dirichlet-Jordan 判别法**)　$f(x)$ 在 x 的某个区间 $(x-\delta, x+\delta)$ 上是分段单调函数, 或若干个单调函数之和, 这里, 所谓 $f(x)$ 在区间 (a, b) 上分段单调, 是指 (a, b) 上存在有限个点 $a = x_0 < x_1 < x_2 < \cdots < x_N = b$, 使得 $f(x)$ 在每个区间 $(x_{i-1}, x_i)(i = 1, 2, \cdots, N)$ 上都单调的;

　　(2) (**Dini-Lipschitz 判别法**)　$f(x)$ 在 x 点满足指数为 $\alpha \in (0, 1]$ 的 Hölder 条件;

　　(3) 在 x 处的两个单侧导数 $f'_+(x)$ 和 $f'_-(x)$ 都存在, 或只要两个拟单侧导数

$$\lim_{h \to 0} \frac{f(x \pm h) - f(x\pm)}{h}$$

存在.

2. 关于逐项可积性

设函数 $f(x)$ 在 $[-\pi, \pi]$ 上可积或绝对可积, 且

$$f(x) \sim \frac{a_0}{2} + \sum_{n=1}^{\infty}(a_n \cos nx + b_n \sin nx),$$

则 $f(x)$ 的 Fourier 级数可以逐项积分, 即对任何 $c, x \in [-\pi, \pi]$, 有

$$\int_c^x f(t)\mathrm{d}t = \int_c^x \frac{a_0}{2}\mathrm{d}t + \sum_{n=1}^{\infty} \int_c^x (a_n \cos nt + b_n \sin nt)\mathrm{d}t.$$

由此可见, 对 Fourier 级数而言, 逐项积分几乎是没有条件的 (甚至不要求 f 的 Fourier 级数逐点收敛于 f), 而对一般的函数项级数, 往往需要一致收敛条件.

III　关于展开区间与展开形式

　　一般来说, 任意区间 $[a, b]$ 上的任何一个可积函数都可以展开为 Fourier 级数, 做法是先将其延拓成周期函数后再展开.

　　(1) 最简单情况, 设 $f(x)$ 是以 2π 为周期的周期函数, 且可积或绝对可积, 这时有对应的 Fourier 级数

$$f(x) \sim \frac{a_0}{2} + \sum_{n=1}^{\infty}(a_n \cos nx + b_n \sin nx),$$

其中,

$$a_n = \frac{1}{\pi}\int_{-\pi}^{\pi} f(x)\cos nx\mathrm{d}x, \quad n = 0, 1, 2, \cdots,$$

$$b_n = \frac{1}{\pi}\int_{-\pi}^{\pi} f(x)\sin nx\mathrm{d}x, \quad n = 1, 2, \cdots.$$

　　(2) 若 f 在 $(-\pi, \pi]$ 有定义, 则在这一段上可以得到 $f(x)$ 的 Fourier 级数展开. 做法是将它以 2π 为周期延拓到 $(-\infty, +\infty)$, 即令

$$F(x) = f(x - 2k\pi), \ \forall x \in (\pi + 2k\pi, \pi + 2(k+1)\pi], k \in \mathbb{Z},$$

$F(x)$ 为以 2π 为周期的周期函数, 在 $[-\pi, \pi]$ 上可积或绝对可积, 则它可以展开为 Fourier 级数,

$$F(x) \sim \frac{a_0}{2} + \sum_{n=1}^{\infty} (a_n \cos nx + b_n \sin nx),$$

其中,

$$a_n = \frac{1}{\pi} \int_{-\pi}^{\pi} F(x) \cos nx \mathrm{d}x, \quad n = 0, 1, 2, \cdots,$$

$$b_n = \frac{1}{\pi} \int_{-\pi}^{\pi} F(x) \sin nx \mathrm{d}x, \quad n = 1, 2, \cdots.$$

由于在 $(-\pi, \pi]$ 上 $F(x) = f(x)$, 所以我们还是得到了 $f(x)$ 的 Fourier 级数.

(3) 如果给定的函数 $f(x)$ 在 $[-\pi, \pi]$ 有定义, 但是 $f(-\pi) \neq f(\pi)$, 这时候 $f(x)$ 就不能延拓为以 2π 为周期的周期函数, 但是由于改变函数在一点的值并不影响其积分的值, 我们还是照样得到 $f(x)$ 的 Fourier 级数展开. 这样个别点函数值的改变影响的是收敛定理, 也就是说, 要对改变后的周期函数应用收敛定理.

(4) 如果函数在 $[0, \pi]$ 上有定义, 将它延拓为以 2π 为周期的函数的方式不是唯一的.

方式一: 在没有其他要求的情况下, 可以任意延拓函数在 $(-\pi, 0)$ 上的函数值, 再以 2π 为周期进行延拓.

方式二: 若要展成正弦级数, 则可以作奇式延拓, 即令 $F(x) = -f(-x)$, $x \in (-\pi, 0)$, 这时的 Fourier 系数分别为

$$a_n = 0, \quad b_n = \frac{2}{\pi} \int_0^{\pi} f(x) \sin nx \mathrm{d}x, \quad n = 1, 2, \cdots,$$

相应的 Fourier 级数为

$$f(x) \sim \sum_{n=1}^{\infty} b_n \sin nx;$$

方式三: 若要展成余弦级数, 可以作偶式延拓, 即令 $F(x) = f(-x)$, $x \in (-\pi, 0)$, 这时的 Fourier 系数分别为

$$b_n = 0, \quad a_n = \frac{2}{\pi} \int_0^{\pi} f(x) \cos nx \mathrm{d}x, \quad n = 0, 1, 2, \cdots,$$

相应的 Fourier 级数为

$$f(x) \sim \frac{a_0}{2} + \sum_{n=1}^{\infty} a_n \cos nx.$$

显然, 延拓方式不同, 所得到的 Fourier 级数是不一样的, 但无论是哪种延拓, 在 $[0, \pi]$ 上都是对原来的函数应用收敛定理.

(5) 设 $f(x)$ 的周期为 $2T$, 在区间 $[-T, T]$ 上令

$$x = \frac{T}{\pi} t, \quad \varphi(t) = f\left(\frac{T}{\pi} t\right) = f(x),$$

则 $\varphi(t)$ 是以 2π 为周期的函数. 对 $\varphi(t)$ 利用前面的结论, 有

$$\varphi(t) \sim \frac{a_0}{2} + \sum_{n=1}^{\infty} (a_n \cos nt + b_n \sin nt),$$

代回变量得

$$f(x) \sim \frac{a_0}{2} + \sum_{n=1}^{\infty} \left(a_n \cos \frac{n\pi}{T} x + b_n \sin \frac{n\pi}{T} x \right),$$

相应的 Fourier 系数的表达式为

$$a_n = \frac{1}{\pi} \int_{-\pi}^{\pi} \varphi(t) \cos nt \mathrm{d}t = \frac{1}{T} \int_{-T}^{T} f(x) \cos \frac{n\pi}{T} x \mathrm{d}x, \quad n = 0, 1, 2, \cdots;$$

$$b_n = \frac{1}{\pi} \int_{-\pi}^{\pi} \varphi(t) \sin nt \mathrm{d}t = \frac{1}{T} \int_{-T}^{T} f(x) \sin \frac{n\pi}{T} x \mathrm{d}x, \quad n = 1, 2, \cdots.$$

(6) 对 $[-T, T]$ 或 $[0, T]$ 上的可积或绝对可积函数可类似处理.

(7) 对任意区间 $[a, b]$, 令

$$t = \frac{T}{b-a}(x-a), \ x = a + \frac{t}{T}(b-a), \ \varphi(t) = f(x) = f\left(a + \frac{t}{T}(b-a) \right),$$

则 $\varphi(t)$ 是 $[0, T]$ 上的函数, 因此可以用多种方式展开为 Fourier 级数, 从而 $f(x)$ 也可以在 $[a, b]$ 上展开为 Fourier 级数:

$$\begin{aligned} f(x) = \varphi(t) &\sim \frac{a_0}{2} + \sum_{n=1}^{\infty} \left(a_n \cos \frac{n\pi}{T} t + b_n \sin \frac{n\pi}{T} t \right) \\ &= \frac{a_0}{2} + \sum_{n=1}^{\infty} \left(a_n \cos \frac{n\pi}{b-a}(x-a) + b_n \sin \frac{n\pi}{b-a}(x-a) \right). \end{aligned}$$

IV 均方收敛

(1) 函数 f 称为在 $[a, b]$ 上均方可积, 是指 f 在 $[a, b]$ 上 Riemann 可积, 或瑕积分 $\int_a^b f^2(x)\mathrm{d}x$ 收敛. 定义

$$\|f - g\| = \sqrt{\int_a^b [f(x) - g(x)]^2 \mathrm{d}x}$$

为函数 f 和 g 的均方距离, 以此来度量函数之间靠近的程度.

(2) 给定均方可积的函数列 $\{f_n\}$ 和 f, 如果 $n \to +\infty$ 时,

$$\|f_n - f\| = \sqrt{\int_a^b (f_n(x) - f(x))^2 \mathrm{d}x} \to 0,$$

则称 f_n 在 $[a, b]$ 上均方收敛于 f.

在均方收敛意义下才能发现 Fourier 级数的优势.

(3) (**均方逼近性质**) 设 $f(x)$ 在 $[-\pi, \pi]$ 上均方可积, 则 $f(x)$ 的Fourier 级数的部分和函数 $S_m(x)$ 是 $f(x)$ 的最佳均方逼近, 即对任意 m 阶三角多项式

$$\tilde{S}_m(x) = \frac{\tilde{a}_0}{2} + \sum_{n=1}^{m}(\tilde{a}_n \cos nx + \tilde{b}_n \sin nx),$$

有

$$\|f - S_m\| \leqslant \|f - \tilde{S}_m\|,$$

即

$$\int_{-\pi}^{\pi}|f(x) - S_m(x)|^2 \mathrm{d}x \leqslant \int_{-\pi}^{\pi}|f(x) - \tilde{S}_m(x)|^2 \mathrm{d}x,$$

并且逼近余项为

$$\|f - S_m\|^2 = \int_{-\pi}^{\pi}f^2(x)\mathrm{d}x - \left[\frac{a_0^2}{2} + \sum_{n=1}^{m}(a_n^2 + b_n^2)\right]\pi.$$

由此可以得到以下重要的结论.

(4) (**贝塞尔 (Bessel) 不等式**) 设 $f(x)$ 在 $[-\pi, \pi]$ 上均方可积, 则其Fourier 系数满足

$$\frac{a_0^2}{2} + \sum_{n=1}^{\infty}(a_n^2 + b_n^2) \leqslant \frac{1}{\pi}\int_{-\pi}^{\pi}f^2(x)\mathrm{d}x.$$

(5) (**帕塞瓦尔 (Parseval) 等式**) 设 $f(x)$ 在 $[-\pi, \pi]$ 上均方可积, 则成立等式

$$\frac{a_0^2}{2} + \sum_{n=1}^{\infty}(a_n^2 + b_n^2) = \frac{1}{\pi}\int_{-\pi}^{\pi}f^2(x)\mathrm{d}x.$$

(6) (**Fourier 级数的均方收敛性质**) 设 $f(x)$ 在 $[-\pi, \pi]$ 上均方可积, 则 $f(x)$ 的Fourier 级数的部分和函数序列均方收敛于 $f(x)$.

V Fourier 系数的唯一性

设函数 $f(x)$ 在 $[-\pi, \pi]$ 上可积或绝对可积, 则由 Parseval 恒等式知, 它的 Fourier 系数都是 0 当且仅当 $\int_{-\pi}^{\pi}|f(x)|\mathrm{d}x = 0$, 因此, 若函数 f 连续, 则 $f \equiv 0$. 因此 $[-\pi, \pi]$ 连续函数的 Fourier 系数是唯一的.

§6.3.1 Fourier 级数概念辨析

1. 何为三角函数系的正交性?

2. 何为 Fourier 级数的收敛定理? 它与 Taylor 级数的收敛定理有啥异同?

3. 试比较 Fourier 级数和 Taylor 级数的逐项积分与逐项微分定理.

4. 是否每个收敛的三角级数一定是某个可积的周期函数的 Fourier 级数?

5. 何为 Fourier 级数的均方逼近性质? 它表明了 Fourier 级数与一般三角级数的何种关系?

6. 何为 Bessel 不等式、沃廷格 (Wirtinger) 不等式以及 Parseval 等式? 它们都有着怎样的意义?

7. 应用 Fourier 级数, 可以求一些特殊的数项级数的和, 如 $\sum\limits_{n=1}^{\infty} \dfrac{1}{n^2}$, $\sum\limits_{n=1}^{\infty} \dfrac{1}{(2n-1)^2}$, $\sum\limits_{n=0}^{\infty} \dfrac{1}{1+n^2}$ 等. 借助幂级数也能求出它们的和吗?

8. 函数 f 的 Fourier 变换和它的逆变换有什么意义和作用?

9. 函数 f 和 g 的卷积 $(f*g)(x)$ 是如何定义的? 有什么作用?

§6.3.2　Fourier 级数强化训练

1. 写出下列函数的 Fourier 级数以及和函数:

(1) $f(x) = \dfrac{\pi - x}{2}$, $x \in (0, 2\pi)$;

(2) $f(x) = x$, $x \in (-\pi, \pi]$;

(3) $f(x) = \begin{cases} x, & -\dfrac{\pi}{2} \leqslant x < \dfrac{\pi}{2}, \\ \pi - x, & \dfrac{\pi}{2} \leqslant x \leqslant \dfrac{3\pi}{2}. \end{cases}$

2. 将下列函数展开为余弦级数, 并写出它们的和函数:

(1) $f(x) = \begin{cases} 1 & 0 \leqslant x < \dfrac{\pi}{2}, \\ 0, & \dfrac{\pi}{2} \leqslant x < \pi; \end{cases}$

(2) $f(x) = \sin x$, $x \in [0, \pi]$;

(3) $f(x) = 1 - x$, $x \in [0, 2]$.

3. 将函数 $f(x) = 2 + |x| (-1 \leqslant x \leqslant 1)$ 展开为以 2 为周期的 Fourier 级数, 并由此求级数 $\sum\limits_{n=1}^{\infty} \dfrac{1}{n^2}$ 的和.

4. 设 $f(x)$ 在 $[-\pi, \pi]$ 上的 Fourier 系数为 a_n, b_n, 记 $F(x) = f(-x)$, $G(x) = f(x+a)$, 其中 a 为常数, 试分别求出函数 $F(x)$ 和 $G(x)$ 的 Fourier 系数.

5. 将函数 $f(x) = x^2 (-\pi \leqslant x \leqslant \pi)$ 展开为 Fourier 级数, 并由此求级数 $\sum\limits_{n=1}^{\infty} \dfrac{1}{n^4}$ 的和.

6. 求级数 $\sum\limits_{n=0}^{\infty} \dfrac{1}{1+n^2}$ 的和.

7. 将函数 $f(x) = 1 - x^2 (0 \leqslant x \leqslant \pi)$ 展开为余弦级数, 并求级数 $\sum\limits_{n=1}^{\infty} \dfrac{(-1)^{n-1}}{n^2}$ 的和.

8. 设 $f(x)$ 在 $[-\pi, \pi]$ 上可积, 且 $f(x + \pi) = f(x)$, 证明: f 的 Fourier 系数 $a_{2n-1} = b_{2n-1} = 0$, $n = 1, 2, \cdots$.

9. 设 $f(x)$ 是 $[-\pi, \pi]$ 上可积的偶函数, 且 $f\left(x + \dfrac{\pi}{2}\right) = -f\left(\dfrac{\pi}{2} - x\right)$, 证明: f 的 Fourier 系数 $a_{2n} = 0$, $n = 1, 2, \cdots$.

10. 设 $f(x)$ 在 $[0, +\infty)$ 上连续且单调, $\lim\limits_{x \to +\infty} f(x) = 0$, 证明:

$$\lim_{p \to +\infty} \int_0^{+\infty} f(x) \sin px \, dx = 0.$$

11. 设 $f(x)$ 是周期为 2π 的连续周期函数, 求证:

(1) $F_h(x) \equiv \dfrac{1}{2h} \int_{x-h}^{x+h} f(t)dt (h > 0)$ 也是周期为 2π 的连续周期函数;

(2) $\forall \varepsilon > 0, \exists h > 0$, 使得

$$|f(x) - F_h(x)| < \varepsilon, \quad -\pi \leqslant x \leqslant \pi;$$

(3) $\forall \varepsilon > 0, \exists$ 三角多项式 $S_n(x)$, 使得

$$|f(x) - S_n(x)| < 2\varepsilon, \quad -\pi \leqslant x \leqslant \pi;$$

(4) 如果 $f(x)$ 是奇函数, 证明 $F_h(x)$ 也是奇函数, 并用 $f(x)$ 的 Fourier 级数来表示 $F_h(x)$ 的 Fourier 级数.

12. 求证:

(1) $\displaystyle\sum_{n=1}^{\infty} \frac{\cos 2nx}{4n^2 - 1} = \frac{1}{2} - \frac{\pi}{4} \sin x$, $x \in [0, \pi]$;

(2) $\displaystyle\sum_{n=1}^{\infty} \frac{\cos nx}{n^2} = \frac{1}{12}(2\pi^2 - 6\pi x + 3x^2)$, $x \in [0, \pi]$.

13. 如果 $f(x)$ 在 $[-\pi, \pi]$ 上可积, 证明级数 $\displaystyle\sum_{n=1}^{\infty} \frac{b_n}{n}$ 必定收敛, 其中, b_n 是 Fourier 系数. 因此收敛的三角级数 $\displaystyle\sum_{n=2}^{\infty} \frac{\sin nx}{\ln n}$ $(0 < x < 2\pi)$ 不可能是某个 Riemann 可积函数的 Fourier 级数.

参 考 文 献

常庚哲, 史济怀. 2003. 数学分析教程 (上册). 北京: 高等教育出版社.

常庚哲, 史济怀. 2003. 数学分析教程 (下册). 北京: 高等教育出版社.

陈纪修, 於崇华, 金路. 2004. 数学分析 (上册). 2 版. 北京: 高等教育出版社.

陈纪修, 於崇华, 金路. 2004. 数学分析 (下册). 2 版. 北京: 高等教育出版社.

陈文塬, 范先令. 1986. 隐函数定理. 兰州: 兰州大学出版社.

德林费尔特. 1960. 普通数学分析教程补篇. 北京: 人民教育出版社.

菲赫金哥尔茨. 1978. 微积分学教程. 北京: 人民教育出版社.

华东师范大学数学系. 2001. 数学分析 (上册). 3 版. 北京: 高等教育出版社.

华东师范大学数学系. 2001. 数学分析 (下册). 3 版. 北京: 高等教育出版社.

柯朗, 约翰. 2005. 微积分和数学分析引论 (第一卷). 张鸿林, 周民强译. 北京: 科学出版社.

克莱因. 2008. 高观点下的初等数学. 舒湘芹, 陈义章, 杨钦译. 上海: 复旦大学出版社.

李忠, 方丽萍. 2008. 数学分析教程 (上册). 北京: 高等教育出版社.

李忠, 方丽萍. 2008. 数学分析教程 (下册). 北京: 高等教育出版社.

罗庆来, 宋伯生, 吉联芳. 1991. 数学分析教程. 南京: 东南大学出版社.

裴礼文. 2006. 数学分析中的典型问题与方法. 2 版. 北京: 高等教育出版社.

齐民友. 2008. 数学与文化. 大连: 大连理工大学出版社.

斯皮瓦克. 1980. 微积分. 北京: 人民教育出版社.

吴良森, 毛羽辉, 韩士安, 等. 2004. 数学分析学习指导书 (上册). 北京: 高等教育出版社.

吴良森, 毛羽辉, 韩士安, 等. 2004. 数学分析学习指导书 (下册). 北京: 高等教育出版社.

谢惠民, 恽自求, 易法槐, 等. 2003. 数学分析习题课讲义 (上册). 北京: 高等教育出版社.

谢惠民, 恽自求, 易法槐, 等. 2004. 数学分析习题课讲义 (下册). 北京: 高等教育出版社.

张春苟. 2009. 不定积分中的 "积不出" 问题. 数学的实践与认识, 39(7): 223-226.

张从军. 2000. 数学分析概要二十讲. 合肥: 安徽大学出版社.

张福保, 薛星美, 潮小李. 2019. 数学分析讲义 (第二册). 北京: 科学出版社.

张福保, 薛星美, 潮小李. 2019. 数学分析讲义 (第三册). 北京: 科学出版社.

张福保, 薛星美, 潮小李. 2019. 数学分析讲义 (第一册). 北京: 科学出版社.

周民强, 方企勤. 2014. 数学分析 (第二册). 北京: 科学出版社.

周民强, 方企勤. 2014. 数学分析 (第三册). 北京: 科学出版社.

周民强, 方企勤. 2014. 数学分析 (第一册). 北京: 科学出版社.

卓里奇. 2006. 数学分析. 2 版. 北京: 高等教育出版社.

Krantz S G, Parks H R. 2012. The Implicit Function Theorem—History, Theory and Applications. 北京: 世界图书出版公司.

Courant R, John F. 1998. Introduction to Calculus and Analysis(Volume I). London: Springer.

Richardson D. 1968. Some undecidable problems involving elementary functions of a real variable. J. Symbolic Logic, 33(4): 514-520.

Ritt J E. 1984. Integration in Fnite Terms. New York: Columbia University Press.

Rudin W. 1976. Principles of Mathematical Analysis. 3rd ed. New York: McGraw-Hill Inc.

附录 东南大学硕士研究生入学考试"数学分析"部分试卷

2008 年

一、判断题(判断下列命题正误, 若正确请证明, 否则请给出反例说明. 本题共 4 小题, 每小题 6 分, 满分 24 分)

1. 区间 I 上的一致连续的函数总是有界的.

2. 若有界函数 $f(x)$ 在 $[a,b]$ 上 Riemann 可积, 则 $f(x)$ 在 $[a,b]$ 上至多有有限个间断点.

3. 若 $\sum\limits_{n=0}^{\infty} a_n x^n$ 的收敛半径为 $R > 0$, 且 $\sum\limits_{n=0}^{\infty} a_n R^n$ 收敛, 则 $\sum\limits_{n=0}^{\infty} a_n x^n$ 在 $[0,R]$ 上一致收敛.

4. 若函数 $z = f(x,y)$ 在点 (x_0, y_0) 处不可微, 则函数 $z = f(x,y)$ 在该点的所有方向导数不可能都存在.

二、计算题 (本题共 6 小题, 每小题 8 分, 满分 48 分)

5. 求极限 $\lim\limits_{x \to 0}(1 + 2x)^{\frac{3}{\ln(1+x)}}$.

6. 求函数 $f(x) = \dfrac{1}{2}\ln(1+x^2) + \arctan\dfrac{1}{x}$ 的极值及曲线 $y = f(x)$ 的拐点.

7. 令 $x = uv, y = \dfrac{1}{2}(u^2 - v^2)$, 变换方程

$$\left(\frac{\partial z}{\partial x}\right)^2 + \left(\frac{\partial z}{\partial y}\right)^2 = \frac{1}{\sqrt{x^2 + y^2}}.$$

8. 求二重积分 $\iint\limits_{D} x^2 e^{-y^2} \mathrm{d}x\mathrm{d}y$, 其中 D 由 $x = 0, x = y$ 与 $y = 1$ 围成.

9. 设曲线 Γ 是由球面 $x^2 + y^2 + z^2 = 1$ 与平面 $x + y + z = 1$ 的交线, 求积分 $\oint\limits_{\Gamma} (x + y^2)\mathrm{d}s$.

10. 计算 $\iint\limits_{S} (x + z^4)\mathrm{d}y\mathrm{d}z + (z + x^3)\mathrm{d}x\mathrm{d}y$, 其中 S 为抛物面 $z = \dfrac{1}{2}(x^2 + y^2)$ 在平面 $z = 2$ 下面的部分, 方向取下侧.

三、证明题(本题共 6 小题, 每题 10 分, 满分 60 分)

11. 设 $f(x)$ 在 $[0,4]$ 上连续, 在 $(0,4)$ 上可导, 假定 $f(0) = 1$, 且 $f(1) + f(2) + f(3) = f(4) = 2$, 证明存在一点 $\xi \in (0,4)$, 使 $f'(\xi) = 0$.

12. 证明

$$\lim_{n\to\infty}\int_0^{\frac{\pi}{2}}\mathrm{e}^x\cos^n x\mathrm{d}x=0.$$

13. 设 $f(u)$ 为连续偶函数, 试证明

$$\iint_D f(x-y)\mathrm{d}x\mathrm{d}y=2\int_0^{2a}[2a-u]f(u)\mathrm{d}u,$$

其中 D 为正方形: $|x|\leqslant a,|y|\leqslant a$.

14. 证明: $f(x)=\sum_{n=0}^{\infty}\dfrac{\mathrm{e}^{-nx}}{1+n^2}$ 在 $[0,+\infty)$ 上连续, 在 $(0,+\infty)$ 上可微.

15. 设 $f(x)$ 是 $\mathbb{R}$ 上连续可微函数, 证明: 曲面 $ax+by+cz=f(x^2+y^2+z^2)$ 上任一点 $M(x_0,y_0,z_0)$ 处的法向量与向量 (x_0,y_0,z_0) 及 (a,b,c) 共面.

16. 设 $A\subset\mathbb{R}^2$ 是非空集合, 定义 $\mathbb{R}^2$ 上的函数 f 为

$$f(x,y)=\inf\{\sqrt{(x-u)^2+(y-v)^2},(u,v)\in A\},$$

称它为点 (x,y) 到集 A 的距离. 证明

(1) 当且仅当 $(x,y)\in\bar{A}$ (这里 $\bar{A}$ 表示 A 的闭包) 时, $f(x,y)=0$.

(2) 对任意 $(x',y'),(x'',y'')\in\mathbb{R}^2$, 有不等式

$$|f(x',y')-f(x'',y'')|\leqslant\sqrt{(x'-x'')^2+(y'-y'')^2}.$$

四、讨论题(本题共 2 小题, 每题 9 分, 满分 18 分)

17. 讨论级数

$$1-\frac{1}{2^p}+\frac{1}{3}-\frac{1}{4^p}+\cdots+\frac{1}{2n-1}-\frac{1}{(2n)^p}+\cdots$$

的敛散性, 其中 p 为实数.

18. 讨论反常积分 $\displaystyle\int_1^{+\infty}\frac{x\sin x}{1+x^p}\mathrm{d}x(p\geqslant 0)$ 的敛散性 (包括绝对收敛和条件收敛).

2009 年

一、判断题(判断下列命题正误, 若正确请证明, 否则请给出反例说明. 本题共 4 小题, 每小题 6 分, 满分 24 分)

1. $[a,b]$ 上每个单调函数至多有可列个间断点.

2. 在有界闭区间 $[a,b]$ 上 Riemann 可积的函数必在 $[a,b]$ 上有原函数.

3. 若 a_n 非负、单调递减, 且 $\lim_{n\to\infty}na_n=0$, 则级数 $\sum_{n=1}^{\infty}a_n$ 收敛.

4. 圆 $x^2+y^2=1$ 上每一点的某邻域内都可确定隐函数 $y=y(x)$.

二、计算题(本题共 6 小题, 每小题 8 分, 满分 48 分)

5. 求极限 $\lim\limits_{x\to\infty}\left[x+x^2\ln\left(1-\dfrac{1}{x}\right)\right]$.

6. 求极限 $\lim\limits_{n\to\infty}\sqrt[n]{\left(1+\dfrac{1}{n^2}\right)\left(1+\dfrac{2^2}{n^2}\right)\cdots\left(1+\dfrac{n^2}{n^2}\right)}$.

7. 求幂级数 $\sum\limits_{n=1}^{\infty}\dfrac{x^n}{4n-3}$ 的和函数 $(x\geqslant 0)$.

8. 求曲线 $x^2+y^2+z^2=6, x+y+z=0$ 在点 $(1,-2,1)$ 处的切线方程.

9. 计算 $I=\displaystyle\int_C\dfrac{y\mathrm{d}x-x\mathrm{d}y}{x^2+y^2}$, 其中 C 为曲线 $x=\cos^3 t, y=\sin^3 t$ 上 t 从 0 到 $\dfrac{\pi}{2}$ 的一段.

10. 求 $\displaystyle\iint_{\Sigma}2(1-x^2)\mathrm{d}y\mathrm{d}z+8xy\mathrm{d}z\mathrm{d}x-4xz\mathrm{d}x\mathrm{d}y$, 其中 Σ 是由曲线 $x=\mathrm{e}^y(0\leqslant y\leqslant a)$ 绕 x 轴旋转所成的旋转曲面, 取外侧.

三、解答题(本题共 8 小题, 前 6 小题每题 10 分, 后 2 小题每题 9 分, 满分 78 分)

11. 给定实数 x_0, a 及 $b, 0<b<1$, 令 $x_n=a+b\sin x_{n-1}, n=1,2,\cdots$.

(1) 证明极限 $\lim\limits_{n\to\infty}x_n$ 存在, 记为 ξ;

(2) 证明 ξ 是开普勒方程 $x=a+b\sin x$ 的唯一解;

(3) 记 $\xi=\xi(a)$ 是由开普勒方程确定的, 试证明 $\xi=\xi(a)$ 是 a 的连续可微函数, 并求出 $\xi'(a)$.

12. 设函数 $f:[a,b]\to\mathbb{R}$ 是上半连续的, 即对任意给定的 $x\in[a,b]$ 及 $\varepsilon>0$, 存在一个 $\delta>0$, 使得若 $y\in[a,b],|y-x|<\delta$, 则 $f(y)<f(x)+\varepsilon$.

证明: f 在 $[a,b]$ 上有上界, 且在某个点 $c\in[0,1]$ 处达到它的最大值.

13. 设 $f(x)$ 在开区间 $I=(a,+\infty)$ 内可导, 且 $\lim\limits_{x\to+\infty}f'(x)=\infty$, 证明 $f(x)$ 在 I 内必定是非一致连续的.

若 $I=(a,b)$ 是有限开区间, 且 $\lim\limits_{x\to b-}f'(x)=\infty$, 问 $f(x)$ 在 I 内也必非一致连续吗?

14. 设 $I_n=\displaystyle\int_1^{1+\frac{1}{n}}\sqrt{1+x^n}\mathrm{d}x$, 求证:

(1) $I_n\to 0, n\to\infty$,

(2) 极限 $\lim\limits_{n\to\infty}nI_n$ 存在, 并求出此极限值.

15. 设 $f(x)$ 在区间 $[0,1]$ 上连续, 在 $(0,1)$ 内有二阶导数, 且

$$f(0)\cdot f(1)>0, f''(x)>0, \int_0^1 f(x)\mathrm{d}x=0.$$

证明:

(1) 函数 $f(x)$ 在 $(0,1)$ 内恰有两个零点;

(2) 至少存在一点 $\xi\in(0,1)$, 使得 $f'(\xi)=\displaystyle\int_0^{\xi}f(x)\mathrm{d}x$.

16. 设 $f(x)$ 在 $x = 0$ 的某邻域内有二阶连续导数, 且 $\lim\limits_{x \to 0} \dfrac{f(x)}{x} = 0$. 证明: 级数 $\sum\limits_{n=1}^{\infty} \sqrt{n} f\left(\dfrac{1}{n}\right)$ 绝对收敛.

17. 设 $f(x, y) = \begin{cases} \sqrt{|xy|} \dfrac{\sin(x^2 + y^2)}{x^2 + y^2}, & (x, y) \neq (0, 0), \\ 0, & (x, y) = (0, 0), \end{cases}$ 讨论 f 在原点的连续性、可微性以及两个一阶偏导数是否存在.

18. 证明反常积分 $\displaystyle\int_0^{+\infty} \dfrac{x \sin px}{1 + x^2} \mathrm{d}x$ 关于 $p \in [a, +\infty)$ 一致收敛, 其中 $a > 0$ 为常数.

2010 年

一、判断题(判断下列命题正误, 若正确请证明, 否则请给出反例说明. 本题共 4 小题, 每小题 6 分, 满分 24 分)

1. 有限开区间 (a, b) 上的有界连续函数必是一致连续.

2. (a, b) 上的任一函数, 如果它在某 $c \in (a, b)$ 可导, 则它必在 c 点的某邻域内连续.

3. 任一幂级数 $\sum\limits_{n=1}^{\infty} a_n x^n$ 的和函数在其收敛区间内总是无穷次可导.

4. 如果函数 $z = f(x, y)$ 在区域 $D \subset \mathbb{R}^2$ 上每一点处的两个偏导数都存在, 则 $z = f(x, y)$ 在区域 $D \subset \mathbb{R}^2$ 上处处可微.

二、计算题(本题共 7 小题, 每小题 8 分, 满分 56 分)

5. 极限 $\lim\limits_{x \to 0} \left(\dfrac{2 + \mathrm{e}^{\frac{1}{x}}}{1 + \mathrm{e}^{\frac{2}{x}}} + \dfrac{\sqrt{\mathrm{e}^{x^2} - 1}}{\mathrm{e}^x - 1} \right)$ 存在吗? 若存在, 试求出此极限.

6. 设 $y = y(x)$ 由方程 $y = f(x^2 + y^2) + f(x + y)$ 所确定, 且 $y(0) = 2$, 其中 $f(x)$ 是可导函数, 且 $f'(2) = \dfrac{1}{2}, f'(4) = 1$, 求 $y'(0)$.

7. 设 D_1 是由抛物线 $y = 2x^2$ 和直线 $x = a, x = 2$ 和 $y = 0$ 所围成的区域, D_2 是由抛物线 $y = 2x^2$ 和直线 $y = 0, x = a$ 所围成的区域, 其中 $0 < a < 2$.

(1) 求 D_1 绕 x 轴旋转所成旋转体体积 V_1 和 D_2 绕 y 轴旋转所成旋转体体积 V_2;

(2) 问当 a 为何值时, $V_1 + V_2$ 取得最大值? 并求此最大值.

8. 设对任意 $x > 0$, 曲线 $y = f(x)$ 上点 $(x, f(x))$ 处的切线在 y 轴上的截距等于 $\dfrac{1}{x} \displaystyle\int_0^x f(t) \mathrm{d}t$, 试求出 $f(x)$ 的一般表达式.

9. 将函数 $f(x) = \arctan \dfrac{1 - 3x}{1 + 3x}$ 展成 x 的幂级数, 并由此求和 $\sum\limits_{n=0}^{\infty} \dfrac{(-1)^n}{2n + 1}$.

10. 计算曲线积分 $\displaystyle\int_C (x^2 + y^2) \mathrm{d}x + 2xy \mathrm{d}y$, 其中 C 是由极坐标方程 $\rho = 2 - \sin\varphi$ 所表示的曲线上从 $\varphi = 0$ 到 $\varphi = \dfrac{\pi}{2}$ 的一段弧.

11. 计算曲面积分 $I = \iint\limits_{\Sigma}(x^2\cos\alpha + y^2\cos\beta + z^2\cos\gamma)\mathrm{d}S$，其中 $\Sigma: z = \sqrt{x^2 + y^2}, x^2 + y^2 \leqslant h^2, h > 0$，而 $(\cos\alpha, \cos\beta, \cos\gamma)$ 为 Σ 上的单位法向量，其方向向上.

三、解答题(本题共 7 小题，每题 10 分，满分 70 分)

12. 设 $x_1 > 0, x_{n+1} = 1 + \dfrac{x_n}{1 + x_n}, n = 1, 2, \cdots$，证明数列 $\{x_n\}$ 收敛.

13. 证明不等式

$$x - \frac{x^2}{2} < \ln(1 + x) < x - \frac{x^2}{2(1 + x)}, \quad x \in (0, +\infty).$$

14. 设 $f(x)$ 在 $[a, +\infty)$ 上单调、连续可微，$\lim\limits_{x \to +\infty} f(x) = 0$，证明:

$$\int_a^{+\infty} f'(x)\cos^2 x \mathrm{d}x$$

收敛.

15. 设 $D = (0, \pi) \times (-1, 1)$ 是一矩形区域，$L = \{(x, y): y = \cos x, 0 < x < \pi\}$ 是 $(0, \pi)$ 上余弦函数的图像. 定义 D 上的二元函数

$$z = f(x, y) = \begin{cases} 1, & (x, y) \in L, \\ 0, & (x, y) \in D \backslash L, \end{cases}$$

试求出函数 f 的所有连续点组成的集合 E，并问: E 是开集? 或闭集? 或既不开，也不闭? 再说明函数 f 在 D 上是否 Riemann 可积.

16. 设函数 $f(x)$ 在区间 $[0, 1]$ 上有定义，在 $x = 0$ 的右邻域内有连续的一阶导数，且 $f(0) = 0$. 若 $u_n = \sum\limits_{k=1}^{n} f\left(\dfrac{k}{n^4}\right)$，试证明级数 $\sum\limits_{k=1}^{\infty} u_n$ 绝对收敛.

17. 求 $w = \ln x + 2\ln y + 3\ln z$ 在球面 $x^2 + y^2 + z^2 = 6R^2$ $(R > 0, x > 0, y > 0, z > 0)$ 上的最大值，并利用此结论证明当 $a > 0, b > 0, c > 0$ 时，

$$ab^2c^3 \leqslant 108\left(\frac{a + b + c}{6}\right)^6.$$

18. 设函数列 $\{f_n(x)\}$ 在 $[a, b]$ 上收敛，且存在常数 K，使得成立:

$$|f_n(x) - f_n(y)| \leqslant K|x - y|, \quad x, y \in [a, b], n = 1, 2, \cdots$$

求证: $\{f_n(x)\}$ 在 $[a, b]$ 上一致收敛.

2011 年

一、判断题(判断下列命题正误，若正确请证明，否则请给出反例说明. 本大题共 4 小题，每小题 5 分，满分 20 分)

1. 若两个数列 $\{x_n\}$ 和 $\{y_n\}$ 的乘积 $\{x_ny_n\}$ 是无穷小数列，则这两个数列中至少有一个数列是有界数列.

2. 区间 $[a,b]$ 上的连续函数如果在有理点都为 0, 则必恒为 0.

3. 若无穷积分 $\displaystyle\int_1^{+\infty} f(x)\mathrm{d}x$ 收敛, 则 $\displaystyle\int_1^{+\infty} f^2(x)\mathrm{d}x$ 也收敛.

4. 若二元函数 $z=f(x,y)$ 在点 (x_0,y_0) 的两个偏导数 $f'_x(x_0,y_0)$ 和 $f'_y(x_0,y_0)$ 都为 0, 则 $z=f(x,y)$ 在点 (x_0,y_0) 必取得极值.

二、计算题(本大题共 5 小题, 每小题 10 分, 满分 50 分)

5. 求极限 $\displaystyle\lim_{x\to 0}\frac{\ln(1+x^2)}{\displaystyle\int_{\cos x}^1 \mathrm{e}^{-t^2}\mathrm{d}t}$.

6. 求曲线 $y=x^{\frac{3}{2}}$ 上从原点到点 M_0 的弧长, 已知 M_0 处的切线与 Ox 轴正向成 $\dfrac{\pi}{3}$ 的角.

7. 设 $z=f(2x-3y,y\cos x)$, 其中 $f(u,v)$ 具有连续的二阶偏导数, 求 $\dfrac{\partial z}{\partial x}$ 和 $\dfrac{\partial^2 z}{\partial x\partial y}$.

8. 设 L 为圆周 $x^2+y^2=4$, 取顺时针方向, 试计算曲线积分

$$I=\oint_L \frac{(y+9x)\mathrm{d}x+(y-x)\mathrm{d}y}{9x^2+y^2}.$$

9. 设 Σ 是由曲面 $z=\sqrt{x^2+y^2}$ 与 $z=\sqrt{2-x^2-y^2}$ 所围成的立体的表面的外侧, 试计算曲面积分

$$\iint_\Sigma 2xz\mathrm{d}y\mathrm{d}z+yz\mathrm{d}z\mathrm{d}x-z^2\mathrm{d}x\mathrm{d}y.$$

三、证明题(本大题共 5 小题, 每小题 12 分, 满分 60 分)

10. 证明函数 $y=\sin^2\sqrt{x}$ 在 $[0,+\infty)$ 上一致连续.

11. 设 $f(x)$ 在 $x=0$ 的某邻域内连续, $\displaystyle\lim_{x\to 0}\frac{f(x)}{1-\cos x}=1$.

(1) 求 $f(0)$;

(2) 证明 f 在 $x=0$ 处可导, 并求 $f'(0)$;

(3) 证明 $f(x)$ 在 $x=0$ 处取得极小值, 并求出极小值.

12. 证明

$$\frac{\pi}{2}-\frac{\pi^3}{144}<\int_0^{\frac{\pi}{2}}\frac{\sin x}{x}\mathrm{d}x<\frac{\pi}{2}.$$

13. 设数列 $\{na_n\}$ 收敛, 且级数 $\displaystyle\sum_{n=1}^\infty n(a_{n+1}-a_n)$ 也收敛, 证明级数 $\displaystyle\sum_{n=1}^\infty a_n$ 收敛.

14. 证明: 对任意有限区间 I, 反常积分 $\displaystyle\int_0^{+\infty}\mathrm{e}^{-x^2}\cos(2\alpha x)\mathrm{d}x$ 关于 $\alpha\in I$ 上一致收敛, 并求出该积分.

四、讨论题 (本大题共 2 小题, 每小题 10 分, 满分 20 分)

15. 叙述函数极限 $x\to 0$ 时的 Cauchy 收敛原理, 并由它研判函数 $f(x)=\sin\dfrac{1}{x}$ 在

$x = 0$ 点的极限是否存在.

16. 讨论函数

$$f(x,y) = \begin{cases} \dfrac{xy^2}{\sqrt{x^2+y^4}}, & x^2+y^2 \neq 0, \\ 0, & x = y = 0 \end{cases}$$

在原点是否连续、存在偏导数以及是否可微.

2012 年

一、判断题(判断下列命题正误, 若正确请证明, 否则请给出反例说明. 本大题共 4 小题, 每小题 5 分, 满分 20 分)

1. 若数列 $\{a_n\}$ 收敛, 则 $\lim\limits_{n\to\infty} \dfrac{a_{n+1}}{a_n} = 1$.

2. 若函数 $f(x)$ 在 $[a,b]$ 上 Riemann 可积, 则 $f(x)$ 在 $[a,b]$ 上不能有第二类间断点.

3. 若无穷级数 $\sum\limits_{n=1}^{\infty} a_n$ 收敛, 则 $\sum\limits_{n=1}^{\infty} a_n^2$ 也收敛.

4. 若函数 $z = f(x,y)$ 在 (x_0, y_0) 点可微, 则 f 在该点沿任意方向的方向导数都存在.

二、计算题(本大题共 5 小题, 每小题 12 分, 满分 60 分)

5. 求常数 a, b, 使当 $x \to 0$ 时, $f(x) = \mathrm{e}^x - \dfrac{1+ax}{1+bx}$ 是 x 的三阶无穷小.

6. 已知抛物线 $y = px^2 + qx(p < 0, q > 0)$ 在第一象限与直线 $x + y = 5$ 相切, 记抛物线与 x 轴所围成的平面图形面积为 S. 问 p, q 为何值时 S 达到最大值? 并求出该最大值.

7. 设 $u = u(x,y,z)$ 是方程 $F(u^2 - x^2, u^2 - y^2, u^2 - z^2) = 0$ 所确定的隐函数, 求 $\dfrac{u_x}{x} + \dfrac{u_y}{y} + \dfrac{u_z}{z}$.

8. 将 $f(x) = \dfrac{1}{x^2 - x - 2}$ 在 $x = 1$ 处展开为幂级数, 并求其收敛域.

9. 求 $I = \iint\limits_{\Sigma} (x^2 + \mathrm{e}^{-y^2})\mathrm{d}y\mathrm{d}z - (xy + \sin z^2)\mathrm{d}z\mathrm{d}x + z^2\mathrm{d}x\mathrm{d}y$, 其中 Σ 为抛物面 $z = 2 - x^2 - y^2(z \geqslant 1)$ 的上侧.

三、证明题(本大题共 5 小题, 每小题 10 分, 满分 50 分)

10. 证明极限 $\lim\limits_{x\to+\infty} \cos x$ 不存在.

11. 设函数 $f(x) = \begin{cases} \cos x, & x < 0, \\ \sin x, & x \geqslant 0. \end{cases}$ 令 $F(x) = \int_x^\pi f(t)\mathrm{d}t$, 证明函数 $F(x)$ 在 $(-\infty, +\infty)$ 上连续, 且一致连续, 但在 $x = 0$ 点不可微.

12. 求证方程

$$\ln(1+x) - \arctan x = 0$$

恰有两个不同实根.

13. 证明: (1) 对每个正整数 n, 存在唯一的 $x_n \in \left[0, \dfrac{\pi}{2}\right]$ 满足

$$\frac{2}{\pi} \int_0^{\frac{\pi}{2}} \sin^n x \mathrm{d}x = \sin^n x_n;$$

(2) 数列 $\{x_n\}$ 收敛, 并求其极限.

14. 设 C 是圆周 $x^2 + y^2 = 1$, 取逆时针方向, $f(x)$ 为正值连续函数, 试证: $I = \oint_C x f(y) \mathrm{d}y - \dfrac{y}{f(x)} \mathrm{d}x \geqslant 2\pi$.

四、讨论题(本大题共 2 小题, 每小题 10 分, 满分 20 分)

15. 当常数 a, b 分别满足什么条件时, 不定积分

$$\int \frac{x^2 + ax + b}{(x+1)^2(x^2+1)} \mathrm{d}x$$

中 (1) 不含有反正切函数; (2) 不含有对数函数.

16. 设 $\alpha \in (0, +\infty)$, 讨论级数 $\sum\limits_{n=1}^{\infty} x^{\alpha} \mathrm{e}^{-nx}$ 在 $x \in [0, +\infty)$ 上的一致收敛性.

2014 年

一、判断题(判断下列命题正误, 若正确请证明, 否则请给出反例说明. 本大题共 4 小题, 每小题 5 分, 满分 20 分)

1. 若函数 $y = f(x)$ 在 x_0 点任意次可导, 则必存在 x_0 的某邻域 U, 使得 $\forall x \in U$, 有 $f(x) = \sum\limits_{n=0}^{\infty} \dfrac{f^{(n)}(x_0)}{n!}(x - x_0)^n$.

2. 若函数 $f(x)$ 在 $[a, b]$ 上 Riemann 可积, 则 $|f(x)|$ 在 $[a, b]$ 上必 Riemann 可积.

3. 若正项级数 $\sum\limits_{n=1}^{\infty} a_n$ 收敛, 则存在正数 $\alpha > 1$ 和正整数 N, 使 $n > N$ 时, $|a_n| \leqslant \dfrac{1}{n^{\alpha}}$.

4. 设 $f(x, y)$ 是平面 $\mathbb{R}^2$ 上的二元连续函数, 则对任何实数 α, 集合 $E_{\alpha} = \{(x, y) \in \mathbb{R}^2 : f(x, y) < \alpha\}$ 都是 $\mathbb{R}^2$ 的开子集.

二、计算题 (本大题共 5 小题, 每小题 12 分, 满分 60 分)

5. 求常数 a, b, 使当 $x \to 0$ 时, $\mathrm{e}^x - \dfrac{1 + ax}{1 - bx}$ 是 x 的三阶无穷小量.

6. 求曲线 $y = \begin{cases} x(x-1)^2, & 0 \leqslant x \leqslant 1, \\ (x-1)^2(x-2), & 1 < x \leqslant 2 \end{cases}$ 在区间 $(0, 2)$ 内的极值点与拐点.

7. 计算定积分 $\displaystyle\int_0^{\pi} x \sqrt{\sin^2 x - \sin^4 x} \mathrm{d}x$.

8. 在第一卦限内作椭球面 $\dfrac{x^2}{a^2} + \dfrac{y^2}{b^2} + \dfrac{z^2}{c^2} = 1$ 的切平面, 使得该切平面与三个坐标平面所围成的四面体的体积最小, 试求出切点坐标与最小的体积.

9. 求曲线积分 $\displaystyle\oint_L \dfrac{y\mathrm{d}x - x\mathrm{d}y}{4x^2 + y^2}$, 其中 L 为曲线 $|x| + |y| = 1$, 逆时针方向.

三、解答题(本大题共 7 小题, 每小题 10 分, 满分 70 分)

10. 设 $x_1 = b, x_{n+1} = \frac{1}{2}(x_n^2 + 1), n \in \mathbb{N}_+$. 问 b 取何值时数列 $\{x_n\}$ 收敛? 并求其极限.

11. 设 $f(x)$ 在 $[0,1]$ 上连续, 计算下列极限 (要求说明计算理由)

(1) $\lim\limits_{n\to\infty} \int_0^1 x^n f(x)\mathrm{d}x$;

(2) $\lim\limits_{n\to\infty} \int_0^1 nx^n f(x)\mathrm{d}x$;

(3) $\lim\limits_{t\to 0^+} \int_0^t \frac{f(x)}{x^2+t}\mathrm{d}x$.

12. 证明不等式:

$$0 < \frac{1}{\ln(1+x)} - \frac{1}{x} < 1, \quad \forall x > 0.$$

13. 设 a 为正常数, 判断级数 $\sum\limits_{n=1}^{\infty} \frac{a^n n!}{n^n}$ 的敛散性.

14. 设 $p \geqslant 0$, 判断无穷积分 $\int_1^{+\infty} \frac{x^p \cos x}{1+x}\mathrm{d}x$ 的敛散性 (包括绝对收敛、条件收敛及发散).

15. 设 $y = f(x,t)$, 而 t 是由方程 $F(x,y,t) = 0$ 确定的 x, y 的函数, 其中, f, F 都有一阶连续偏导数, 试给出可以确定 y 为 x 的一元函数的条件, 并求出 $\frac{\mathrm{d}y}{\mathrm{d}x}$.

16. 证明 $S(x) = \sum\limits_{n=1}^{\infty} \frac{x^n}{3^n} \cos(n\pi x^2)$ 在区间 $(-3,3)$ 上内闭一致收敛, 并求 $\lim\limits_{x\to 1} S(x)$.

人名中外文对照表

中文	外文	生卒年
阿贝尔	Abel	1802~1829
阿尔采拉	Arzela	1847~1912
阿基米德	Archimedes	287BC~212BC
埃尔米特	Hermite	1822~1901
奥雷姆	Oresme	1320~1382
奥斯特罗格拉茨基	Ostrogradsky	1801~1862
奥斯特洛夫斯基	Ostrowski	1893~1986
巴罗	Barrow	1630~1677
贝克莱	Berkeley	1685~1753
贝塞尔	Bessel	1784~1846
贝特朗	Bertrand	1822~1900
毕达哥拉斯	Pythagoras	580BC~500BC
泊松	Poisson	1781~1840
博尔扎诺	Bolzano	1781~1848
博雷尔	Borel	1871~1956
达布	Darboux	1842~1917
达朗贝尔	d'Alembert	1717~1783
戴德金	Dedekind	1831~1916
德谟克利特	Democritus	460BC~370BC
狄利克雷	Dirichlet	1805~1859
迪尼	Dini	1845~1918
笛卡儿	Descartes	1596~1650
杜阿梅尔	Duhamel	1797~1872
方丹	Alexis Fontaine des Bertins	1704~1771
斐波那契	Fibonacci	1175~1250
费马	Fermat	1601~1665
费耶尔	Fejér	1880~1959
傅里叶	Fourier	1768~1830

中文	外文	生卒年
高斯	Gauss	1777~1855
格雷戈里	Gregory	1638~1675
格林	Green	1793~1841
海涅	Heine	1821~1881
赫尔德	Hölder	1859~1937
黑塞	Hesse	1811~1874
伽利略	Galileo	1564~1642
伽罗瓦	Galois	1811~1832
卡拉泰奥多里	Carathéodory	1873~1950
开普勒	Kepler	1571~1630
康托尔	Cantor	1845~1918
柯朗	Courant	1888~1972
柯西	Cauchy	1789~1857
克莱罗	Clairaut	1713~1765
克雷尔	Crelle	1780~1855
拉贝	Raabe	1801~1859
拉夫连季耶夫	Lavrentyev	1900~1980
拉格朗日	Lagrange	1736~1813
拉普拉斯	Laplace	1749~1827
莱布尼茨	Leibniz	1646~1716
勒贝格	Lebesgue	1875~1941
黎曼	Riemann	1826~1866
理查森	Richardson	1881~1953
利普希茨	Lipschitz	1832~1902
林德曼	Lindemann	1852~1939
刘维尔	Liouville	1809~1882
罗尔	Rolle	1652~1719
洛必达	L'Hospital	1661~1704
麦克劳林	Maclaurin	1698~1746
麦克斯韦	Maxwell Roseenlicht	1924~1999
闵可夫斯基	Minkowski	1864~1909
尼克拉·伯努利	Nicolaus Bernoulli	1687~1759
牛顿	Newton	1643~1727
欧多克斯	Eudoxus	408BC~355BC
欧几里得	Euclid	BC275~BC330

中文	外文	生卒年
欧拉	Euler	1707~1783
帕塞瓦尔	Parseval	1755~1836
帕斯卡	Pascal	1623~1662
佩亚诺	Peano	1858~1932
琴生	Jensen	1859~1925
瑞特	Ritt	1893~1951
若尔当	Jordan	1838~1922
赛德尔	Seidel	1821~1896
施瓦茨	Schwarz	1843~1921
斯蒂文	Stevin	1548~1620
斯特林	Stirling	1692~1770
斯托尔茨	Stolz	1842~1905
斯托克斯	Stokes	1819~1903
塔尔斯基	Tarski	1902~1983
泰勒	Taylor	1685~1731
魏尔斯特拉斯	Weierstrass	1815~1897
沃尔泰拉	Volterra	1860~1940
沃廷格	Wirtinger	1865~1945
希尔伯特	Hilbert	1862~1943
雅各布·伯努利	Jacob Bernoulli	1654~1705
雅可比	Jacobi	1804~1851
亚里士多德	Aristotle	384BC~322BC
杨	Young	1849~1925